漳卫南河系
健康评估研究

于伟东 崔文彦 周绪申 等 著

中国水利水电出版社
www.waterpub.com.cn
·北京·

内 容 提 要

　　本书从可持续发展及实现人水和谐共存的角度出发,对漳卫南河系的现状进行综合分析,运用综合指数法对河流生态健康状况进行了合理的评价分析,对河流健康所存在的问题提出了相应的生态修复技术方案,完善了河流健康评价及生态修复的基本理论,对漳卫南河系的生态修复具有一定的现实意义。本书共分 11 章:绪论、研究方法、水生态概况及相关研究、漳河健康评估、卫河健康评估、岳城水库健康评估、卫运河健康评估、漳卫新河健康评估、南运河健康评估、漳卫南运河健康总体评估和主要结论与建议。

　　本书内容丰富,有较强的实用性,可为研究漳卫南河系提供借鉴,也可供水利从业人员参考阅读。

图书在版编目(CIP)数据

漳卫南河系健康评估研究 / 于伟东等著. -- 北京 :
中国水利水电出版社, 2020.6
ISBN 978-7-5170-8659-8

Ⅰ.①漳… Ⅱ.①于… Ⅲ.①运河-水资源-水环境
质量评价-研究-中国 Ⅳ.①TV213.4②X824.02

中国版本图书馆CIP数据核字(2020)第110032号

书　　名	**漳卫南河系健康评估研究** ZHANG-WEI-NAN HEXI JIANKANG PINGGU YANJIU	
作　　者	于伟东　崔文彦　周绪申　等 著	
出版发行	中国水利水电出版社 (北京市海淀区玉渊潭南路 1 号 D 座　100038) 网址:www.waterpub.com.cn E-mail:sales@waterpub.com.cn 电话:(010) 68367658 (营销中心)	
经　　售	北京科水图书销售中心(零售) 电话:(010) 88383994、63202643、68545874 全国各地新华书店和相关出版物销售网点	
排　　版	中国水利水电出版社微机排版中心	
印　　刷	清淞永业(天津)印刷有限公司	
规　　格	184mm×260mm　16 开本　17 印张　403 千字	
版　　次	2020 年 6 月第 1 版　2020 年 6 月第 1 次印刷	
定　　价	**120.00 元**	

编　委　会

前　言

　　漳卫南河系是海河流域五大水系之一，流经山西、河北、河南、山东四省及天津市，地处温带半干旱、半湿润季风气候区，是我国华北地区重要的工农业基地，尤其在平原区域是我国的重要粮食产区之一。该河系灌区密布，流域内分布着邯郸、安阳、焦作、新乡、鹤壁、德州等工业基地，工农业需水量大，中华人民共和国成立后，先后兴建了岳城、关河、漳泽、后湾、小南海等大中型水库及四女寺、辛集闸等水利工程。随着经济社会的发展及受人类活动的影响，河系生态系统受到不同程度的干扰和损害，面临着水资源问题尖锐、水质的恶化和水生态环境的退化等一系列问题，急需对整个河系生态环境状况进行调查、评估及水生态修复。近年来，漳卫南运河管理局为落实最严格的水资源管理制度、实现党的十八大报告中提出的"生态文明建设"目标，对流域内的重要生态问题进行了调查及梳理。

　　本书重点归纳了国内外河流、湖泊健康评估研究进展，根据国内现有技术标准以及漳卫南运河自身特点，构建漳卫南运河健康评估指标体系，并根据五个准则层的各项指标，对漳卫南运河水文、水资源等资料进行了搜集整理，对水生生物、水质等参数进行了野外调查、采样及室内监测，对公众参与状况进行了问卷调查，根据评估体系对河系健康状况进行了评估。

　　本书共11章。第1章为绪论，介绍国内外的研究概况，由于伟东、崔文彦负责编写。第2章为研究方法，介绍了技术方案、评估方法、评估参数，由于伟东、崔文彦负责编写。第3章为水生态概况及相关研究，介绍了漳卫南河系的调查历史及水生生物现状分析，由崔文彦、于伟东负责编写。第4章为漳河健康评估，由孔凡青、周绪申负责编写。第5章为卫河健康评估，由周绪申、李志林负责编写。第6章为岳城水库健康评估，由周绪申、孔凡青负责编写。第 7 章为卫运河健康评估，由李志林、周绪申负责编写。第 8 章漳卫新河健康评估，由高翔、梁舒汀负责编写。第 9 章为南运河健康评估，由梁舒汀、高翔负责编写。第 10 章为漳卫南运河健康总体评估，由周绪申、李志林负责编写。第 11 章为主要结论与建议，由于伟东、崔文彦负责编写。全书由孟宪智进行统稿、整理、校核。

由于时间仓促，书中难免有不足之处，敬请读者批评指正。

作者

2020 年 3 月

目　录

第1章

绪　　论

1.1　研究区概述

海河流域位于东经 112°～120°、北纬 35°～43°之间，海河流域东临渤海，西倚太行，南界黄河，北接内蒙古高原。流域总面积为 31.82 万 km²，占全国总面积的 3.3%，全流域总的地势是西北高东南低，大致分为高原、山地及平原 3 种地貌类型。西部为山西高原和太行山区，北部为蒙古高原和燕山山区，东部和东南部为平原。流域地跨北京、天津、河北、山西、河南、山东、内蒙古和辽宁等 8 个省（自治区、直辖市），流域海岸线长 920km。

漳卫南运河属于海河流域五大水系之一，是京杭大运河的重要组成部分，由漳河、卫河、卫运河、漳卫新河和南运河组成，流经山西、河南、河北、山东四省及天津市入渤海，流域面积 37700km²。流域地处温带半干旱、半湿润季风气候区。多年平均气温在14℃左右，多年平均降水量为 608.4mm。冬季是全年降水最少的季节，降水量仅占全年的 2%左右。全年降水量主要集中于夏季，7、8 两月的降水量占全年的一半以上。春季降水量为全年的 8%～16%，加上降水变率大，常出现春旱。秋季降水次于夏季，降水量为全年的 13%～23%。

漳卫河上游有漳河和卫河两大支流。漳河支流有清漳河和浊漳河，均发源于太行山的背风区，清漳河、浊漳河于合漳村汇成漳河，经岳城出太行山，讲武城以下两岸有堤防约束。大名泛区为漳河的滞洪洼淀。卫河发源于太行山南麓，由 10 余条支流汇成，较大的有淇河、汤河、安阳河等。1958 年为引黄淤灌而修建的共产主义渠，1962 年停止引黄后用于行洪。卫河两侧良相坡、白寺坡、柳围坡、长虹渠、小滩坡、任固坡、共产主义渠以西地区，以及卫河支流上的广润坡、崔家桥等坡洼为行洪滞洪区。漳、卫两河于徐万仓汇合后称卫运河，至四女寺枢纽，以下为漳卫新河和南运河。恩县洼为卫运河的滞洪区。

漳河位于海河流域西南部，是海河流域南运河水系的主要支流，发源于山西高原和太行山。东邻滏阳河，南界丹河与卫河，西接沁河、北连冶河及潇河，流经晋、冀、豫三省。上游分清漳河和浊漳河两条支流，在河北省涉县合漳村汇合后始称漳河。清漳河有东、西两源。清漳东源发源于太行山区山西省昔阳县漳漕村山麓，东南流至左权县下交漳村汇清漳河西源；清漳河西源发源于山西省和顺县八赋岭，东南流经石拐、横岭、左权县至下交漳村，东、西两源汇流后称清漳河，继续向东南经黎城下清泉村出山西进河北，流经刘家庄、涉县、匡门口至合漳村汇浊漳。清漳河流域大部分属山石地区，地表植被较好，且河床尽属砂砾，水色澄清，故称之为清漳河。浊漳河有浊漳北源、浊漳西源和浊漳

1

南源三大支流。北源发源于山西省榆社县，西源发源于山西省沁县，南源发源于山西省长子县。南源由南向北，西源由西北向东南汇合于襄垣县甘村，然后流向西北与北源汇合于襄垣县小蛟村，三源合流后为浊漳河，由西北向东南流经黎城、潞城、平顺三县流出山西省，在三省桥以下为河南省、河北省界河，在岳城出山进入平原，至称钩湾与卫河汇流。因浊漳河流域内植被稀疏，支流多且为季节性河流，水流湍急，挟带大量泥沙，故名浊漳河。

漳河自浊漳河南源源头至漳河、卫河汇流处徐万仓，全长460km，流域面积为19220km²，其中岳城水库坝址以上流域面积为18100km²。漳河流域现有各类水库塘坝等蓄水工程605处，其中水库109座，包括岳城、漳泽、关河、后湾4座大型水库，12座中型水库，93座小型水库，水库总库容为24.93亿m³，兴利总库容为9.89亿m³。其中，山西境内水库97座，有3座大型水库，11座中型水库，83座小型水库，水库总库容达11.05亿m³。

卫河是海河流域南运河水系的重要分支，其主要支流包括大沙河、新河、清水河、百泉河、淇河、安阳河、汤河等河流，全长347km，卫河全部流域面积15290km²。其中，山地、丘陵为6280km²，平原区为9010km²。卫河流域在河南境内分布面积比例最大，河南境内河长286km，流域面积为1292km²。卫河两岸支流分布极不对称，其明显特征是呈一侧（左侧）支流特别发育的梳状河系。右岸缺少支流，仅一些洼地和沟渠，左岸支流多，其中较大的支流有淇河、安阳河、峪河及沙河等。河床比降由上段的1/2000逐渐降低到1/8000，最低为1/10000。

卫运河是由漳、卫河于徐万仓汇流后至四女寺一段河道。河道长157km，两岸堤防总长320.5km，是冀、鲁两省边界河道。漳、卫河于徐万仓汇流后至四女寺一段河道成为卫运河。河道长157km，是冀、鲁两省边界河道。左岸途经河北省馆陶县、临西县、清河县、故城县；右岸途经山东省冠县、临清市、夏津县、武城县。到四女寺枢纽分流入漳卫新河和南运河。卫运河是典型的复式断面蜿蜒型半地上河，形成历史悠久。秦汉时期称为清河，为黄河故道，因水清而得名；隋唐两代是永济渠的一部分，宋代称御河，元代临清到四女寺成为著名京杭大运河的一段，民国后始称卫运河。中华人民共和国成立后，曾三次进行扩大治理。1956年河道行洪能力从中华人民共和国成立初期的300～400m³/s，提高到800m³/s；1958年又提高到1250m³/s，1963年大水后，按照防御50年一遇洪水的标准，于1972—1973年再次进行了扩大治理，设计行洪流量达4000m³/s；扩建改建了四女寺枢纽工程，新建了祝官屯枢纽，两座枢纽除具备防洪调度功能外，兼有蓄水灌溉及航运等效益。

南运河是四女寺枢纽以下至天津市静海县十一堡一段河道，流经山东省德州市，河北省故城、景县、阜城、吴桥、东光、南皮、泊头市、沧县、沧州市、青县等县（市），是一条蜿蜒型河道，河道全长309km，两岸堤防总长544km。南运河是一条古老的人工渠化航道，开凿于隋代大业元年至六年（公元605—610年），是隋代永济渠的一部分，元代时属京杭大运河，称御河，至清代才称南运河，曾对南北漕运发挥过重要作用。历史上漳卫南运河"上大下小，尾闾不畅"，南运河是该河唯一入海通道，洪灾频繁。为宣泄上游来水，明清两代先后开挖了四女寺等五条减河。至清光绪年间，运河失修，"原有闸坝堤堰

2

无一不坏，减河引河无一不塞"。中华人民共和国成立后，于1954年和1958年曾两次进行较大规模的治理，保证行洪流量提高到400m³/s。1972年，卫运河洪水主要改由漳卫新河承汇后，南运河控泄300m³/s，使防洪安全有了充分保证。

漳卫新河从山东省德州市四女寺村起，沿冀、鲁边界，途经山东省武城县、德州市、宁津县、乐陵市、庆云县、无棣县，河北省吴桥县、东光县、南皮县、盐山县、海兴县，在无棣县大口河入海，全长257km。漳卫新河的前身是四女寺减河。1971年再次扩大治理时，改分洪为承泄卫运河洪水入海的主要河道，更名为漳卫新河。四女寺减河历史悠久，为黄河故道，历史称鬲津河。疏通于明永乐十年（公元1412年）。清初，减河"淤塞已平""闸座废坏不修"。中华人民共和国成立后，1955年春按55m³/s疏浚，1955年冬至1956年春按400m³/s治理，1957—1958年按850m³/s治理；1971—1972年再次扩大治理，形成现在态势，设计行洪量达3500m³/s。为利用河槽调蓄，服务于沿河农田灌溉，新建了辛集等6座拦河闸，可蓄水约1亿m³。

岳城水库是海河流域漳卫河系漳河上的一个控制工程，位于河北省邯郸市磁县与河南省安阳县交界处。岳城水库控制流域面积占漳河流域面积的99.4%，总库容13亿m³，其中兴利库容6.8亿m³。水库于1959年开工，1960年拦洪，1961年蓄水，1970年全部建成。岳城水库的任务是防洪、灌溉、城市供水并结合发电。通过水库调蓄，保证了下游广大平原地区和京广、京沪、京九铁路及京珠、京福等高速公路的安全；通过河北省民有渠、河南省漳南渠可灌溉农田220万亩（1亩≈667m²）；可部分解决邯郸、安阳两市工业及生活用水，并结合灌溉发电。建库以来，岳城水库的工程建设与管理取得了巨大成绩，水库工程发挥了巨大作用，取得了显著的效益，先后调蓄了1982年8月、1996年8月、1998年8月3次较大洪水，确保了下游广大地区的安全，其中，仅1998年8月直接减灾经济效益就达到100亿元。水库在工农业供水和生态补水方面也发挥了巨大的作用，有力支援了地方工农业建设，保证了邯郸、安阳两市的饮用水安全，改善了水库下游的生态环境。

1.2 国内外研究进展

1.2.1 国外研究现状

在河湖健康理论研究方面，国外更多关注的是河流健康评估，由于河流在不同区域的基本特征（如规模、类型、时空差异等）、地理条件、基本国情、人类活动以及对人们河流、湖泊的价值判断等存在差异，目前河湖健康理论研究尚不成熟，对河湖健康内涵的理解不完全一致，仍未达成统一的认识。一种观点强调的是河流、湖泊生态系统自然属性内容的健康，认为河流、湖泊仅具有自然属性，河湖健康基本等同于生态系统自然属性的健康；另一种观点则是除了关注河流、湖泊的自然属性外，还关注河流、湖泊的社会服务价值，认为河流、湖泊是一个自然-社会经济复合系统，河湖健康问题是源于人类活动的影响，人类对河湖健康问题的研究是为了维护河流、湖泊的可持续性，以满足人类社会发展的合理需求（孙雪岚等，2007）。

基于上述背景，在河湖健康评估方面，根据河湖健康评估理论的发展及世界各地不同河流、湖泊面临的具体问题，河湖健康评估仍处于探索研究中，其中的研究方法也是层出不穷，国外河湖健康评估的发展主要经历了 3 个阶段。

1. 理化参数评价

河湖健康被破坏威胁人类生存的问题始于工业化的开始，这一问题对于刚开始的研究者来说是个新问题，研究方法和手段相对来说比较直接、简单。19 世纪末，泰晤士河和莱茵河的水质监测项目主要有大肠杆菌、pH 值和溶解氧等有限的几项。随着工业化的发展程度、河流污染加重以及研究者认识问题能力的提高，水质监测项目呈现出指数级增长（Rapport 等，1999），欧美一些国家相应的水质监测规定甚至超过了 100 项。美国GWQI（Gregon Water Quality Index）指标给出了温度、溶解氧、生化需氧量、总磷、总氮、悬浮物、大肠杆菌和 pH 值等一系列综合指标，旨在通过监测指标的动态变化趋势，找出对河流水质有重要影响的因素（Ma 等，2009）。

2. 指示物种的监测与评价

河（湖）水被污染，直接造成河流、湖泊生物群落完整性被破坏。从生物群落角度看，完整性是生态系统健康的基本特征，一个生态系统的生物多样性越丰富，形成的食物链越复杂，这样的系统稳定性要高于简单的直线形链条结构，其抵抗外界干扰的能力越强。河流、湖泊生态系统被污染破坏后，其生物群落多样性的水平将降低，这同样对河流、湖泊生态系统造成胁迫之势。河流、湖泊水生生物的多样性和稳定性遭到破坏后，河流、湖泊生态将向不同的系统演化。因此，评估河湖健康状况时，选择指示物种成了一种比较科学合理的方法（表 1.1），其中指示物种主要包括着生藻类（以硅藻为主）、浮游植物、大型水生植物、底栖动物和鱼类等生产者、消费者和分解者。

表 1.1　　　　　　　河湖健康评估指示物种法（杜芙蓉，2009）

物　种	特　点	评　价　指　标
着生藻类	处于河流生态系统食物链始端，对污染物反应敏感，生活周期短	藻类丰富度指数（AAI）、硅藻污染敏感性指数（IPS）、营养硅藻指数（TDI）、类属硅藻指数（GDI）等
无脊椎动物	生长周期较长，在不同的生境中都有分布，形体易于辨别	底栖生物完整性指数、生物指数、计分制生物指数、连续比较指数、河流无脊椎动物预测和分类系统、河流评价计划、南非计分系统、营养完全指数等
鱼类	个体大，生长周期长，特定区域的种类组成和鱼寄生虫有无均可反映外界干扰情况	生物完整性指数（IBI）、鱼类集合体完整性指数（FAII）等

澳大利亚于 1992 年开展的国家河流健康计划（Schofield，1996）（National River Health Program，NRHP）旨在监测和评估该国内河流的生态状况。美国环保署（EPA）于 1999 年推出新版的快速生物评估协议（Hughes，2000）（Rapid Bioassessment Protocols，RBPs）给出了河流着生藻类、大型无脊椎动物、鱼类的监测和评价方法与标准。

指示物种法是目前河流生态系统健康评估中比较常用的方法，避免了理化参数监测的局限性和连续取样的繁琐，可以直接监测出河流生态系统发生变化或已经产生影响但尚未显示不良效应的信息。但该法也存在许多缺点和不足，选择不同的研究对象和监测指标会造成不同的评估结果，确定不同生物类群进行评估时的尺度和频率难以确定，在综合评估河流生态系统健康时不全面（Townsend，1999）。

3. 综合指标法

综合指标法综合了物理、化学、生物、社会经济等诸多指标，是能够反映不同尺度河湖健康程度的一种多指标评估方法。这种方法既可以反映河流、湖泊生态系统的健康程度，又能反映河流、湖泊的社会功能水平，还能反映出河流、湖泊生态系统健康变化的趋势。确定评价标准并对这些指标进行打分，将各项得分累计后作为评估河湖健康程度的依据，这种方法适宜于受干扰程度比较深的河湖健康评估。

综合指标法评估河湖健康程度的方法比较多，其中比较著名的有南非提出的生境综合评价系统（Integrated Habitat Assessment System，IHAS），该系统涵盖了大型无脊椎动物、底泥、植被以及流量、流速、水温等河流物理条件（Parsons，2002）。澳大利亚自然资源和环境部于1999年进行了包括河流水文学、河流形态、河岸带特征、水质和水生生物等几个方面诸多指标的溪流状况指数ISC研究，对该国80多条河流生态系统健康状况进行综合评估。此研究的指标在随后的研究中不断增加。世界上许多国家也先后进行了此类研究，主要方法见表1.2。

表 1.2　　　　　　　　　　河湖健康评估综合指标法

方法	主要设计者	主要评估指标类别	主　要　特　点
RCE	Petersen（1992）	评估指标包括河道的宽/深结构、河床条件、河岸结构、河岸带完整性、水生植被、鱼类等，评估划分5个健康等级	可以在短时期内快速评估河流健康状态，适用于农业地区的河流健康评估
RHP	Rowntree（1994）	评估指标包括水文、河流形态、水质、河岸植被、生境、无脊椎动物、鱼类等	优点是能够较好地用生物群落指标来反映外界对河流的干扰情况。缺点是一些指标获取不易
RHS	Raven（1997）	评估指标包括河道参数、河岸侵蚀、河岸带特征、植被类型及流域土地利用情况	将河流形态、生境和生物形态串联起来评估河流健康状况。缺点是一些数据很难定量化，而且不同类别指标之间的关系有的很模糊
USHA	Suren（1998）	指标包括流域地貌、河流等级、降水、河岸稳定性、河道流量、植被覆盖率、植被类型、优势种、河道底质稳定性、水生生物等	优点是从宏观、中观、微观三方面综合对河流健康状况进行评估，比较全面。缺点是，该法的指标主要针对新西兰的河流而设置，其他区域的河流评估需要因地制宜地改变
ISC	Ladson（1999）	指标包括河流水文。河道形态、河岸带状况、水质和水生生物五大类，各项评估指标有对比的参照点	优点是能够对河流进行长期评估。缺点是不同河流的单项指标参照点差异较大，不易确定
IHAS	Meyer（1997），Fairweather（1999），Boulton（1999），Vugteveen（2006）	指标除了河流的自然属性外，还考虑了河流对人类社会的社会服务价值，包括河流健康的社会、经济和政治等方面	将河流对人类社会的服务价值纳入河流健康内涵之中，考虑河流健康的社会、经济和政治等方面，在此基础上提出河流健康的判断应包括生态标准和人类由该系统获得的价值、用途和适宜性

1.2.2　世界各国评估实践

随着国际上对河流、湖泊健康状况日趋重视，旨在关注河流、湖泊健康状况的监测及评估工作也随之不断深入，近十多年来河流、湖泊健康评估已在很多国家先后开展。其中以美国、英国、澳大利亚、南非的评估实践较具代表性。

1. 美国

美国环保署（EPA）流域评价与保护分部于 1959 年提出了旨在为全国水质管理提供基础水生生物数据的快速生物监测协议（RBPs）。经过几十年的发展和完善，EPA 于 1999 年推出新版的 RBPs，给出新的快速生物监测协议，该协议提供了河流着生藻类、大型无脊椎动物及鱼类的监测及评价方法标准（Barbour 等，1999）。此外，美国的环境监测和评价项目（Environmental Monitoring and Assessment Programme，EMAP）通过监测反映指标、暴露指标及压力指标诊断全国河流每年水质状况及变化趋势，并试图找出对水质状况有重要影响的环境因素。

表 1.3　　　　　　　　　　　　　美国 RBPs 的工作程序及评估指标

工　作　程　序	一级指标	二级指标
选择无人为干扰或人为干扰极小的河流作为参照点； 调查被评估河流的 10 个生境指标，根据评估系统得出的综合河床泥沙组成得分，确定被评估河流的生境质量； 调查被评估河流的生物状况，根据反映生物群落的结构、功能及过程指标，得出综合指标以及反映该点的生物状况； 将被评估河流的生境质量与参照点对比，如果相匹配，则可用生物的多指标综合得分评估生物状况，生物状况评估结果可以直接反映河流损害程度，确定河流健康状况； 如果参考河流生境质量劣于参照点，则需要先研究不同生境对生物的盘撑能力，而后再判断河流的健康状况	生境指标	河床表层生境
		河床泥沙组成
		流速及水深参数
		河床稳定性
		河道干枯情况
		河流形态变化
		河岸浅滩特征
		河岸冲淤
		河岸植被
		河岸带宽度
	生物指标	着生生物
		鱼类
		大型无脊椎动物

2. 英国

英国关注河流健康状况的一个重要举措就是河流生境调查（River Habitat Survey，RHS），即通过调查背景信息、河道数据、沉积物特征、植被类型、河岸侵蚀、河岸带特征以及土地利用等指标来评估河流生境的自然特征和质量，并判断河流生境现状与纯自然状态之间的差距（Raven 等，1998）。另一个值得关注的评估实践是，Boon 于 1998 年提出的英国河流保护评价系统（System for Evaluating Rivers for CONversation，SERCON），该评价系统通过调查评价由 35 个属性数据构成的六大恢复标准（即自然多样性、天然性、代表性、稀有性、物种丰富度及特殊特征）来确定英国河流的保护价值（Parsons 等，2004）。该评价系统已经成为一种被广泛运用于英国河流健康状况评价的技术方法。此外，英国也建立了以 RIVPACS 为基础的河流生物监测系统（Wright，2000）。

3. 澳大利亚

澳大利亚政府于 1992 年开展了国家河流健康计划（National River Health Program，NRHP），用于监测和评估澳大利亚河流的生态状况，评估现行水管理政策及实践的有效性，并为管理决策提供更全面的生态学及水文学数据（唐涛等，2002），其中用于评估澳大利亚河流健康状况的主要工具就是 AUSRIVAS。此外，澳大利亚自然资源和环境部还开展了溪流状态指数（ISC）研究，ISC 采用河流水文学、形态特征、河岸带状况、水质及水生生物五方面指标（表 1.4），试图了解河流健康状况，并评估长期河流管理和恢复中管理干预的有效性，其结果有助于确定河流恢复的目标，评估河流恢复的有效性，从而引导可持续发展的河流管理（Bai 等，2000；Parsons 等，2002）。

表 1.4　　　　　　　　　　　　　澳大利亚 ISC 的工作程序及评估指标

工　作　程　序	一级指标	二　级　指　标
根据地域特点，选择合适的被认为健康状态良好的河流作为参照点 　进行被评估河流的资料收集以及现场监测工作 　将被评估河流的各项指标与参照点对应比较并计分 　将各项指标累加得分，获得被评估河流的健康状态综合指数 　根据综合指数计算结果，判断被评估河流的健康状况处于何种等级（非常好、好、一般、差、非常差），从而获得该河流健康状况的综合评估	河流水文特征	修正后的年平均流量偏差
		因流域渗透能力变化引起的日流量变化
		因水电站建设引起的日流量变化
	物理构造特征	河岸稳定性
		河床退化和侵蚀
		人为障碍物对鱼类迁徙的影响
		河道内自然生境
	河岸带状况	河岸植被带的宽度
		河岸植被的纵向连续性
		结构的完整性
		外来植被的覆盖
		本土植被重建的存在
		河岸湿地和洼地的状况
	水质参数	总磷
		浑浊度
		电导率
		pH 值
	水生生物	大型无脊椎动物
		AUSRIVAS

4. 南非

南非的水事务及森林部（DWAF）于 1994 年发起了"河流健康计划"（RHP），该计划选用河流无脊椎动物、鱼类、河岸植被，生境完整性、水质、水文、形态等河流生境状况作为河流健康的评估指标，提供了可广泛用于河流生物监测的框架，同年还针对河口地区提出了南非的 EHI（Estuarine Health Index），即用生物健康指数、水质指数以及美学

7

健康指数来综合评估河口健康状况。此外，南非的快速生物监测计划也发展了生境综合评估系统（Integrated Habitat Assessment System，IHAS），系统中涵盖了与生境相关的大型无脊椎动物、底泥、植被以及河流物理条件（Parsons 等，2002）。

根据对国外河流健康状况研究的综合评估，目前美国、南非、澳大利亚及英国等国家都已设计了符合其区域特色的河流健康状况评估方法及评估体系，并开展了相应的评估实践，取得了一定进展。由于河流健康状况的复杂性，在今后一段时期内，河流健康状况综合评估指标体系及其测度研究、河流健康状况评估标准及参照系的确定、应用河流健康状况对河流保护及恢复项目进行综合评估、基于河流健康保护和恢复的河流可持续管理模式等方面仍将会是研究的热点问题。

1.2.3　国内研究进展

由于我国现实背景及相关条件的限制，河湖管理前期的工作重心多集中于提高水质和恢复水环境，近十几年来才逐渐从河流、湖泊健康视角关注河流、湖泊生态系统。尽管研究起步较晚，但评价方法根据评价河湖面临问题的不同而不断发展、更新和实践，逐步在河湖健康理论及评估指标体系、河湖健康状况评估方法学、河流和湖泊的可持续管理等方面开展了一定的研究工作。

在理论探讨和方法构建方面，国内初期阶段将关注点更多放在河湖健康内涵与评估方法上。例如，唐涛等（2002）概括了河流生态系统健康概念的含义，详细介绍了以着生藻类、无脊椎动物、鱼类为主要指示生物的河流生态系统健康的评估方法，并提出了河流健康评估方法的发展方向；董哲仁（2005）初步探讨了河流健康的内涵、评估方法和原则，并比较了国外河流健康评估技术；耿雷华（2006）也从河流的健康内涵出发，立足于河流特性，考虑到河流的服务功能、环境功能、防洪功能、开发利用功能和生态功能，探求了健康河流的评估指标和评估标准。第二阶段国内学者在河湖健康内涵的基础上进一步发展了河湖健康评估指标体系及评估方法。例如，张楠等（2009）建立辽河流域河流生态系统健康的多指标评价方法；张晶等（2010）提出基于主导生态功能分区的河流健康评价全指标体系；张方方等（2011）建立基于底栖生物完整性指数的赣江流域河流健康评价方法并应用。第三阶段，即近几年来，河湖健康评估研究发展到研究不同类型河流、湖泊健康评估方法的实际应用、不同类型区域河流、湖泊健康评估方法研究等方面。例如，王勤花等（2015）提出干旱半干旱地区河流健康评价指标方法；王蔚等（2016）基于投影寻踪—可拓集合理论的河流健康评价方法。与此同时，湖泊健康评估的理论、评价方法也随河流健康评估在不同阶段的研究应运而生。

在河湖健康评估工作实践过程中，目前国内关于河流健康评价体系构建与实践较多的是多指标评价法，这类方法一般是对河流的水文水资源、生物、物理结构、水质、社会服务功能等各项指标进行权重和赋分值的确定，通过加权得出河流健康指数（River Health Index，RHI），根据 RHI 数值的大小对照健康等级划分确定河流的健康状况。

近年来，随着河湖健康评估方法的不断更新发展，这些方法不断应用于实际河湖健康评估实践中。南京大学于志慧等（2015）基于熵权物元模型，对太湖流域若干城市化地区河流进行健康评估；华南师范大学盛萧等（2016）基于东江流域底栖无脊椎动物监测数据，使用生物完整性方法（B-IBI）用于东江河流健康评估。环境保护部卫星环境应用中心殷守敬等（2016）结合高分辨率遥感影像在岸边带范围提取、生态系统高精度分类、生态结构特征提取方面的优势，将景观结构指数纳入岸边带生态健康评估指标体系，从生态功能、生态结构和生态胁迫3个方面对淮河干流岸边带生态健康状况进行全面调查评估。

另外，我国政府部门也开展了大量实践工作。从流域管理机构层面，自2005年起到2009年，水利部各大流域机构逐步开展了河湖健康评估相关研究工作，长江水利委员会提出维护健康长江，促进人水和谐实施意见，从生态环境功能和服务功能两个角度对长江健康评估指标体系进行研究；黄河水利委员会从理论体系、生产体系、伦理体系等角度研究如何维持黄河健康生命；海河水利委员会在河流生态修复和保护方面进行了系统的调查和研究；松辽水利委员会在湿地补水、改善生态系统方面进行了调查研究。总体而言，该时间段国内河湖健康评估指标体系研究领域的实践主要侧重于借助物理、化学手段评估河流、湖泊状况。

在上述研究基础上，围绕落实最严格水资源管理制度中河湖健康保护目标，为实现水利机构"成为河流代言人"的职责提供技术支撑，并为2011年中央一号文件提出的"基本建成河湖健康保障体系"和党的十八大报告中提出的"生态文明建设"目标提供强有力支持，2010年6月7日，水利部部长陈雷对《关于开展全国重要河湖健康评估工作的请示》进行了重要批示："可先行试点，之后再定是否全国范围内开展。"根据水利部《关于做好全国重要河湖健康评估有关准备工作的通知》（资源保函〔2010〕7号）、《关于做好全国重要河湖健康评估（试点）工作的函》（资源保函〔2011〕1号）及《全国重要河湖健康评估（试点）工作大纲》（办资源〔2010〕484号）的要求，自2010年6月起，水利部在全国范围内全面开展河湖健康评估工作，对全国重要河湖健康评估工作进行了全面部署，对试点河湖状况进行"体检"，评估河湖治理与保护的效果，为制定全国河湖有效保护和合理开发决策提供技术支撑。

1.2.4 我国评估实践

我国的各大流域河流面临的问题不尽相同，除了普遍存在的流量减少、水质恶化、水土流失和生物多样性丧失等共性问题外，也呈现不同的发展趋势，相关研究人员在此基础上构建了相应的评价指标体系。本书在整理归纳长江、黄河、珠江等典型河流突出的水生态环境问题的基础上，就不同典型河流的评价体系进行了梳理，具体如下。

1. 长江

长江是我国重要的内陆航运通道，也是沿线城市重要的取用水来源，汛期防洪形势严峻，而且大量水能开发利用工程和南水北调中线、东线工程的建设直接影响到该区域的水资源和水环境，所以长江水利委员会建立的"健康长江"评价体系针对流域内水环境污染、水土流失严重、湿地湖泊萎缩、水利水电开发造成的生态系统失衡等一系列突出问题，主要注重水土资源、水环境、河流完整性与稳定性、水生生物多样性、防洪能力、社会服务能力等方面。

2. 黄河

黄河流经地区多是干旱、半干旱地区，对于农作物灌溉和城市供水起着重要作用，而且黄河历来水土流失严重，流域内水资源供需矛盾突出，面临泥沙和防洪双重难题。所以，黄河水利委员会针对流量减少、水土流失、泥沙淤积、湿地萎缩、水资源供需矛盾突出等问题选取了河道最大排洪能力、滩地横比降、水质类别、湿地规模、水生生态、黄河对人类的可供水量等作为评价指标。

3. 珠江

珠江是我国华南地区的重要水系，担负着该区域的供水、航运、防洪等诸多任务，但是人类活动的干扰使得区域内防洪安全、饮水安全、水环境安全面临严峻挑战。所以，珠江水利委员会构建的"绿色珠江"评价体系针对水污染、水土流失、水资源短缺、水环境恶化等水问题选取了水量、水质、水土流失、水生物、防洪、灌溉、供水、航运、发电、洪灾、河岸和水文情势变化12个评价因子共14个评价指标。

4. 海河

海河主要位于我国京津冀地区，担负着该区域的供水和防洪安全任务，流域内水资源过度开发、水质污染、生态环境退化，河道干涸和断流时有发生，河流的社会服务功能和价值降低。海河水利委员会针对流域出现的水量减少、水质恶化、水土流失、生物多样性衰退、水资源开发过度导致自然功能衰退等问题，以水量、水质、生物、连通性和防洪标准指数为基础构建了包含相对干涸长度、相对干涸天数、相对断流天数、年均流量偏差、水质污染指数、河流生物多样性、河滩地植被覆盖率、每100km闸坝数和防洪标准指标共9项指标的评价体系。

5. 松花江

松花江是我国东北地区的重要水系，但是水文变异、水质污染、水生生物多样性降低、湿地资源萎缩、社会服务功能退化等问题严重，所以松辽水利委员会结合区域地质地貌和社会经济发展状况，构建了包含水文水资源、物理结构、水质、生物和社会服务功能5个方面的评价系统。

6. 辽河

辽河是中国七大河流之一，也是东北地区重要的水源，承担着农业灌溉、供水等任务，但是随着经济社会的发展，其产生的污水排入河道造成水质恶化、水体富营养化严重，而且生物栖息地质量差、水土流失现象普遍，孟伟等主要从栖息地质量、水生生物和水体物理-化学特征等方面构建了评价体系。

7. 澜沧江

澜沧江是中国和东南亚国家的航运通道，也是其重要的供水来源，流域内水电站规划、建设较多，河流连通不畅，而且水土流失严重、生态环境恶化、生物多样性减少，耿雷华等（2006）据此选择了反映河流社会服务功能、环境功能、防洪功能、开发利用功能和生态功能的25个具体评价指标。

根据上述评价体系，为及时了解河流现状和发展趋势，并发现现阶段存在的问题，为河流开发、保护和生态系统恢复提供基础信息。各流域对其范围内一些典型河湖进行了评价，结果具体如下：作为中国第一大河，长江干流上游地区生态环境质量较好，而流经城市较多的中下游地区处于较差状态，整体健康程度一般（郑江丽等，2007）；黄河突出的水土流失问题导致下游河道泥沙淤积，生态环境发生剧烈变化，处于亚病态，经过调水调沙后勉强达到亚健康（胡春宏等，2008）；珠江流域的桂江生态需水状况为良，水环境状况为良，生境形态为优，水生生物评价为中，整体评价为良（姜海萍等，2012）；滦河干流整体处于亚健康状态，永定河系为不健康，白洋淀处于亚健康（海河流域水环境监测中心，2016）；嫩江下游生态完整性为亚健康，社会服务功能健康，河流整体处于亚健康（吴计生等，2015）；辽河上游地区生态环境状况良好，下游较差，整体健康状况一般（张楠等，2009）；澜沧江服务和生态功能为良，环境、防洪和利用功能均为中，整体健康评价尽管良好，但其得分处于良好状态的下缘（耿雷华等，2006）。详细评价结果见表1.5。

表1.5　　　　　　　　　　　　　国内典型河流评价结果

评价区域		健康状况等级划分	评 价 结 果
所属流域	河流		
长江	长江干流	6个等级：极好、好、一般、较差、极差	上游地区生态环境质量较好，而流经城市较多的中下游地区处于较差状态，整体健康程度一般
黄河	黄河下游	5个等级：健康、亚健康、中等、亚病态、病态	水土流失问题导致黄河处于亚病态，经过调水调沙后勉强达到亚健康
珠江	桂江	4个等级：优、良、中、差	生态需水状况为良，水环境状况为良，生境形态为优，水生生物评价为中，整体评价为良
海河	滦河干流、永定河、白洋淀	5个等级：理想状态、健康、亚健康、不健康、病态	滦河干流处于亚健康，永定河处于不健康，白洋淀整体为亚健康
松花江	嫩江下游	5个等级：理想状态、健康、亚健康、不健康、病态	生态完整性为亚健康，社会服务功能健康，河流整体处于亚健康
辽河	辽河	5个等级：健康、亚健康、一般、较差、极差	上游地区生态环境状况良好，下游较差，整体健康状况一般
澜沧江	澜沧江干流	5个等级：优、良、中、差、生态系统即将崩溃	澜沧江服务和生态功能为良，环境、防洪和利用功能均为中，整体健康评价尽管良好，但其得分处于良好状态的下缘

1.3　开展研究的意义

1.3.1　研究背景

河流、湖泊生态系统是生物圈物质循环的重要通道，具有调节气候、改善生态环境以及维持生物多样性等众多功能（蔡庆华等，2003），而人类社会的发展以及人类社会文明的形成都同大的河流、湖泊系统具有密切关系（钱正英等，2006）。随着工业化及城市化发展进程的不断发展，世界各国的河流、湖泊都经受了不同程度的干扰和损害，各地河流、湖泊普遍出现水质恶化、形态结构破坏、水文条件变化以及生境退化等种种问题。全球河流、湖泊生态系统的退化已成为21世纪人类生存和发展面临的重大危机，并逐渐受到国际社会的广泛关注和重视。

随着河流、湖泊生态系统不断受到人类活动的干扰和损害，科学有效地评价、恢复和维持一个健康的河流、湖泊生态系统已经成为近年来流域河流、湖泊管理的重要目标。河湖健康评估作为崭新的河流、湖泊系统评估工具和技术手段，在河流、湖泊管理中已经得到越来越多的认可和重视，成为河流、湖泊生态学领域的研究热点之一。河湖健康评估从河流、湖泊生态系统整体出发，对河流和湖泊水文、物理结构、水质、生物等状况进行充分理解和综合评估，识别人类活动对河流、湖泊系统功能的影响，同时能确定河流、湖泊区段内的环境管理和生态修复的目标而逐渐成为研究热点。开展河湖健康评估是掌握水资源动态变化，开展河流、湖泊系统保护与生态修复的基础，是河流、湖泊生态文明建设的重要组成部分。通过开展河湖健康评估，维护其特有的生态、环境和社会服务功能并促进三者之间协调有序，达到更好地为人类社会发展服务的最终目的。

海河流域是水资源短缺且水污染严重的典型区域，流域河流、湖泊水生态环境不断恶化，河流、湖泊干涸，河道断流，湿地减少，生物多样性减少是流域河流、湖泊面对的主要问题。根据水利部海河水利委员会发布的《2014 年海河流域水资源公报》，2014 年海河流域水资源总量为 216.23 亿 m^3，比多年平均值偏少 41.6%；流域 14468.2km 河流中Ⅰ～Ⅲ类水占 35.4%；Ⅳ～劣Ⅴ类水占 64.6%。从行政区看，北京的水质较好，Ⅰ～Ⅲ类水占其评价河长的 80% 左右；内蒙古自治区次之，Ⅰ～Ⅲ类水占其评价河长的 70% 左右；天津市、河南省劣Ⅴ类河长超过 70%。据调查，海河流域平原区 20 条主要河流3336km 河段中，完全干涸的长度达到 2026km，高达 60% 以上，全年干涸天数近 200d。平原区 12 个主要湿地的面积不足 20 世纪 60 年代的 17%，造成大量生物灭绝（户作亮，2004）。

面对海河流域河流、湖泊生态恶化的严峻形势，围绕落实最严格水资源管理制度中河湖健康保护目标，为实现水利机构"成为河流代言人"的职责提供技术支撑，并为 2011年中央一号文件提出的"基本建成河湖健康保障体系"和党的十八大报告中提出的"生态文明建设"目标提供强有力支持。根据水利部《关于做好全国重要河湖健康评估有关准备工作的通知》（资源保函〔2010〕7 号）和《关于做好全国重要河湖健康评估（试点）工作的函》（资源保函〔2011〕1 号）的要求，自 2010 年 6 月起，水利部在全国范围内全面开展河湖健康评估工作，对试点河流、湖泊状况进行"体检"，评估河流、湖泊治理与保护的效果，为制定全国河流、湖泊有效保护和合理开发决策提供技术支撑，促进河流、湖泊的可持续发展。

1.3.2 目标与任务

1. 研究目标

河湖健康是指与河湖流域生态环境和经济社会特征相适应、基于人水和谐的河湖管理可以达到并维持、河湖生态状况和社会服务功能均处于良好的状态。建立环境管理的河湖健康评估体系是进行生态修复的前提，同时也是政府部门对河湖进行管理规划的科学途径之一。

海河流域的水问题十分复杂，水资源、水环境和水灾害问题交织，治水任务繁重，流域经济社会的快速发展带来的严重污染以及在治河过程中对湖泊生态系统整体考虑的缺乏，导致了几乎所有湖泊系统的严重受损，对流域社会经济发展和生态文明构成了威胁，为此，漳卫南局运河管理局落实最严格水资源管制制度办公室开展了漳卫南运河健康评估研究。

本书旨在为漳河、卫河、岳城水库、卫运河、漳卫新河、南运河建立侧重水环境管理的河湖健康评估体系，开展水生态监测和河湖健康评估，为流域管理提供参考依据与评价基础，促进漳卫南运河流域水生态文明建设，全面带动漳卫南运河河流生态保护的基础性工作，保障水资源合理利用，实现人水和谐。

2.本章任务

（1）开展漳卫南运河的水生生物调查，主要包括浮游植物、浮游动物、底栖动物、鱼类。

（2）根据流域基本特征，依据全国河湖健康工作组编制的《河流健康评估指标、标准与方法（试点工作用）》和《湖泊健康评估指标、标准与方法（试点工作用）》，确立健康评估体系。

（3）根据评估体系的各项评估指标所需数据资料要求，开展河段及监测点位水文水资源、物理结构、水质、生物和社会服务功能5个准则层各指标层数据的监测、调查、评估。

（4）依据健康评估体系，进行指标赋分，评估健康状态。

第 2 章

研　究　方　法

2.1　总体技术方案

2.1.1　工作内容

根据研究内容主要包括以下 5 项研究任务。

（1）归纳国际、国内研究进展及漳卫南运河水生态监测和健康评估相关研究成果。根据国内外关于河湖健康评估相关文献以及漳卫南运河水生态监测和健康评估相关研究成果，分析国内外关于河湖健康理论、指标体系、评估方法等方面的研究进展与工作实践，以指导漳卫南运河健康评估指标体系建立、评估权重设置、赋分评估等过程。

（2）构建漳卫南运河健康评估体系。结合国内外研究进展，根据水利部《河流健康评估指标、标准与方法（试点工作用）》等技术标准，针对漳卫南运河自身特点，构建漳卫南运河健康评估指标体系，包括评估指标、标准和方法。其中，指标体系包括 5 个准则层，分别为水文水资源准则层、物理结构准则层、水质指标准则层、生物指标准则层和社会服务功能准则层。

（3）漳卫南运河各准则层野外调查、水生态监测与评估。根据漳卫南运河健康评估指标体系确定的评估指标，合理布置监测点，根据评估体系的各项评估指标所需数据资料要求，完成漳卫南运河野外调查，分别于 4—6 月和 7—9 月对漳卫南运河物理结构、水质、生物和社会服务功能进行野外调查、采样、水生态监测等工作。

搜集研究河段有关水文站自 1956 年评估年份的水文资料，完成流量过程变异程度、生态流量满足程度分析。

根据以上确定健康评估指标标准，对每项指标进行评分，并给出每项指标的评估结果。

（4）漳卫南运河健康评估。基于漳卫南运河健康评估指标体系，对每个准则层进行赋分，对漳卫南运河的生态完整性及社会服务功能分别评估，得出漳卫南运河的健康状况，并分析健康整体特征。

（5）漳卫南运河生态修复和保护对策。根据漳卫南运河健康评估结果，分析其不健康的主要表征和主要压力，并提出漳卫南运河生态修复和保护对策。

2.1.2　技术依据

（1）《关于做好全国重要河湖健康评估有关准备工作的通知》（资源保函〔2010〕7 号）。

（2）《关于做好全国重要河湖健康评估（试点）工作的函》（资源保函〔2011〕1 号）。

（3）《河流健康评估指标、标准与方法（试点工作用）》1.0 版（水利部水资源司、河流健康评估全国技术工作组，2010）。

（4）《湖泊健康评估指标、标准与方法（试点工作用）》1.0 版（水利部水资源司、河流健康评估全国技术工作组，2010）。

2.1.3　技术路线

本项目技术路线如下。

（1）根据国内外文献调研分析国内外关于河湖健康理论、指标体系、评估方法等方面的研究进展与工作实践，以指导漳卫南运河健康评估指标体系建立、评估权重设置、赋分评估等过程。

（2）根据技术文献依据、国家监测标准及漳卫南运河自身概况，构建漳卫南运河健康评估指标体系，确定评估指标和评估权重。

（3）漳卫南运河健康评估指标体系包括 5 个准则层，包括水文水资源、物理结构、水质、生物、社会服务功能。

（4）针对 5 个准则层，制订野外水生态监测方案。

（5）针对 5 个准则层中的每个指标，进行水生态野外监测。

（6）针对每个指标监测值，根据技术文件中的评估标准进行赋分。

（7）针对每个指标赋分，依据权重，对每个准则层进行赋分。

（8）对漳卫南运河健康状况给出最终评估结果。

（9）分析漳卫南运河不健康的主要表征和主要压力，并提出生态修复和保护对策。漳卫南运河健康评估技术路线如图 2.1 所示。

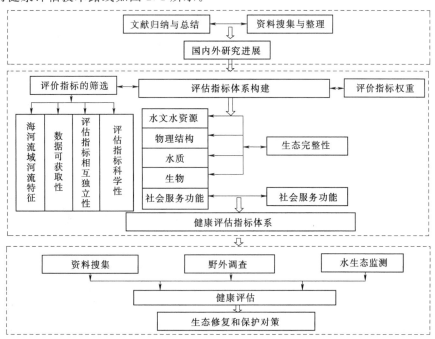

图 2.1　漳卫南运河健康评估技术路线图

15

2.2 健康评估方法

2.2.1 评估体系及参数

1. 评估指标体系设置

根据水利部水资源司、河流健康评估全国技术工作组《河流健康评估指标、标准与方法（试点工作用）》《湖泊健康评估指标、标准与方法（试点工作用）》，建立漳卫南运河流域河流健康评价指标体系，包括 1 个目标层、5 个准则层，具体评估指标根据河流、湖泊特征分河段分别进行设定，见表 2.1。

表 2.1　　　　　　　　　　　　河流健康评估指标体系

目标层	准则层	指　　标　　层	代码	权重
河流健康状况	水文水资源（HD）	流量过程变异程度	FD	0.3
		生态流量保障程度	EF	0.7
		水土保持流失治理率		
	物理结构（PF）	河岸带状况	RS	0.5
		河流连通阻隔状况	RC	0.5
	水质（WQ）	耗氧有机污染状况	OCP	最小值
		DO 水质状况	DO	
		重金属污染状况	HMP	
	生物（AL）	浮游植物数量	PHP	最小值/平均值
		浮游动物评价指数	ZOE	
		大型无脊椎动物生物评价指数	BIBI	
		鱼类生物损失指数	FOE	
	社会服务功能（SS）	水功能区达标率	WFZ	0.25
		水资源开发利用指标	WRU	0.25
		防洪指标	FLD	0.25
		公众满意度指标	PP	0.25

在数据获取方式上，可将流域河流健康评估指标数据获取分成两类：第一类是历史监测数据，数据获得以收集资料为主；第二类以现场调查实测为主，见表 2.2。

2. 健康评估权重设置

根据《河流健康评估指标、标准与方法（试点工作用）》（以下简称《河流标准》）、《湖泊健康评估指标、标准与方法（试点工作用）》（以下简称《湖泊标准》）及海河流域重要河湖健康评估体系，将海河流域河湖健康生态完整性亚层权重确定为 0.7，社会服务亚层权重确定为 0.3。为保证健康评估结果的准确性和客观性，还参考《海河流域河湖健康评估研究与实践》，对各指标层评估权重进行合理性调整。

表 2.2　　　　　　　　　　　　　　　　湖泊健康评估指标体系

目标层	亚层	准则层	指　标　层	代码	权重
河流健康状况	生态完整性	水文水资源	入湖流量过程变异程度	IFD	0.3
			最低生态水位满足状况	ML	0.7
		物理结构	河湖连通状况	RFC	0.4
			湖岸带状况	RS	0.3
			湖泊萎缩状况	ASR	0.3
		水质	溶解氧水质状况	DO	最小值
			耗氧有机污染状况	OCP	
			重金属污染状况	HMP	
			富营养化状况	EU	
		生物	浮游植物污生指数	PHPI	0.15
			底栖动物 BI 指数	BI	0.25
			鱼类生物损失指数	FOE	0.25
			大型水生植物覆盖度	MPC	0.2
			浮游动物多样性指数	ZOE	0.15
	社会服务	社会服务功能	水功能区达标指标	WFZ	0.25
			水资源开发利用指标	WRU	0.25
			防洪指标	FLD	0.25
			公众满意度	PP	0.25

3. 健康等级划分

根据河湖健康赋分值，将河湖健康状态分为 5 级。其中：80～100 分为理想状况、60～80 分为健康、40～60 分为亚健康、20～40 分为不健康、0～20 分为病态，见表 2.3。

表 2.3　　　　　　　　　　　　　　　河流健康评估分级表

等级	类型	颜　　色		赋分范围
1	理想状况	蓝色	⬢	80～100
2	健康	绿色	⬢	60～80
3	亚健康	黄色	⬢	40～60
4	不健康	橙色	⬢	20～40
5	病态	红色	⬢	0～20

2.2.2　监测技术方案

基于漳卫南运河健康评估指标体系和指标获取方法，获取相关调查数据并开展水生态监测。

1. 水文水资源准则层

（1）流量过程变异程度。

1）监测站点：评估河段重要水文站。

2）监测频次：每日。

3）监测数据：日流量数据、历史流量数据。

4）监测方法：国家标准方法。

（2）生态流量保障程度。

1）监测站点：评估河段重要水文站。

2）监测频次：每日。

3）监测数据：日流量数据、历史流量数据。

4）监测方法：国家标准方法。

（3）水土保持流失治理率。调查集水区范围内水土流失治理面积占总水土流失面积的比例。

2. 物理结构准则层

（1）河岸带状况。

1）监测点位：整条评估河段，结合调查漳卫南运河点位状况进行验证。

2）监测频次：1次；7—9月1次。

3）监测数据：河岸稳定性、河岸带植被覆盖度、河岸带人工干扰程度。

4）监测方法：实地测量法/遥感解译。

5）其他数据：现场拍摄影像资料。

（2）河流连通阻隔状况。

1）调查点位：主要水闸、水坝。

2）调查数据：下泄水量状况、鱼道状况、连通状况。

（3）天然湿地保留率。

1）调查点位：漳卫南运河河段。

2）调查数据：调查漳卫南运河湿地现状与历史湿地面积。

3. 水质准则层

（1）监测点位：水质站点。

（2）监测频次：2次；4—6月1次，7—9月1次。

（3）监测数据：溶解氧、高锰酸盐指数、化学需氧量、五日生化需氧量、氨氮、砷、汞、镉、铬（6价）、铅、总氮等24项常规指标。

（4）监测方法：国家标准方法。

4. 生物准则层

（1）底栖 BI 指数。

1）监测点位：调查及监测漳卫南运河点位，并在河口布设监测点位。

2）监测频次：2次；4—6月1次，7—9月1次。

3）监测数据：大型底栖动物物种。

4）监测方法：用索伯网或彼得生采泥器在采样河段的采样点采集大型底栖动物，用分样筛或筛绢网分拣出大型底栖动物，用70％乙醇固定，再用甲醛固定，在实验室内用体式镜和显微镜鉴定种类、计数。进行大型底栖动物生物 BI 指数分析。

（2）浮游植物污生指数、浮游植物数量。

1）监测点位：调查及监测漳卫南运河点位，并在河口布设监测点位。

2）监测频次：2次；4—6月1次，7—9月1次。

3）监测数据：浮游植物种类、组成。

4）监测方法：浮游植物定量，水面以下约0.2m处采集水样，装入1L玻璃瓶，以15mL鲁哥氏液进行固定，带回实验室沉淀24h后浓缩至30mL进行计数测定；浮游植物定性，用25号浮游生物网在水面以下以20～30cm/s的速度作∞形来回缓慢拖动约3min，提起生物网后，扭动网下面的螺旋钮，使样品流入储藏瓶中，加少许水冲涮，加入2～3mL的福尔马林液固定。

（3）浮游动物多样性指数。

1）监测点位：调查及监测漳卫南运河点位，并在河口布设监测点位。

2）监测频次：2次；4—6月1次，7—9月1次。

3）监测数据：浮游动物种类、组成。

4）监测方法：浮游动物用5L采水器采集水样20L，使其通过25号浮游生物网，用5％福尔马林溶液固定，保存样品。样品经过定量沉淀后吸取1mL，在1mL计数框里，在10×10行视野下进行观察鉴定。

（4）鱼类生物损失指数。

1）监测点位：调查及监测漳卫南运河流域。

2）监测频次：2次；4—6月1次，7—9月1次。

3）监测数据：鱼类物种。

4）监测方法：走访调查与实际采集鱼样。

5. 社会服务功能指标

（1）水功能区达标率。

1）监测站点：水质站点。

2）监测频次：资料收集与采样监测。

3）监测数据：水功能区达标指标。

（2）水资源开发利用指标。根据流域水资源开发状况，调查流域水资源开发利用量和水资源总量。

（3）防洪指标。根据流域河段防洪要求和防洪达标状况，对全河段进行调查。

（4）公众满意度指标。

1）监测站点：在漳卫南运河各监测点位附近展开调查，通过调查不同人群，包括沿河居民、河道管理者、河道周边从事生产的人员和偶尔或经常来河道的人员。根据他们的评分情况，再按不同人员的相关权重进行赋分评估。

2）监测数据：公众满意度调查表。

2.3 各参数评价方法

2.3.1 水文水资源 (HD)

1. 流量过程变异程度

实测月径流量、评估年天然月径流量。

定义：流量过程变异程度指现状开发状态下，评估河段年内实测月径流过程与天然月径流过程的差异。反映评估河段监测断面以上流域水资源开发利用对评估河段河流水温情势的影响程度。

对天然月径流量的计算中，选取大尺度分布式水文模型 VIC (Variable Infiltration Capacity) 对漳卫南运河重要水文站评估年天然月径流过程进行还原。该指数指标也为健康评估体系的创新点。

流量过程变异程度由评估年逐月实测径流量与天然月径流量的平均偏离程度表达。计算公式为

$$FD = \left\{ \sum_{m=1}^{12} \left[\frac{q_m - Q_m}{\overline{Q}_m} \right]^2 \right\}^{\frac{1}{2}}$$

$$\overline{Q}_m = \frac{1}{12} \sum_{m=1}^{12} Q_m$$

式中：q_m 为评估年实测月径流量；Q_m 为评估年天然月径流量；$\overline{Q}_m$ 为评估年天然月径流量年均值，天然径流量按照水资源调查评估相关技术规划得到的还原量。

赋分见表 2.4。

表 2.4　　　　　　　　　流量过程变异程度指标赋分表

FD	赋　分	FD	赋　分
0.05	100	1.5	25
0.1	75	3.5	10
0.3	50	5	0

2. 湖泊最低生态水位满足状况

因岳城水库为湖泊，因而增加湖泊最低生态水位满足状况指标。

湖泊最低生态水位是生态水位的下限值，是维护湖泊生态系统正常运行的最低水位，若长时间低于此水位运行，湖泊生态系统将发生严重退化。湖泊最低生态水位采用相关湖泊管理法规定性文件确定的最低运行水位、天然水位资料法、湖泊形态法、水生生物空间最小需求法等方法来确定。

本方案中采用湖泊管理条例确定的最低运行水位作为最低生态水位。然后根据湖泊最低生态水位满足状况值，参照《湖泊标准》中湖泊最低生态水位满足程度评价标准表来进行赋分评价，见表 2.5。

表 2.5 　湖泊最低生态水位满足程度评价标准表

评 价 指 标	赋分
年内 365d 日均水位高于最低生态水位	90
日均水位低于最低生态水位，但 3d 平均水位不低于最低生态水位	75
3d 平均水位低于最低生态水位，但 7d 平均水位不低于最低生态水位	50
7d 平均水位低于最低生态水位	30
14d 平均水位不低于最低生态水位	20
30d 平均水位不低于最低生态水位	10
30d 平均水位不低于最低生态水位	0

3. 生态流量保障程度

实测日径流量、多年平均径流量。

定义：河流生态流量是指为维持河流生态系统的不同程度生态系统结构、功能而必须维持的流量过程。采用最小生态流量进行表征。

EF 指标表达式为

$$EF1 = \min\left[\frac{q_d}{\overline{Q}}\right]_{m=4}^{9}$$

$$EF2 = \min\left[\frac{q_d}{\overline{Q}}\right]_{m=10}^{3}$$

式中：q_d 为评估年实测日径流量；$\overline{Q}$ 为多年平均径流量；$EF1$ 为 4—9 月日径流量占多年平均流量的最低百分比；$EF2$ 为 10 月至次年 3 月日径流量占多年平均流量的最低百分比。

赋分标准见表 2.6。

表 2.6 　分期基流标准与赋分表

分级	栖息地等定性描述	推荐基流标准（年平均流量百分数）		赋分
		$EF1$：一般水期育幼期（4—9 月）	$EF2$：鱼类产卵（10 月至次年 3 月）	
1	最大	200%	200%	100
2	最佳	60%～100%	60%～100%	100
3	极好	40%	60%	100
4	非常好	30%	50%	100
5	好	20%	40%	80
6	一般	10%	30%	40
7	差	10%	10%	20
8	极差	<10%	<10%	0

2.3.2 物理结构（PF）

在物理结构准则层评价过程中，删除天然湿地保留率指标。在漳河流域不存在国家天然湿地保护名录的湿地，因此该指标参评与不参评对结果无影响。

1. 河/湖岸带状况

河/湖岸稳定性、河/湖岸带植被覆盖率、河/湖岸带人工干扰程度。

（1）河/湖岸稳定性（BKS）。指标表达式为

$$BKS_r = \frac{SA_r + SC_r + SH_r + SM_r + ST_r}{5}$$

式中：BKS_r 为岸坡稳定性指标赋分；SA_r 为岸坡倾角分值；SC_r 为岸坡覆盖度分值；SH_r 为岸坡高度分值；SM_r 为河岸基质分值；ST_r 为坡脚冲刷强度分值。

赋分标准见表2.7。

表2.7　　　　　　　　河/湖岸稳定性评估分值指标赋分标准

岸坡特征	稳定	基本稳定	次不稳定	不稳定
分值	90	75	25	0
斜坡倾角/(°)	<15	<30	<45	<60
植被覆盖率/%	>75	>50	>25	>0
斜坡高度/m	<1	<2	<3	<5
基质（类别）	基岩	岩土湖岸	黏土湖岸	非黏土湖岸
湖岸冲刷状况	无冲刷迹象	轻度冲刷	中度冲刷	重度冲刷
总体特征描述	近期内湖岸不会发生变形破坏，无水土流失现象	河/湖岸结构有松动发育迹象，有水土流失迹象，但近期不会发生变形和破坏	河/湖岸松动裂痕发育趋势明显，一定条件下可以导致湖岸变形和破坏，中度水土流失	河/湖岸水土流失严重，随时可能发生大的变形和破坏，或已经发生破坏

（2）河/湖岸带植被覆盖度。

定义：植被覆盖度是指植被（包括叶、茎、枝）在单位面积内植被的垂直投影面积所占百分比。分别调查计算乔木、灌木及草木植物覆盖度，对比植被覆盖度评估标准，分别对乔木、灌木及草木植物覆盖度进行赋分，根据公式 $RVS_r = \dfrac{TC_r + SC_r + HC_r}{3}$ 计算河/湖岸植被覆盖度指标赋分值。TC_r、SC_r 和 HC_r 分别为评估湖泊所在生态分区参考点的乔木、灌木及草木植物覆盖度。

赋分标准见表2.8。

表2.8　　　　　　　　河/湖岸植被覆盖度指标直接评估赋分标准

植被覆盖度（乔木、灌木、草木）	说明	赋分
0	无该类植被	0
0~10%	植被稀疏	25
10%~40%	中度覆盖	50
40%~75%	重度覆盖	75
>75%	极重度覆盖	100

（3）河/湖岸带人工干扰程度。

定义：重点调查评估在河/湖岸带及其邻近陆域进行的九类人类活动，包括河/湖岸硬

性砌护、沿岸建筑物（房屋）、公路（或铁路）、垃圾填埋场或垃圾堆放、湖滨公园、管道、采矿、农业耕种、畜牧养殖、渔业网箱养殖等。

对评估湖段采用每出现一项人类活动减少其对应分值的方法进行湖岸带人类影响评估，无上述九类活动的湖段赋分为100分，根据所出现人类活动的类型及其位置减去相应的分值，直至0分。

赋分标准：在河岸带及其邻近陆域的九类人类活动赋分值见表2.9；在湖岸带及其邻近陆域的九类人类活动赋分值见表2.10。

表2.9　　　　　　　　　　　　河岸带人类活动赋分标准

序号	人类活动类型	所在位置		
		河道内（水边线以内）	河岸带	河岸带邻近陆域（小河10m以内，大河30m以内）
1	河岸硬性砌护		−5	
2	采砂	−30	−40	
3	沿岸建筑物（房屋）	−15	−10	−5
4	公路（或铁路）	−5	−10	−5
5	垃圾填埋场或垃圾堆放		−60	−40
6	河滨公园		−5	−2
7	管道	−5	−5	−2
8	农业耕种		−15	−5
9	畜牧养殖		−10	−5

表2.10　　　　　　　　　　　　湖岸带人类活动赋分标准

序号	人类活动类型	所在位置		
		湖道内（水边线以内）	湖岸带	湖岸带邻近陆域（小湖10m以内，大湖30m以内）
1	湖岸硬性砌护		−5	
2	沿岸建筑物（房屋）	−15	−10	−5
3	公路（或铁路）	−5	−10	−5
4	垃圾填埋场或垃圾堆放		−60	−40
5	湖滨公园		−5	−2
6	管道	−5	−5	−2
7	农业耕种		−15	−5
8	畜牧养殖		−10	−5
9	渔业网箱养殖	−15		

2. 河流连通阻隔状况

监测断面以下至河口（干流、湖泊、海洋）河段的闸坝阻隔特征。

定义：主要调查评估河流对鱼类等生物物种迁徙及水流与营养物质传递阻断状况，重点调查监测断面以下至河口河段的闸坝阻隔特征，闸坝阻隔分为以下四类情况。

（1）完全阻隔（断流）。

（2）严重阻隔（无鱼道、下泄流量不满足生态基流要求）。

（3）阻隔（无鱼道、下泄流量满足生态基流要求）。

（4）轻度阻隔（有鱼道、下泄流量满足生态基流要求）。

对评估断面下游河段每个闸坝按照阻隔分类分别赋分，然后取所有闸坝的最小赋分，按照下式计算评估断面以下河流纵向连续性赋分。

$$RC_r = 100 + \min[(DAM_r)_i, (GATE_r)_j]$$

式中：RC_r 为河流连通阻隔状况赋分；$(DAM_r)_i$ 为评估断面下游河段大坝阻隔赋分（$i = 1, 2, \cdots, NDam$），$NDam$ 为下游大坝座数；$(GATE_r)_j$ 为评估断面下游河段水闸阻隔赋分（$j = 1, 2, \cdots, NGate$），$NGate$ 为下游水闸座数。

赋分标准见表 2.11。

表 2.11　　　　　　　　　　闸 坝 阻 隔 赋 分 表

鱼类迁徙阻隔特征	水量及物质流通阻隔特征	赋分
无阻隔	对径流没有调节作用	0
有鱼道，且正常运行	对径流有调节作用，下泄流量满足生态激流	－25
无鱼道，对部分鱼类迁徙有阻隔作用	对径流有调节作用，下泄流量不满足生态激流	－75
迁徙通道完全阻隔	部分时间导致断流	－100

3. 河湖连通阻隔状况

定义：环湖河流连通状况表示环湖出入湖河流水系水流畅通程度，环湖河流连通状况赋分按照下式计算，即

$$RFC = \frac{\sum_{n-1}^{N_s} W_n R_n}{\sum_{n-1}^{N_s} R_n}$$

式中：N_s 为环湖出入湖河流数量；R_n 为评估年环湖河流地表水资源量，万 m^3/a，出湖河流地表水资源量按照实测出湖水量计算；W_n 为环湖河流河湖顺畅性赋分；RFC 为环湖河流连通赋分。

赋分标准：调查环湖河流的闸坝建设及调控状况，估算环湖河流入湖水量与入湖河流多年平均实测径流量，根据上述两个条件分别确定顺畅状况，取其中的最差状况确定每条环湖河流连通性状况赋分。环湖河流顺畅状况判定及赋分标准见表 2.12，湖泊环湖河流连通性评价标准见表 2.13。

表 2.12　　　　　　　　环湖河流顺畅状况判定及赋分标准表

顺畅状况	断流阻隔时间/月	年入湖水量占入湖河流多年平均实测年径流量比例/%	赋分
完全阻隔	12	0	0
严重阻隔	4	10	20

顺畅状况	断流阻隔时间/月	年入湖水量占入湖河流多年 平均实测年径流量比例/%	赋分
阻隔	2	40	40
较顺畅	1	60	70
顺畅	0	70	100

表 2.13　　　　　　　　　湖泊环湖河流连通性评价标准

等　级	赋分范围	说　明
1	80～100	连通性优
2	60～80	连通性良好
3	40～60	连通性一般
4	20～40	连通性差
5	0～20	连通性极差

4. 湖泊萎缩状况

增加湖泊萎缩状况指标，本指标为湖泊必选指标。

湖泊萎缩状况：在土地围垦、取用水等人类活动影响较大的区域，出现了湖泊水位持续下降、水面积和蓄水量持续减小的现象，导致湖泊萎缩甚至干涸（湖泊评估指标）。

萎缩比例计算公式为

$$ASR = 1 - \frac{A_c}{A_r}$$

式中：A_c 为评估年湖泊水面面积；A_r 为历史参考水面面积。赋分标准见表 2.14。

表 2.14　　　　　　　　　湖泊萎缩状况赋分表

湖泊面积萎缩比例/%	赋　分	说　明
5	100	接近参考状况
10	60	与参考状况有较小差异
20	30	与参考状况有中度差异
30	10	与参考状况有较大差异

5. 河道稳定性

河道稳定性主要用于反映河道是否受到人类干扰，河道稳定性可由河流渠道化程度表示，河流渠道化是指：①平面布置上的河流形态直线化；②河道横断面几何规则化；③河床材料的硬质化。河流的渠道化改变了河流蜿蜒型的基本形态，急流、缓流、弯道及浅滩相间的格局消失，而横断面上的几何规则化，也改变了深潭、浅滩交错的形势，生境的异质性降低，水域生态系统结构与功能随之发生变化，特别是生物群落多样性随之降低，可能引起淡水生态系统退化。将河道稳定性定性地分为好、较好、一般、差等级别，河道稳定性赋分标准见表 2.15。

表 2.15   河 道 稳 定 性 赋 分 表

指标	好（100～75分）	较好（75～50分）	一般（50～25分）	差（25～0分）
河道稳定性	渠道化没有出现或很少出现，河道维持正常模式	渠道化出现较少，通常在桥墩周围处出现渠道化，对水生生物影响较小	渠道化比较广泛，在两岸有筑堤或桥梁支柱出现，对水生生物有一定影响	河岸由铁丝和水泥固定，对水生生物的影响很严重，使其生活环境完全改变

2.3.3 水质

水质准则层删除水温变异状况指标，此指标为水温月变化过程与多年平均水温月变化的变异程度，主要为水利工程的下游评估河段。但水库闸坝以下缺乏长系列的水温数据，实测困难性较大，而岳城水库也很少向下游长时间放水，本指标意义较小。

1. 溶解氧状况

该指标在实测过程中减少溶解氧测定次数，采用评估年逐月实测浓度。

定义：DO 为水体中溶解氧浓度，单位为 mg/L。

指标赋分：依据《地表水环境质量标准》（GB 3838—2002）进行赋分评估，见表 2.16。

表 2.16   溶解氧状况指标赋分标准

DO/(mg/L)	饱和率90%（或>7.5）	>6	>5	>3	>2	>0
D指标赋分	100	80	60	30	10	0

2. 耗氧有机污染状况

该指标主要是评估高锰酸盐指数、化学需氧量、五日生化需氧量、氨氮状况。

定义：耗氧有机物指导致水体中溶解氧大幅度下降的有机污染物。

监测项目和方法：高锰酸盐指数、化学需氧量、五日生化需氧量、氨氮。方法是采用《地表水环境质量标准》（GB 3838—2002）。

指标评估：按汛期和非汛期进行平均，分别评估汛期和非汛期赋分，取其最低赋分为水质项目的赋分。

赋分标准见表 2.17。

表 2.17   耗氧有机物染污状况指标赋分标准

高锰酸盐指数/(mg/L)	2	4	6	10	15
化学需氧量/(mg/L)	15	17.5	20	30	40
五日生化需氧量/(mg/L)	3	3.5	4	6	10
氨氮/(mg/L)	0.15	0.5	1	1.5	2
赋分	100	80	60	30	0

3. 重金属污染状况

该指标主要是评估砷、汞、镉、铬（6价）、铅等重金属污染状况。

定义：重金属污染是指含有汞、镉、铬（6价）、铅及砷等生物毒性显著的重金属元

26

素及其化合物对水的污染。

监测项目和方法：汞、镉、铬（6价）、铅及砷，方法采用《地表水环境质量标准》（GB 3838—2002）。

指标评估：按汛期和非汛期进行平均，分别评估汛期和非汛期赋分，取其最低赋分为水质项目的赋分。

赋分标准见表2.18。

表 2.18　　　　　　　　　　　重金属污染状况指标赋分标准

砷	0.05	0.075	0.1
汞	0.00005	0.0001	0.001
镉	0.001	0.005	0.01
铬（6价）	0.01	0.05	0.1
铅	0.01	0.05	0.1
赋分	100	60	0

4. 富营养化状况

水质准则层中增加岳城水库富营养化指标，因本指标为湖泊必选指标。

湖泊从贫营养向富营养转变过程中，湖泊中营养盐浓度和与之相关联的生物生产量从低向高逐渐转变。营养状况评价一般从营养盐浓度、透明度、生产能力3个方面设置评价项目。本次评价项目包括总磷、总氮、叶绿素 a、高锰酸盐指数和透明度。其中，叶绿素 a 为必评项目。

本次评价采用指数法，总营养状况指数计算公式为

$$EI = \frac{\sum_{n=1}^{N} E_n}{N}$$

式中：EI 为营养状况指数；E_n 为评价项目赋分值；N 为评价项目个数。

按照上述公式，参照《湖泊标准》中表4-3进行分级，确定 EI 值，再根据表4-4中的赋分标准进行评估赋分。

2.3.4　生物

1. 浮游植物污生指数

本指标采用污生指数替代浮游植物密度，因河流中浮游植物密度较小，不适合采用密度进行计算和评价，而多样性指数较能反映该点位所代表河长的环境状况，且污生指数在河流中对环境的指示较敏感，故采用该指数作为评估指标。该指数指标也为健康评估体系的创新点。

定义：浮游植物污生指数是根据浮游植物指示种及相应数量的多寡来进行生物学评价的指数。

污生指数 S 计算公式为

$$S = \frac{\sum h \cdot s}{\sum h}$$

式中：S 为群落的污生指数；s 为某种指示生物的污生指数取值。

取值：寡营养型（os）＝1，中营养型（βm）＝2，富营养型（αm）＝3，富营养重污型（ps）＝4。

h 为该种生物的个体丰度，可用等级表示：1级为个体丰度极少，2级为个体丰度少，3级为个体丰度较多，4级为个体丰度多，5级为个体丰度极多。

污生指数 S 水质判断标准：S 值为 1.0～1.5 为轻污带，S 值为 1.5～2.5 为中污带，S 值为 2.5～3.5 为重污染，S 值为 3.5～4.0 为严重污染，根据此指数赋分见表 2.19。

表 2.19　　　　　　　　　　　浮游植物污染指数赋分标准

评估等级	污生指数 S	等级描述	赋分
Ⅰ	3.5～4.0	严重污染	0～25
Ⅱ	2.5～3.5	重污染	25～50
Ⅲ	1.5～2.5	中污带	50～75
Ⅳ	1.0～1.5	轻污带	75～100

2. 底栖动物 BI 指数

以 BI 指数替代底栖动物完整性指数，因本流域环境变动较大，通常上游源头处于断流状况，而代表性断面常处于中游；海河流域的河流底栖动物种类相对较少，底栖动物完整性指数计算值与实际环境状况相差较大，因此采用 BI 指数作为评估指标。该指数指标也为健康评估体系的创新点。

定义：底栖动物 BI 指数是指用不同分类单元（主要是属、种）的耐污值及相应数量的多寡来进行生物学评价的指数。

BI 指数的计算公式为

$$BI = \sum_{n=1}^{S} \frac{a_i n_i}{N}$$

式中　n_i 为第 i 分类单元（属或种）的个体数；a_i 为第 i 分类单元（属或种）的耐污值；N 为各分类单元（属或种）的个体总和；S 为种类数。

BI 取值：0～3.50 为极清洁；3.51～4.50 为很清洁；4.51～5.50 为清洁；5.51～6.50 为一般；6.51～7.50 为轻度污染；7.51～8.50 为污染；8.51～10.00 为严重污染，见表 2.20。

表 2.20　　　　　　　　　　底栖动物 BI 指数指标赋分标准表

评估等级	BI	等级描述	赋　分
Ⅰ	8.51～10.00	严重污染	0
Ⅱ	7.51～8.50	污染	1～20
Ⅲ	6.51～7.50	轻度污染	20～40
Ⅳ	5.51～6.50	一般	40～60
Ⅴ	4.51～5.50	清洁	60～80
Ⅵ	3.51～4.50	很清洁	80～100
Ⅶ	0～3.50	极清洁	100

BI 指数既考虑了底栖动物的耐污能力，又考虑了底栖动物的物种多样性，弥补了某些生物评价指数的不足。由于 BI 指数为各分类单元的加权平均求和，偶然因素影响较小，所以用于底栖动物水质评价比较客观。

3. 鱼类生物损失指数

其包括试点湖泊土著鱼类历史数据、试点湖泊鱼类现状调查。

定义：采用生物完整性评估的生物物种损失方法确定。鱼类生物损失指数指评估湖泊内鱼类种数现状与历史参考系鱼类种数的差异状况，调查鱼类种类不包括外来物种。该指标反映湖泊生态系统中顶级物种受损失状况。

方法：鱼类生物损失指数的建立采用历史背景调查方法确定，以 20 世纪 80 年代为历史基点。

历史背景：如《中国内陆水域渔业资源调查与区划》（1980—1988）、《河北动物志·鱼类》。

样品采集：按照鱼类取样调查方法。

指标表达式为

$$FOE = \frac{FO}{FE}$$

式中：FOE 为土著鱼类生物损失指数；FO 为评估河段调查获得的鱼类种类数量；FE 为 20 世纪 80 年代评估湖泊的鱼类种类数。

赋分标准见表 2.21。

表 2.21 土著鱼类生物损失指数赋分标准表

土著鱼类生物损失指数	FOE	1	0.85	0.75	0.6	0.5	0.25	0
指数赋分	FOE_r	100	80	60	40	30	10	0

4. 浮游动物多样性指数

定义：Shannon - Wiener 多样性指数是反映生物多样性和丰富度的综合指标。

Shannon - Wiener 指数计算公式为

$$H'(S) = -\sum_{i=1}^{S} p_i \log_2 p_i$$

$$p_i = \frac{n_i}{N}$$

式中：S 为种类个数；N 为同一样品中的个体总数；n_i 为第 i 种的个体数。

Shannon - Wiener 指数 H 值越低，说明水质污染程度越高。H 值在 $0 \sim 1$ 为重度污染，$1 \sim 3$ 为中度污染，其中 $1 \sim 2$ 为 α-中度污染，$2 \sim 3$ 为 β-中度污染，大于 3 为清洁水体。

赋分标准见表 2.22。

表 2.22 浮游动物多样性指数赋分标准表

评价等级	数　　值	等级描述	赋　　分
I	<1	重度污染	0~33.3
II	1~2	α-中度污染	33.3~66.7
III	2~3	β-中度污染	66.7~100
IV	>3	清洁水体	100

5. 大型水生植物覆盖度

大型水生植物是湖滨带的重要组成部分,为鱼类及底栖生物提供适宜的物理栖息环境。大型水生植物状况重点评价浮水植物、挺水植物和沉水植物三类植物中非外来物种的总覆盖度。

赋分标准见表2.23。

表 2.23 湖岸植被覆盖度指标直接评估赋分标准

大型水生植物覆盖度	说　　明	赋　　分
0	无该类植被	0
0~10%	植被稀疏	25
10%~40%	中度覆盖	50
40%~75%	重度覆盖	75
>75%	极重度覆盖	100

2.3.5 社会服务功能

1. 水功能区达标指标

定义:按照《地表水资源质量评价技术规程》(SL 395—2007)规定的技术方法确定的水质达标个数比例,公式为

$$WFZ_r = WFZP \times 100$$

式中:WFZ_r 为评估湖泊水功能区水质达标率指标赋分;$WFZP$ 为评估湖泊水功能区水质达标率。

2. 水资源开发利用指标

评估湖泊流域内供水量、流域水资源量。

定义:以水资源开发利用率表示。水资源开发利用率是指评估湖泊流域内供水量占流域水资源量的百分比。水资源开发利用率表达流域经济社会活动对水量的影响,反映流域的开发程度,反映了社会经济发展与生态环境保护之间的协调性。表达式为

$$WRU = \frac{WU}{WR}$$

式中:WRU 为评估河流、湖泊流域水资源开发利用率;WR 为评估湖泊流域水资源总量;WU 为评估河流、湖泊流域水资源开发利用量。

指标赋分:利用水资源开发利用率指标健康评估概念模型,公式为

$$WRU_r = |a \cdot (WRU)^2 + b \cdot WRU|$$

式中：WRU_r 为水资源利用率指标赋分；WRU 为评估河流、湖泊水资源利用率；a、b 为系数，分别为 $a=1111.11$、$b=666.67$。

3. 防洪指标

河流防洪指标主要是防洪工程措施完好率；湖泊防洪指标包括防洪工程措施完好率和湖泊洪水调蓄能力。

定义：防洪工程完好率指已达到防洪标准的堤防长度占堤防总长度的比例及环湖口门建筑物满足设计标准的比例，其含义具体包括堤防工程达标率、环湖口门工程达标率两个方面。湖泊洪水调蓄能力指为湖泊的现状可蓄水量与规划蓄洪水量的比例。

河流防洪工程完好率指标表达式为

$$FLD = \frac{\sum_{n=1}^{N_s}(RIVNL_n \cdot RIVWF_n \cdot RIVB_n)}{\sum_{n=1}^{N_s}(RIVL_n \cdot RIVWF_n)}$$

式中：FLD 为河流防洪指标；$RIVNL_n$ 为河段 n 的长度，km，评估河流根据防洪规划划分的河段数量；$RIVB_n$ 根据河段防洪工程是否满足规划要求进行赋值，达标时 $RIVB_n=1$，不达标时 $RIVB_n=0$；$RIVWF_n$ 为河段规划防洪标准重现期（如 100 年）。

湖泊防洪工程完好率指标表达式为

$$FLDE = \frac{\dfrac{BLA}{BL} + \dfrac{GWA}{GW}}{2}$$

式中：$FLDE$ 为防洪工程完好率；BLA 为达到防洪标准的堤防长度；BL 为堤防总长度；GWA 为环湖达标口门宽度；GW 为环湖河流口门总宽。

湖泊洪水调蓄能力计算公式为

$$FLDV = \frac{VA}{VP}$$

式中：VA 为湖泊可蓄水量；VP 为规划蓄洪水量；$FLDV$ 为湖泊蓄洪能力。

赋分标准见表 2.24。

表 2.24　　　　　　　　防洪指标赋分标准

赋分	100	75	50	25	0
防洪指标	95%	90%	85%	70%	50%

4. 公众满意度指标

依据河湖健康评估公众调查表。

定义：公众满意度反映公众对评估河湖水质、水量、鱼类、河岸带等状况的满意程度。

赋分标准见表 2.25。

表 2.25　　　　　　　　　　　　　　　**河湖健康评估公众调查表**

姓名		性别		年龄		
文化程度		职业		民族		
住址			联系电话			
河流、湖泊对个人生活的重要性		与河流、湖泊的关系	沿河（湖）居民（湖岸以外1km以内范围）			
很重要			非河（湖）居民	河流、湖泊管理者		
较重要				河流、湖泊周边从事生产活动		
一般				旅游经常来河流、湖泊		
不重要				旅游偶尔来河流、湖泊		
河流、湖泊状况评估						
河流、湖泊水量		河流、湖泊水质		河（湖泊）滩地		
太少		清洁		树草状况	太少	
还可以		一般			还可以	
太多		比较脏		垃圾堆放	无垃圾	
不好判断		太脏			有垃圾	
鱼类数量		大鱼		本地鱼类		
少很多		重量小很多		鱼的名称		
少了一些		重量小一些		以前有，现在没有了		
没有变化		没有变化		以前有，现在部分没有了		
数量多了		重量大了		没有变化		
河流、湖泊适应性状况						
河流、湖泊景观	优美		与河流、湖泊相关的历史及文化保护程度	历史古迹或文化程度了解情况	不清楚	
	一般				知道一些	
	丑陋				比较了解	
近水难易程度	容易安全			历史古迹或文化名胜保护与开发情况	没有保护	
	难或不安全				有保护，但不对外开放	
散步与娱乐休闲活动	适宜				有保护，也对外开放	
	不适宜					
对河流、湖泊的满意程度调查						
总体评估赋分标准		不满意的原因是什么？		希望的湖泊状况是什么样的？		
很满意	100					
满意	80					
基本满意	60					
不满意	30					
很不满意	0					
总体评估赋分						

第3章

水生态概况及相关研究

3.1 概述

水生态监测通过对水生生物、水文要素、水环境质量等的监测和数据收集，分析评价水生态的现状和变化，为水生态系统保护与修复提供依据的活动。

水生生物监测通常是指对水体中水生生物的种群、个体数量、生理功能或群落结构变化所进行的测定，通常涵盖的主要类群有浮游植物、浮游动物、着生生物、底栖动物、鱼类、藻类生长潜力试验等。

3.2 调查历史

李佳等（2008）的研究表明，河南省卫河水质主要超标项为 COD、DO、TP、Mn，卫河多数评价指标浓度在丰水期低于枯水期，主要为点源污染。主要污染物为还原性物质、氮磷等营养物质、重金属 Mn。卫河水体已出现"水华"并发出恶臭味。

于伟东等（2009）于 2004—2008 年对漳卫南运河中下游水生生物状况进行了调查，主要河段为卫河、卫运河、漳卫新河和岳城水库，涉及浮游植物、浮游动物、大型维管束植物、鱼类、两栖动物、爬行动物、哺乳动物等水生生物类群。结果表明，岳城水库浮游植物优势类群为微囊藻，水体有向富营养化发展的趋势；卫河、卫运河、漳卫新河生态受到严重破坏，生物多样性严重降低，浮游动植物已转变为耐污及富营养种类，河流鱼类几乎灭绝，底栖动物数量低、种类少，是长期遭受污染河流的最显著的特征。

于伟东（2010）于 2007 年 10 月对岳城水库藻类进行过调查，调查结果表明，岳城水库浮游植物群落由绿藻、蓝藻、硅藻、隐藻、甲藻门构成，水体为富营养型，微囊藻占优势，遇到适宜的条件极易形成"水华"。

黎洁（2011）于 2009 年对海河流域八大水系 203 个站点的浮游动物进行了生物多样性调查和水质分析，漳卫南运河水系共检测到 122 属 160 种，原生动物占浮游动物种类组成的 45.63%；轮虫占 40.63%；枝角类占 9.38%；桡足类仅占 4.38%。徒骇马颊河水系共检测到 111 属 147 种，原生动物占浮游动物种类组成的 48.98%；轮虫占 34.69%；枝角类占 10.89%；桡足类仅为 5.44%。生物多样性评价选取 Shannon - Wiener 指数、Simpson 指数和均匀度指数 3 种，漳卫南运河水系漳河各站点的水质污染程度较轻，为轻度或中度污染类型，卫河支流安阳河段及上游彰武南海水库水体中度富营养化，为中度污染类型，卫河干流及支流汤河段为严重污染或重污染类型。

宋芬（2011）于2009年7—10月对漳卫河水系22个站点浮游植物进行取样及检测，采集到的浮游植物共计8门85属204种，其中绿藻门37属72种，占浮游藻类种类总数的35.29%，硅藻门22属72种，占种类总数的35.29%，蓝藻门12属28种，占种类总数的13.73%，裸藻门6属22种，占10.78%，隐藻门2属4种，甲藻门3属3种，黄藻门1属1种，金藻门2属2种，分别占浮游藻类种类总数的1.96%、1.47%、0.49%和0.98%。

李俊等（2013、2016）于2011—2012年对漳卫南运河流域19个采样位点进行调查研究，共鉴定出浮游植物395种（变种），隶属于8门131属。其中，绿藻门的种类最多（159种），硅藻门次之（110种），再次为裸藻门（56种）和蓝藻门（49种）。浮游植物的细胞密度平均值为$21.672 \times 10^6 \text{cells/L}$，夏季最高为$33.5 \times 10^6 \text{cells/L}$，秋季最低为$12.21 \times 10^6 \text{cells/L}$，其中绿藻门最多，为$11.67 \times 10^6 \text{cells/L}$；浮游植物生物量平均值为25.96mg/L，夏季最高为54.43mg/L，秋季最少为6.33mg/L，其中绿藻门最多，为11.09mg/L。

王长普（2013）选取卫河干流上游水功能区12个监测站点，针对参评项目达标率（或超标率）进行不同水期的统计分析的研究表明，2011年度区域排名前3位的主要超标项目是化学需氧量（达标率为10.0%）、氨氮（达标率为12.9%）、溶解氧（达标率为70.7%）；汛期区域排名前3位的主要超标项目是化学需氧量（达标率为13.4%）、氨氮（达标率为20.9%）、铅（达标率为74.1%）；非汛期区域排名前3位的主要超标项目是氨氮（达标率为15.9%）、化学需氧量（达标率为20.3%）、溶解氧（达标率为78.3%）。通过上述分析表明，河南省海河流域卫河干流污染特性是以化学需氧量、氨氮为主。

程军明等（2015）于2014年3月和5月在河南省新乡市卫河河段选取3个采样点，两次采样共鉴定出18种（属）浮游植物，其中绿藻门有12种（属），硅藻门有4种（属），蓝藻门和裸藻门各一种（属）。浮游植物优势种（相对生物量大于10%）有绿藻门的镰形纤维藻（*Ankistrodesmus falcatus*）、布朗衣藻（*Chlamydomonas braunii*）、栅藻（*Scenedesmus obliqnus*）、小空星藻（*Coelastrum microporum*）和硅藻门的舟形藻（*Navicula sp.*）、梅尼小环藻（*Cyclotella meneghiniana*）。浮游植物总生物量在1648.0~14619g/L之间。两次采样的藻类污染指数范围为11~23之间，水质整体处于轻度~重度污染状态。其评价结果与综合状态指数评价结果有所不同，枯水期水质污染指数低于丰水期，表明卫河枯水期水质较丰水期更好。两次采样的Shannon-Wiener指数范围在0.78~2.91之间，水质整体处于α-中污~重度污染状态。评价结果与综合状态指数评价结果一致，枯水期Shannon-Wiener指数低于丰水期，表明卫河丰水期水质较枯水期好。

3.3 水生生物现状分析

为了解漳卫南运河流域水生生物多样性现状，于2016—2018年对漳卫南运河流域开展了水生生物现状调查和分析，主要针对水生浮游植物、底栖动物和鱼类进行调查及多样性评价,以期获取水生生物现状资料数据,为将来进一步深入评价、分析和研究提供基础。

3.3.1 调查概况

该研究以漳卫南流域为研究对象,按照其水系分布特征,将其分为 6 个河段,分别为漳河、卫河、岳城水库、卫运河、漳卫新河、南运河。

水生生物调查主要生态组分为浮游植物(定性、定量)、浮游动物(定性、定量)、底栖动物(定性、定量)、鱼类(定性)。

调查频次为:浮游植物、浮游动物、底栖动物在汛期、非汛期各监测一次,全年监测两次,监测调查年份为 2016—2018 年。

3.3.2 调查及评价方法

浮游植物定性样品用 25 号浮游生物网(200 目),在水下 0.15m 处作∞形拖曳 3min,入样品瓶后加 3mL 福尔马林固定,保存于 100mL 标本瓶中带回分析;浮游植物定量样品则取 1L 水样于样品瓶中,加 15mL 鲁哥氏液固定,带回实验室静置后分析。

浮游植物镜检以蔡司 Scope A1 显微镜进行,定性样品分类主要依据形态学分类方法,种类鉴定参照《Freshwater Algae of North America:Ecology and Classification》(John,2003)、《中国淡水藻类——系统、分类及生态》(胡鸿钧等,2006)和《水生生物监测手册》(国家环保局,1993);定性样品带回实验室静置 24h,然后浓缩至 30mL,以浮游生物计数框对其进行计数,根据浓缩倍数计算藻细胞密度。

浮游动物定性样品采用 13 号浮游动物网于水平及垂直方向呈∞形缓慢拖网,用福尔马林固定(5%)。浮游动物定量样品分别在水体的表层 0.5m 处取水样 10L,用 25 号浮游生物网当场过滤,取过滤水样 30mL,用福尔马林固定(5%),在实验室分为若干次全部计数。

原生动物和轮虫的鉴定和定量样品用处理过的浮游植物的样品。原生动物的鉴定主要参照《微型生物监测新技术》(沈韫芬等,1990),轮虫的种类鉴定主要按《中国淡水轮虫志》(王家辑,1961)。原生动物的定量计数和生物量计算同浮游植物。轮虫的计数是从摇匀的样品中吸取 1mL 注入 1mL 计数框中,在 10×10 倍视野下计数。一般计数两片,取平均值。轮虫生物量按照黄祥飞(1999)的方法估算。浮游甲壳动物按照蒋燮治和堵南山(1979)、沈嘉瑞(1979)和 Xie 等(1997)的方法进行鉴定,采集的样品全部计数。

大型底栖动物定量样本采集用改良的 Peterson 采泥器(1/16m²),定性样品结合 D 形抄网采集。在采样现场对泥样用 40 目不锈钢网筛过滤,分拣出动物,然后立即用 10% 福尔马林溶液固定。在实验室内对采集的水生昆虫样本进行整理,保存于 75% 的酒精中待鉴定。

底栖动物种类参考相关文献(王洪铸,2002;刘月英等,1979;大连水产学院,1982;周长发,2002),将大型底栖动物样本进行鉴定,将样本中的寡毛类和软体动物鉴定至种,水生昆虫鉴定至属,区分到种并计数,计数后换算单位面积内数量,调查的大型底栖动物生物量以湿重计算。

鱼类样本采集以网捕为主，同时结合野外调查，走访河道和水库的管理人员、河道附近渔民统计河系的鱼类种类及分布状况。样品采集之后，对易于辨认和鉴定的种类直接进行现场初步鉴定，并将初步鉴定的种类和剩余鱼类用10％的福尔马林溶液固定保存，带回实验室进行详细鉴定（张觉民，1991；李明德，2011）。

　　水生生物多样性分析及评价在以下各章节生物准则层部分进行详细描述。

第 4 章

漳 河 健 康 评 估

4.1 漳河流域概况

漳河位于海河流域西南部，是海河流域南运河水系的主要支流，发源于山西高原和太行山。东邻滏阳河，南界丹河与卫河、西接沁河、北连冶河及潇河，流经晋、冀、豫三省。上游分清漳河和浊漳河两条支流，在河北省涉县合漳村汇合后始称漳河。

清漳河有东、西两源。清漳东源发源于太行山区山西省昔阳县漳漕村山麓，东南流至左权县下交漳村汇清漳河西源；清漳河西源发源于山西省和顺县八赋岭，东南流经石拐、横岭、左权县至下交漳村，东、西两源汇流后称清漳河，继续向东南经黎城下清泉村出山西进河北，流经刘家庄、涉县、匡门口至合漳村汇浊漳河。清漳河流域大部分属山石地区，地表植被较好，且河床尽属砂砾，水色澄清，故称之为清漳河，如图 4.1 所示。

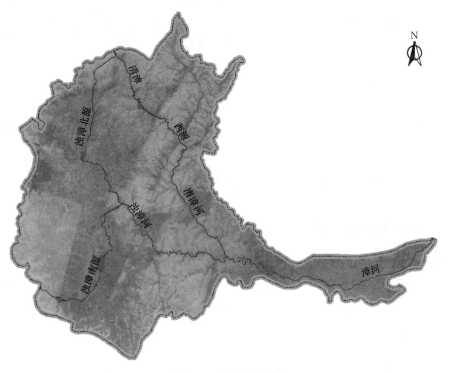

图 4.1　漳河示意图

4.2 漳河流域河湖健康评估体系

根据漳河流域情况，漳河健康评估指标体系设置按照《河流健康评估指标、标准与方法（试点工作用）》及海河流域重要河湖健康评估体系，包括1个目标层、2个目标亚层、5个准则层、15个评估指标，详见表4.1。漳河流域上游为黄土高原边缘及太行山区，是我国水土流失严重区域之一，水土流失及治理是河流的重要特征，因此将水土保持治理率指标纳入漳河健康评估体系。

表 4.1   漳河健康评估指标体系

目标层	亚层	准则层	指 标 层	代码	权重
漳河健康状况	生态完整性	水文水资源	流量过程变异程度	FD	0.2
			生态流量保障程度	EF	0.6
			水土保持治理率	SC	0.2
		物理结构	河岸带状况	RS	0.6
			河流连通阻隔状况	RC	0.4
		水质	溶解氧水质状况	DO	最小值
			耗氧有机污染状况	HMP	
			重金属污染状况	PHP	
		生物	浮游植物污生指数	PSI	最小值
			底栖动物 BI 指数	BI	
			鱼类生物损失指数	FOE	
	社会服务	社会服务功能	水功能区达标率	WFZ	0.25
			水资源开发利用指标	WRU	0.25
			防洪指标	FLD	0.25
			公众满意度	PP	0.25

4.3 漳河流域河湖健康评估监测方案

4.3.1 评估指标获取方法

在数据获取方式上，将漳河流域河流健康评估指标数据获取可以分成两类：第一类指标是历史监测数据，数据获得以收集资料为主；第二类指标以现场调查实测为主，见表4.2。

4.3.2 调查点位布设

根据漳河的水功能区、省界水质监测点位布设，以及该河系水文站点分布状况，对漳河进行点位布设。

表 4.2　　　　　　　　　　　　　　漳河流域河湖健康评估指标获取方法

目标层	准则层	指标层	获取方法/渠道
河流健康	水文水资源（HD）	流量过程变异程度	水文站
		生态流量保障程度	水文站
		水土保持治理率	资料收集
	物理结构（PF）	河岸带状况	现场实测
		河流连通阻隔状况	调查
	水质（WQ）	耗氧有机污染状况	现场实测
		溶解氧水质状况	现场实测
		重金属污染状况	现场实测
	生物（AL）	浮游植物污生指数	现场实测
		底栖动物 BI 指数	现场实测
		鱼类生物损失指数	调查法与现场实测
	社会服务功能（SS）	水功能区达标率	水质站
		水资源开发利用指标	调查
		防洪指标	调查
		公众满意度指标	现场调查

漳河共布设监测点位 11 个（图 4.2），监测点位所代表的水功能区见表 4.3。

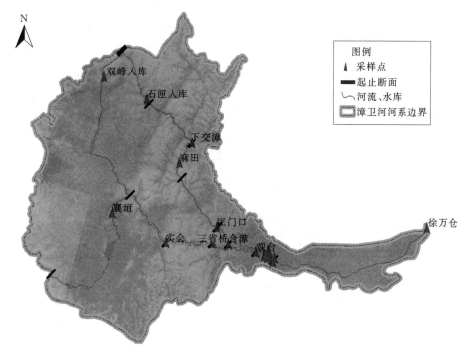

图 4.2　漳河评估监测点位示意图

各监测点位所代表的河长、详细经纬度、起止断面名称及其经纬度详见表 4.4。

表 4.3 漳河健康评估监测点位设置

河系分段	序号	监测点位	重要水功能区
浊漳河	1	双峰入库	浊漳北源山西榆社源头保护区、浊漳北源山西榆社农业工业用水区、浊漳北源山西武乡襄垣农业用水区
	2	襄垣	浊漳南源山西长子农业用水区、浊漳南源山西长治景观娱乐用水区、浊漳南源漳泽水库山西长治市工业和饮用水区、浊漳南源长治市排污控制区、浊漳南源山西潞城襄垣农业用水区
	3	实会	浊漳河山西黎城工业用水区
	4	三省桥	浊漳河晋冀豫缓冲区
清漳河	5	石匣入库	清漳西源左权源头保护区
	6	下交漳	清漳河山西左权农业用水区
	7	麻田	清漳河晋冀缓冲区
	8	匡门口	清漳河河北邯郸饮用水源区
漳河	9	合漳	清漳河岳城水库豫冀缓冲区
			浊漳河晋冀豫缓冲区
	10	观台	漳河岳城水库上游缓冲区
	11	徐万仓（漳河）	漳河河北邯郸农业用水区

表 4.4 漳河各监测点位经纬度及起止断面

河系	河系分段	序号	监测点位	河长/km	北纬	东经	起始断面 名称	起始断面 北纬	起始断面 东经	终止断面 名称	终止断面 北纬	终止断面 东经
漳卫河	浊漳河	1	双峰入库	137.75	37°15′18.47″	112°57′37.96″	浊漳河北源河源	37°23′30.22″	113°03′41.07″	合河口	36°36′17.54″	113°10′41.03″
		2	襄垣	121.7	36°30′10.34″	113°03′30.73″	浊漳河南源河源	36°07′08.66″	112°38′49.13″	合河口	36°36′17.54″	113°10′41.03″
		3	实会	50.3	36°21′02.34″	113°26′39.41″	合河口	36°36′17.54″	113°10′41.03″	实会	36°21′02.34″	113°26′39.41″
		4	三省桥	42	36°21′18.26″	113°46′08.33″	实会	36°21′02.34″	113°26′39.41″	三省桥	36°21′18.26″	113°46′08.33″
	清漳河	5	石匣入库	43	37°08′29.21″	113°16′19.96″	清漳河西源河源	37°29′14.65″	113°04′32.93″	石匣水库大坝	37°06′52.86″	113°17′32.09″
		6	下交漳	60.6	36°54′29.09″	113°36′09.71″	石匣水库大坝	37°06′52.86″	113°17′32.09″	下交漳	36°54′29.09″	113°36′09.71″
		7	麻田	50	36°47′44.23″	113°31′02.74″	下交漳	36°54′29.09″	113°36′09.71″	刘家庄	36°42′40.22″	113°32′18.95″
		8	匡门口	45	36°26′38.68″	113°47′57.39″	刘家庄	36°42′40.22″	113°32′18.95″	匡门口	36°26′38.68″	113°47′57.39″
	漳河	9	合漳	29.3	36°21′11.52″	113°53′00.62″	三省桥	36°21′18.26″	113°46′08.33″	合漳	36°21′11.52″	113°53′00.62″
							匡门口	36°26′38.68″	113°47′57.39″			
		10	观台	75	36°18′56.52″	114°05′02.28″	合漳	36°21′11.52″	113°53′00.62″	观台	36°20′14.05″	114°05′54.23″
		11	徐万仓（漳河）	114	115°16′59.84″	36°28′37.20″	岳城水库坝下	114°19′5.12″	36°23′44.20″	徐万仓	115°16′59.84″	36°28′37.20″

40

4.3.3 第一次调查各点位基本情况

第一次水生态野外监测于 2017 年 4 月 14—28 日完成,调查各点位基本情况如下。

1. 双峰入库(图 4.3)

(1)底质类型:以碎石和淤泥为主,碎石以鹅卵石和砾石为主,无水生植物。

(2)堤岸稳定性:堤岸以碎石和土质为主,比较稳定,没有侵蚀现象。

(3)河岸变化:岸边以碎石和土质为主,有植被覆盖。

(4)河水水量状况:水量较大,且流速较为缓慢。

(5)河岸带植被多样性:多以草木、灌木为主。

(6)水质状况:水体呈淡绿色,较为清澈。

(7)人类活动强度:人类活动干扰强度较小,偶有行人通过。

图 4.3 双峰入库 4 月实拍图片

2. 襄垣(图 4.4)

(1)底质类型:以淤泥为主,且淤泥较厚,有少量的水生植物。

(2)堤岸稳定性:堤岸周围被混凝土硬化,无水土流失现象和潜在因素。

(3)河道变化:河道比较稳定、宽阔,渠道化较少,河道维持正常模式。

(4)河水水量状况:水量较大,河水淹没了 80% 以上的河道。

(5)河岸带植被多样性:河岸带多为混凝土硬化,分布有少量乔木。

(6)水质状况:水体较为浑浊,呈黑色,有少量异味和沉积物。

图 4.4 襄垣 4 月实拍图片

（7）人类活动强度：人类活动干扰强度较大，离河道30m处有村庄和公路。

3. 实会（图4.5）

（1）底质类型：以碎石和淤泥为主。

（2）堤岸稳定性：堤岸以碎石和土质为主，较为稳定，观测范围内有少许地方发生侵蚀。

（3）河道变化：岸边以碎石和土质为主，有50%以上植被覆盖。

（4）河水水量状况：水量较大，流速较快。

（5）河岸带植被多样性：多以草木为主，有少量树木。

（6）水质状况：水体较为清澈，无明显异味。

（7）人类活动强度：人类活动干扰强度较大，附近有村庄和公路。

图4.5　实会4月实拍图片

4. 三省桥（图4.6）

（1）底质类型：以碎石和淤泥为主，碎石以鹅卵石为主，有水生植物。

（2）堤岸稳定性：堤岸稳定性较差，没有明显的堤岸，有少许地方发生了侵蚀。

（3）河道变化：河道比较宽，渠道化比较明显，有桥梁和支柱出现。

（4）河水水量状况：水量较大，流速较快。

（5）河岸带植被多样性：植被种类多，植被覆盖度达到90%以上，以草木居多。

（6）水质状况：水体较清澈，没有异味。

（7）人类活动强度：人类活动强度比较小，偶尔有行人通过，有观测站。

图4.6　三省桥4月实拍图片

5. 石匣入库（图 4.7）

（1）底质类型：底质以碎石为主，河岸边有少量的泥沙。

（2）堤岸稳定性：堤岸较为稳定，观测范围内有少许地方发生侵蚀。

（3）河道变化：河道比较宽阔，渠道化出现较明显。

（4）河水水量状况：水量较大，且流速较快。

（5）河岸带植被多样性：河岸周围植被种类较少，且多为草木和灌木。

（6）水质状况：水体清澈，无异味。

（7）人类活动强度：人类活动干扰小。

图 4.7　石匣入库 4 月实拍图片

6. 下交漳（图 4.8）

（1）底质类型：底质以碎石为主，河岸边有少量的泥沙。

（2）堤岸稳定性：堤岸较为稳定，观测范围内有少许地方发生侵蚀。

（3）河道变化：河道比较宽阔、稳定，渠道化较少。

（4）河水水量状况：水量较大，且流速较快。

（5）河岸带植被多样性：河岸周围植被较少，且多为草木和灌木。

（6）水质状况：水体清澈，无异味。

（7）人类活动强度：人类活动干扰大，经常有行人及机动车通过，放牧。

图 4.8　下交漳 4 月实拍图片

7. 麻田（图 4.9）

（1）底质类型：底质以碎石为主，水底大多为石块，河岸边有少量的泥沙。

（2）堤岸稳定性：堤岸较为稳定，观测范围内有少许地方发生侵蚀。

（3）河道变化：河道比较宽阔、稳定，有桥梁和支柱出现。

（4）河水水量状况：水量较大，且流速较快。

（5）河岸带植被多样性：河岸周围植被较少，且多为草木和灌木。

（6）水质状况：水体清澈，无异味。

（7）人类活动强度：人类活动干扰大，附近有公路、桥梁以及麻田八路军总部纪念馆。

图 4.9　麻田 4 月实拍图片

8. 匡门口（图 4.10）

（1）底质类型：底质以淤泥为主。

（2）堤岸稳定性：堤岸较为稳定，有少许地方发生侵蚀。

（3）河道变化：河道比较宽阔、稳定。

（4）河水水量状况：水量较大，且流速较快。

（5）河岸带植被多样性：河岸周围植被种类较多，且多为草木和灌木。

（6）水质状况：水体清澈，无异味。

（7）人类活动强度：人类活动干扰小，少有行人通过。

图 4.10　匡门口 4 月实拍图片

9. 合漳（图 4.11）

（1）底质类型：底质以石块为主，多为鹅卵石。

（2）堤岸稳定性：堤岸较为稳定，有少许地方发生侵蚀。

（3）河道变化：河道比较宽阔、稳定。

（4）河水水量状况：水量较大，且流速较快。

（5）河岸带植被多样性：河岸周围植被种类较少，多为石块。

（6）水质状况：水体清澈，无异味。

（7）人类活动强度：人类活动干扰大，附近有村庄，河岸带附近有农田。

图 4.11　合漳 4 月实拍图片

10. 观台（图 4.12）

（1）底质类型：底质以石块和淤泥为主。

（2）堤岸稳定性：堤岸较为稳定，有少许地方发生侵蚀。

（3）河道变化：河道比较宽阔、稳定。

（4）河水水量状况：水量较大，且流速较快。

（5）河岸带植被多样性：河岸周围植被种类较少，多为草木。

（6）水质状况：水体清澈，无异味。

（7）人类活动强度：人类活动干扰小。

图 4.12　观台 4 月实拍图片

4.3.4　第二次调查各点位基本情况

第二次水生态野外监测于 2017 年 8 月 13—18 日完成，调查各点位基本情况如下。

1. 双峰入库（图 4.13）

（1）底质类型：以沙子和淤泥为主，碎石以鹅卵石和砾石为主，少量水生植物。

（2）堤岸稳定性：堤岸以沙子和土质为主，比较稳定，有少许侵蚀现象。

（3）河岸变化：岸边以沙子和土质为主，有植被覆盖。

（4）河水水量状况：水量在汛期稍大，且流速较为缓慢。

（5）河岸带植被多样性：多以草木、乔木为主。

（6）水质状况：水体呈淡绿色，较为清澈。

（7）人类活动强度：人类活动干扰强度较小，偶有行人通过。

图 4.13　双峰入库 8 月实拍图片

2. 襄垣（图 4.14）

（1）底质类型：以淤泥为主，且淤泥较厚，有少量的水生植物。

（2）堤岸稳定性：堤岸周围被混凝土硬化，无水土流失现象和潜在因素。

（3）河道变化：河道比较稳定、宽阔，渠道化较少，河道维持正常模式。

（4）河水水量状况：水量较大，河水淹没了 90% 以上的河道。

（5）河岸带植被多样性：河岸带多为石砌，零星有少乔木。

图 4.14　襄垣 8 月实拍图片

（6）水质状况：水体较为浑浊，水体呈黑色，有少量异味和沉积物。

（7）人类活动强度：人类活动干扰强度较大，离河道30m处有村庄和公路，上游有洗煤厂。

3. 实会（图4.15）

（1）底质类型：以淤泥为主。

（2）堤岸稳定性：堤岸以土质为主，较为稳定，观测范围内有少许地方发生侵蚀。

（3）河道变化：岸边以碎石和土质为主，80%以上植被覆盖。

（4）河水水量状况：水量较大，水流较快。

（5）河岸带植被多样性：多以草木为主，有较多乔木。

（6）水质状况：水体较为清澈，无明显异味。

（7）人类活动强度：人类活动干扰强度较大，附近有村庄、公路和桥梁，上游有漂流旅游等项目。

图4.15　实会8月实拍图片

4. 三省桥（图4.16）

（1）底质类型：以碎石和淤泥为主，碎石以鹅卵石为主，有挺水植物和沉水植物。

（2）堤岸稳定性：堤岸稳定性较差，没有明显的堤岸，有少许地方发生了侵蚀。

（3）河道变化：河道比较宽，渠道化比较明显，有桥梁和支柱出现。

（4）河水水量状况：水量较大，流速较快。

（5）河岸带植被多样性：植被种类多，植被覆盖度达到90%以上，多以草木居多。

（6）水质状况：水体较清澈，没有异味。

（7）人类活动强度：人类活动强度比较大，有公路、桥梁及酒店旅游等设施，河谷地有当地人种植蔬菜、庄稼等。

5. 石匣入库（图4.17）

（1）底质类型：底质以碎石为主，河岸边有少量的泥沙。

（2）堤岸稳定性：堤岸较为稳定，观测范围内有少许地方发生侵蚀。

（3）河道变化：河道比较宽阔，渠道化出现较明显。

图 4.16　三省桥 8 月实拍图片

（4）河水水量状况：水量较大，且流速较快。

（5）河岸带植被多样性：河岸周围植被种类较少，且多为草木和灌木。

（6）水质状况：水体清澈，无异味。

（7）人类活动强度：人类活动干扰小。

图 4.17　石匣入库 8 月实拍图片

6. 下交漳（图 4.18）

（1）底质类型：底质以碎石为主，河岸边有少量的泥沙。

（2）堤岸稳定性：堤岸较为稳定，观测范围内有少许地方发生侵蚀。

（3）河道变化：河道比较宽阔、稳定，渠道化较少。

（4）河水水量状况：水量较大，且流速较快。

（5）河岸带植被多样性：河岸周围植被较少，且多为草木和灌木。

（6）水质状况：水体清澈，无异味。

图 4.18　下交漳 8 月实拍图片

（7）人类活动强度：人类活动干扰大，经常有行人及机动车通过，放牧。

7. 麻田（图 4.19）

（1）底质类型：底质以碎石为主，水底大多为石块，河岸边有少量的泥沙。

（2）堤岸稳定性：堤岸较为稳定，观测范围内有少许地方发生侵蚀。

（3）河道变化：河道比较宽阔、稳定，有桥梁和支柱出现。

（4）河水水量状况：水量较大，且流速较快。

（5）河岸带植被多样性：河岸周围植被较少，且多为草木和灌木。

（6）水质状况：水体清澈，无异味。

（7）人类活动强度：人类活动干扰大，附近有公路、桥梁以及麻田八路军总部纪念馆。

图 4.19　麻田 8 月实拍图片

8. 匡门口（图 4.20）

（1）底质类型：底质以淤泥和沙土为主。

（2）堤岸稳定性：堤岸较为稳定，有少许地方发生侵蚀。

（3）河道变化：河道比较宽阔、稳定。

（4）河水水量状况：水量较大，且流速较快。

（5）河岸带植被多样性：河岸周围植被种类较多，且多为草木和灌木。

（6）水质状况：水体清澈，无异味。

图 4.20　匡门口 8 月实拍图片

（7）人类活动强度：人类活动干扰小，少有行人通过，附近多为农田。

9. 合漳（图 4.21）

（1）底质类型：底质以石块为主，多为鹅卵石。

（2）堤岸稳定性：堤岸较为稳定，有少许地方发生侵蚀。

（3）河道变化：河道比较宽阔、稳定。

（4）河水水量状况：水量较大，且流速较快。

（5）河岸带植被多样性：河岸周围植被种类较少，多为石块。

（6）水质状况：水体清澈，无异味。

（7）人类活动强度：人类活动干扰大，附近有村庄，河岸带附近有农田。

图 4.21　合漳 8 月实拍图片

10. 观台（图 4.22）

（1）底质类型：底质以石块和淤泥为主。

（2）堤岸稳定性：堤岸较为稳定，有少许地方发生侵蚀。

（3）河道变化：河道比较宽阔、稳定。

（4）河水水量状况：水量较大，且流速较快。

（5）河岸带植被多样性：河岸周围植被种类较少，多为草木。

（6）水质状况：水体清澈，无异味。

（7）人类活动强度：人类活动干扰小。

图 4.22　观台 8 月实拍图片

4.4　水文水资源

水文水资源准则层根据流量过程变异程度、生态流量保障程度、水土流失治理率 3 个指标进行计算。

4.4.1　流量过程变异程度

流量过程变异程度由评估年逐月实测径流量与天然月径流量的平均偏离程度表达。

根据评估标准，全国重点水文站 1956—2000 年天然径流量漳卫河代表站有刘家庄、匡门口、石梁、侯壁、观台水文站，因此流量过程变异程度也结合上述水文站进行评估计算。还原数据仅为年份天然径流量，未给出逐月天然径流量，因此本研究以年份进行评估计算。

1. 逐年实测与天然径流量

根据《海河流域代表站径流系列延长报告》（中水北方勘测设计研究有限责任公司，2016），1956—2000 年已完成天然径流还原，并进行 2001—2012 年系列延长，因此本研究采用最新成果数据，以 2001—2012 年数据系列进行计算和评估。

采用刘家庄、匡门口水文站实测径流量代表清漳河的状况，采用石梁、侯壁水文站实测径流量代表浊漳河的状况，采用观台水文站实测径流量代表漳河（岳城水库以上至合漳站点）的状况。具体数据见表 4.5。

表 4.5 漳河各水文站年实测流量与天然流量统计 单位：亿 m³

年份	实 测 径 流 量					天 然 径 流 量				
	观台	侯壁	匡门口	刘家庄	石梁	观台	侯壁	匡门口	刘家庄	石梁
2001	4.780	3.027	1.650	0.897	1.761	8.740	4.905	2.156	1.124	3.298
2002	4.270	2.473	1.878	1.306	1.122	8.380	4.391	2.430	1.558	2.646
2003	13.440	8.777	3.590	2.129	7.647	18.600	11.119	4.122	2.366	9.807
2004	8.720	6.565	2.461	1.517	3.910	13.960	7.893	2.717	1.673	4.968
2005	5.530	4.085	2.271	1.434	1.757	11.300	6.976	2.693	1.764	4.075
2006	5.740	4.956	2.780	1.865	2.883	11.390	7.002	3.119	2.018	4.532
2007	5.600	6.397	2.005	1.577	4.304	12.010	8.930	2.394	1.792	6.247
2008	4.290	4.533	1.400	1.028	2.689	8.240	5.406	1.765	1.156	3.024
2009	2.760	2.107	0.940	0.745	0.914	6.400	4.184	1.689	1.081	2.418
2010	3.600	2.715	1.962	1.661	1.699	8.120	5.323	2.511	1.894	3.726
2011	5.130	3.014	2.989	2.544	2.409	11.330	6.734	3.663	2.925	5.495
2012	6.130	4.475	3.014	2.265	3.143	11.660	7.161	3.569	2.597	5.244
均值	5.830	4.427	2.245	1.581	2.853	10.840	6.669	2.736	1.829	4.623

2. 流量过程变异程度计算

流量过程变异程度由评估年逐年实测径流量与天然年径流量的平均偏离程度表达，因此计算公式为

$$FD = \left\{ \sum_{m=1}^{N} \left[\frac{q_m - Q_m}{\overline{Q_m}} \right]^2 \right\}^{\frac{1}{2}}$$

$$\overline{Q_m} = \frac{1}{N} \sum_{m=1}^{N} Q_m$$

式中：m 为评估年；N 为评估总年数；q_m 为评估年实测年径流量；Q_m 为评估年天然年径流量；$\overline{Q_m}$ 为评估年天然年径流量年均值。

根据逐年实测与天然径流量进行流量过程变异程度计算，并根据赋分标准进行赋分，结果见表 4.6。

表 4.6 漳河各水文站年流量过程变异程度结果及赋分

水文站	观台	侯壁	匡门口	刘家庄	石梁
FD	1.6	1.2	0.6	0.5	1.4
赋分	24.0	30.8	42.8	46.0	26.8

漳河岳城水库以下至徐万仓河段水文监测站点为蔡小庄水文站，2014 年、2015 年径流量为 0，河段处于断流状态，流量过程变异程度赋分为 0。

根据各水文站代表的河段，漳河各站点流量过程变异程度见表 4.7。

表 4.7   漳河各站点流量过程变异程度赋分

监测点位	流量过程变异程度赋分	监测点位	流量过程变异程度赋分
双峰入库	26.8	麻田	46.0
襄垣	26.8	匡门口	42.8
实会	30.8	合漳	24.0
三省桥	30.8	观台	24.0
石匣入库	46.0	徐万仓（漳河）	0
下交漳	46.0		

4.4.2 生态流量保障程度

生态流量保障程度方面根据多年平均径流量进行推算，并不少于 30 年系列数据，根据《海河流域综合规划（2012—2030）》（国函〔2013〕36 号）成果，区分山区、平原、河口等河段的不同计算方法，进行计算评估和赋分。

1. 河流生态需水量

对于水体连通和生境维持功能的河段，要保障一定的生态基流，原则上采用 Tennant 法计算，取多年平均天然径流量的 10%～30% 作为生态水量，山区河流原则上取 15%～30%，平原河流取 10%～20%；对于水质净化功能的河流，同于水体连通功能河段，不考虑增加对污染物稀释水量；对景观环境功能的河段，采用草被的灌水量或所维持的水面部分用槽蓄法计算蒸发渗漏量；有出境水量规划的河流，生态水量与出境水量方案相协调。

山区河流生态水量在漳河观台断面定为 10%，其他河段分别定为 15%～20%。

河口生态水量采用入海水量，不计算河口冲淤及近海生物需水量。在此基础上，以河系为单元进行整合，扣除河流上下段之间、山区河流与平原河流之间、河流与湿地及入海的重复量。2020 年和 2030 年河流生态水量采用同一标准。河流水质要达到水资源保护规划中确定的水质标准。

漳河流域山区河流规划生态水量见表 4.8。浊漳河侯壁河段生态水量 1.23 亿 m^3；清漳河刘家庄河段生态水量 0.39 亿 m^3；漳河干流观台河段全年不断流，生态水量 1.6 亿 m^3。

表 4.8   漳河流域山区河流规划生态水量

河系	所在河流	控制站	多年平均天然径流量	规划生态水量/（亿 m^3/a）	占多年平均天然径流比例/%
漳卫河	浊漳河	侯壁	7.9	1.23	15
	清漳河	刘家庄	2.6	0.39	15
	漳河	观台	16.28	1.6	10

平原河流各河段规划生态水量见表 4.9。漳河岳城水库以下河段按维持河滩植被考虑生态水量 0.32 亿 m^3。漳卫新河基本保持河流常年有水，有水面长度不少于 150km，生态水量 1.20 亿 m^3。

表 4.9   漳河流域平原河流规划生态水量   单位：亿 m³/a

河系	河流名称	规划河段	最小生态水量	自然耗损量	入海水量
漳卫河	漳河	铁路桥—徐万仓	0.32	0.32	1.2

2. 各站点年径流量

根据 2013—2016 年海河流域水文年鉴，2013—2016 年匡门口、石梁、侯壁、观台、岳城、蔡小庄水文站点的实测径流量见表 4.10。

表 4.10   漳河各水文站实测径流量

站点	实测年径流量/亿 m³			
	2013 年	2014 年	2015 年	2016 年
匡门口	5.431	0.547	0.251	2.243
石梁	5.431	3.158	2.126	4.068
侯壁	7.830	3.940	2.875	4.599
观台	6.795	3.004	1.826	10.72
岳城	4.665	3.275	1.778	4.892
蔡小庄	1.864	0.000	0.000	—

3. 生态流量保障程度赋分

生态流量保障程度 EF 指标表达式为

$$EF = \min \left[\frac{q_d}{\overline{Q}} \right]_{m=1}^{N}$$

式中：m 为评估年份；N 为评估年份数量；q_d 为评估年实测年径流量；$\overline{Q}$ 为规划生态需水量；EF 为评估年实测占规划生态需水量的最低百分比。

生态流量保障程度根据 2013—2016 年各水文站点的实测径流量及规划生态需水量进行计算，并根据鱼类产卵期标准进行赋分，取其中最小值年份为赋分结果，见表 4.11。

表 4.11   漳河各水文站生态流量保障程度赋分   单位：亿 m³

测站	规划生态水量	赋分指标计算值				指标取值	指标赋分
		2013 年	2014 年	2015 年	2016 年		
匡门口	1.23	441.5	44.5	20.4	182.4	20.4	30.4
石梁	1.23	441.5	256.7	172.8	330.7	172.8	100.0
侯壁	0.39	2007.7	1010.3	737.2	1179.2	737.2	100.0
观台	1.60	424.7	187.8	114.1	670.0	114.1	100.0
蔡小庄	0.32	100.0	0	0	—	0	0

根据各水文站代表的河段，漳河各站点流量过程变异程度见表 4.12。

生态流量保障指标赋分，浊漳河及漳河干流较好，赋分均为 100 分，清漳河生态流量保障程度较差，主要由于 2015 年的水量较小所致。

表 4.12 漳河各站点流量过程变异程度赋分

监测点位	流量过程变异程度赋分	监测点位	流量过程变异程度赋分
双峰入库	100.0	麻田	30.4
襄垣	100.0	匡门口	30.4
实会	100.0	合漳	100.0
三省桥	100.0	观台	100.0
石匣入库	30.4	徐万仓（漳河）	0
下交漳	30.4		

4.4.3 水土流失治理率

1. 水土流失状况

海河流域是我国水土流失严重区域之一。根据全国第二次水土流失遥感调查成果，海河流域 20 世纪末水土流失面积为 10.55 万 km²，其中山区水土流失面积 10.39 万 km²，平原区水土流失面积 0.16 万 km²，年土壤侵蚀量 2.95 亿 t。经过 21 世纪初期的综合治理，截至 2007 年，海河流域尚有水土流失面积 8.49 万 km²，其中山区 8.37 万 km²，平原区 0.12 万 km²，年土壤侵蚀量 2.43 亿 t。2007 年漳卫河平原水土流失情况见表 4.13。

表 4.13 漳卫河平原水土流失情况

水土保持分区	面积/km²	水土流失面积/km²
漳卫河山区	25326	12300
海河平原南部区	40239	1239

2. 水土流失治理面积

（1）山区。规划期内共计安排治理水土流失面积 1.21 万 km²。

近期（2020 年）：重点治理列入太行山国家级重点治理区的山西省部分县，规划治理水土流失面积 9331km²。重点安排以人工造林和生态修复为主的治理面积 8036km²，同时配置相应的基本农田和人工种草。

远期（2030 年）：治理河南省安阳市、安阳县、林县、汤阴县、鹤壁市、浚县、淇县、新乡市、辉县、卫辉市、焦作市、修武县、博爱县、武陟县 14 个县（市）和河北省邯郸市、涉县、磁县、武安市 4 个县（市）的水土流失，面积共计 2776km²。措施方面，继续重点安排人工造林措施，造林面积 1321km²，占总治理面积的 48%。结合生态修复和人工种草等措施，巩固已治理地区的水土保持成果，保护植被和生态。

（2）平原区。

近期（2020 年）：建设基本农田 365km²，人工造林 600km²，人工种草 274km²，机电井 10486 眼，灌排水渠 3712km，作业路标 899km，苗圃 32km²。

远期（2030 年）：巩固、完善、提高治理成果；做好水土流失预防监督工作，落实管护责任，提高保存率，保护好治理成果。

漳卫河流域水土流失治理规划见表 4.14。

表 4.14　　　　　　　　　　　漳卫河流域水土流失治理规划表

防治分区	面积 /km²	流失面积 /km²	治理面积 /km²	近期治理规划 (2020 年以前)		远期治理规划 (2021—2030 年)	
				面积/km²	程度/%	面积/km²	程度/%
漳卫河山区	25326	12300	12107	9331	75.86	2776	98.43
海河平原南部区	40239	1239	1239	1239	100.00		
合计	65565	13539	13346	10570	175.86	2776	98.43

3. 水土流失治理面积赋分

水土流失面积为 13539km²，水土流失治理面积为 13346km²，水土流失面积治理率为 98.58%。因此，水土流失治理面积赋分为 98.58 分。

4.4.4　水文水资源准则层赋分

漳河水文水资源准则层赋分计算见表 4.15。从表中可以看出，漳河评估河段的水文水资源准则层总赋分为 65.6 分，漳河水文水资源准则层综合评估为健康。

表 4.15　　　　　　　　漳河评估河段水文水资源准则层赋分计算表

监测点位	流量过程变异程度赋分	权重	生态流量满足程度赋分	权重	水土保持治理率赋分	权重	赋分	代表河长 /km	水文水资源准则层总赋分
双峰入库	26.8	0.2	100.0	0.6	98.6	0.2	85.1	137.8	
襄垣	26.8	0.2	100.0	0.6	98.6	0.2	85.1	121.7	
实会	30.8	0.2	100.0	0.6	98.6	0.2	85.9	50.3	
三省桥	30.8	0.2	100.0	0.6	98.6	0.2	85.9	42.0	
石匣入库	46.0	0.2	30.4	0.6	98.6	0.2	47.2	43.0	
下交漳	46.0	0.2	30.4	0.6	98.6	0.2	47.2	60.6	65.6
麻田	46.0	0.2	30.4	0.6	98.6	0.2	47.2	50.0	
匡门口	42.8	0.2	30.4	0.6	98.6	0.2	46.5	45.0	
合漳	24.0	0.2	100.0	0.6	98.6	0.2	84.5	29.3	
观台	24.0	0.2	100.0	0.6	98.6	0.2	84.5	75.0	
徐万仓	0	0.2	0	0.6	98.6	0.2	19.7	114.0	

4.5　物理结构

本次漳河河湖健康评价物理结构准则层的评估，调查监测点位具体赋分评估情况如下。

4.5.1　河岸带状况

根据 2017 年 4 月和 8 月现场调查数据进行河岸带状况评价，调查了监测点位左、右两岸岸坡稳定性、植被覆盖度和人工干扰程度。

1. 岸坡稳定性

根据以下公式进行计算，岸坡稳定性赋分见表4.16。

$$BKS_r = \frac{SA_r + SC_r + SH_r + SM_r + ST_r}{5}$$

式中：BKS_r为岸坡稳定性指标赋分；SA_r为岸坡倾角赋分；SC_r为岸坡覆盖度赋分；SH_r为岸坡高度赋分；SM_r为河岸基质赋分；ST_r为坡脚冲刷强度赋分。

表 4.16 漳河岸坡稳定性赋分

监测点位	岸坡倾角赋分	坡脚冲刷强度赋分	岸坡高度赋分	河岸基质赋分	岸坡覆盖度赋分	河岸稳定性赋分
双峰入库	90.0	25.0	90.0	75.0	100.0	76.0
襄垣	90.0	25.0	75.0	75.0	75.0	68.0
实会	75.0	0	90.0	25.0	100.0	58.0
三省桥	90.0	25.0	0	75.0	100.0	58.0
石匣入库	90.0	0	90.0	25.0	100.0	61.0
下交漳	90.0	0	90.0	75.0	100.0	71.0
麻田	25.0	0	75.0	25.0	75.0	40.0
匡门口	75.0	25.0	75.0	75.0	100.0	70.0
合漳	90.0	25.0	75.0	75.0	25.0	58.0
观台	90.0	25.0	0	0	80.0	39.0
徐万仓（漳河）	75.0	75.0	75.0	25.0	25.0	55.0

总体来说，漳河调查点位岸坡倾角较低，岸坡覆盖度较好，河岸基质基本稳定，岸坡高度较低，但是河流坡脚冲刷比较严重，赋分值普遍较低。

2. 河岸带植被覆盖度

采用2013年Landsat 8 TM影像为数据源进行NDVI值计算，计算范围为河道两边3km，面积共计5808km²。通过分析计算漳河流域植被覆盖率为91%。无植被覆盖面积513km²，植被低度覆盖面积为938km²，植被中度覆盖面积为1835km²，植被高度覆盖面积2522km²。

岳城水库以上漳河段面积3005km²，植被覆盖率为90%。无植被覆盖面积304km²，植被低度覆盖面积为628km²、植被中度覆盖面积为880km²，植被高度覆盖面积1193km²。岳城水库以上植被主要为林木。

岳城水库以下漳河段面积798km²，植被覆盖率为92%。无植被覆盖面积61km²，植被低度覆盖面积为147km²，植被中度覆盖面积为366km²，植被高度覆盖面积224km²。漳河段植被为林草和农田混合。

根据河岸带植被覆盖度指标直接评估赋分标准，徐万仓以上漳河河段植被覆盖率大于75%，赋分为100分，见表4.17。

表 4.17 　　　　　　　　　　　漳河河岸带植被覆盖度赋分表 　　　　　　　　　　　　单位：km²

河流	起　止　断　面	代表断面	无植被覆盖面积	植被低度覆盖面积	植被中度覆盖面积	植被高度覆盖面积	合计
浊漳河	浊漳河北源河源—合河口	双峰入库	13.4	179.0	272.6	197.2	662.1
	浊漳河南源河源—合河口	襄垣	111.0	125.0	184.0	212.0	632.0
	合河—实会	实会	4.5	29.8	74.8	150.1	259.1
	实会—三省桥	三省桥	0.4	6.2	20.6	189.4	216.7
清漳河	清漳河西源河源—石匣水库大坝	石匣入库	47.2	99.9	68.8	37.1	252.9
	石匣水库大坝—下交漳	下交漳	72.9	82.1	54.0	27.2	236.2
	下交漳—刘家庄	麻田	11.8	35.2	65.4	58.7	171.1
	刘家庄—匡门口	匡门口	14.6	29.6	58.3	138.9	241.4
漳河	三省桥、匡门口—合漳	合漳	0.8	14.5	33.0	109.4	157.6
	合漳—观台	观台	5.2	22.9	47.3	73.1	148.6
	岳城水库坝下—徐万仓（漳河）	徐万仓（漳河）	140.0	66.0	90.0	751.0	1047.0

根据河岸带植被覆盖度指标直接评估赋分标准，徐万仓以上漳河河段植被覆盖率大于75％，赋分为100.0分，见表4.18。

表 4.18 　　　　　　　　　　　　漳河河岸带植被覆盖度赋分表

监　测　点　位	植被覆盖度/％	赋　　分
双峰入库	98	100.0
襄垣	82	100.0
实会	98	100.0
三省桥	100	100.0
石匣入库	81	100.0
下交漳	69	95.8
麻田	93	100.0
匡门口	94	100.0
合漳	99	100.0
观台	96	100.0
徐万仓（漳河）	99	100.0

3. 人工干扰程度

重点调查评估在河岸带及其邻近陆域进行的几类人类活动，包括河岸硬性砌护、采砂、沿岸建筑物（房屋）、公路（或铁路）、垃圾填埋场或垃圾堆放、河滨公园、管道、采矿、农业耕种、畜牧养殖等。各站点赋分情况具体见表4.19。

4. 漳河河岸带状况赋分

汛期和非汛期分别调查了监测断面左、右两岸岸坡稳定性和人工干扰程度，植被覆盖度根据遥感解译赋分，根据以下公式计算了河岸带状况，结果详见表4.20。

$$RS_r = BKS_r \cdot BKS_w + BVC_r \cdot BVC_w + RD_r \cdot RD_w$$

式中：RS_r 为河岸带状况赋分；BKS_r、BKS_w 分别为岸坡稳定性的赋分和权重；BVC_r、BVC_w 分别为河岸植被覆盖度的赋分和权重；RD_r、RD_w 分别为河岸带人工干扰程度的赋分和权重。权重主要参考《河流标准》，其中 $BKS_w=0.25$；$BVC_w=0.5$；$RD_w=0.25$。

表 4.19 漳河人工干扰程度赋分表

监测点位	人工干扰程度	人工干扰程度赋分
双峰入库	−5	95
襄垣	−30	70
实会	−30	70
三省桥	−20	80
石匣入库	−10	90
下交漳	−80	20
麻田	−60	40
匡门口	−15	85
合漳	−30	70
观台	−25	75
徐万仓（漳河）	−30	70

表 4.20 漳河河岸带状况赋分表

监测点位	岸坡稳定性	权重	植被覆盖度	权重	人工干扰程度	权重	河岸带状况赋分
双峰入库	76.0	0.25	100.0	0.5	95.0	0.25	92.8
襄垣	68.0	0.25	100.0	0.5	70.0	0.25	84.5
实会	58.0	0.25	100.0	0.5	70.0	0.25	82.0
三省桥	58.0	0.25	100.0	0.5	80.0	0.25	84.5
石匣入库	61.0	0.25	100.0	0.5	90.0	0.25	87.8
下交漳	71.0	0.25	100.0	0.5	20.0	0.25	72.8
麻田	40.0	0.25	100.0	0.5	40.0	0.25	70.0
匡门口	70.0	0.25	100.0	0.5	85.0	0.25	88.8
合漳	58.0	0.25	100.0	0.5	70.0	0.25	82.0
观台	39.0	0.25	100.0	0.5	75.0	0.25	78.5
徐万仓（漳河）	55.0	0.25	100.0	0.5	70.0	0.25	81.3

4.5.2　河流阻隔状况

通过搜集资料和现场勘查，调查了漳河干流和各支流的闸坝情况，具体大型水利闸坝情况如下。

石匣水库、九京水库、双峰水库、漳泽水库、关河水库、后湾水库、岳城水库大坝将上下游阻隔，只在上游来水较大、泄洪、发电或调水的时段打开，其他时间基本处于关闭状态，导致河流上、下游连通不畅，对下游阻隔严重，且无鱼道，鱼类正常的洄游、产卵被干扰，尤其岳城水库以下至徐万仓河段常年断流或干涸，无法保证下游生态环境用水。

根据闸坝阻隔赋分标准，赋分为－100。

综上，河流连通阻隔计算公式为

$$RC_r = 100 + \min[(DAM_r)_i, (DAM_r)_j]$$
$$= 100 + (-100)$$
$$= 0$$

式中：RC_r 为河流连通阻隔状况赋分；$(DAM_r)_i$ 为评估断面下游河段大坝阻隔赋分（$i=1,2,\cdots,NDam$），$NDam$ 为下游大坝座数；$(DAM_r)_j$ 为评估断面下游河段水闸阻隔赋分（$j=1,2,\cdots,NGate$），$NGate$ 为下游水闸座数。

根据调查结果，漳河的水库大坝对河流造成的阻隔较严重，河流连通性差，漳河闸坝阻隔状况赋分为 0 分。

4.5.3 物理结构准则层赋分

漳河物理结构准则层赋分包括 3 个指标，其赋分采用下式计算，即

$$PR_r = RS_r \cdot RS_w + RC_r \cdot RC_w$$

式中：PS_r 为物理结构准则层赋分；RS_r、RS_w 分别为河岸带状况的赋分和权重；RC_r、RC_w 分别为河流连通阻隔状况的赋分和权重。

根据各个监测点位长度计算，漳河物理结构准则层的得分为 49.9 分，处于亚健康状态，见表 4.21。

表 4.21 漳河各监测站点物理结构准则层赋分表

监测点位	河岸带状况赋分	权重	河流阻隔状态赋分	权重	物理结构赋分	代表河长/km	河流赋分
双峰入库	92.8	0.6	0	0.4	55.7	137.8	
襄垣	84.5	0.6	0	0.4	50.7	121.7	
实会	82.0	0.6	0	0.4	49.2	50.3	
三省桥	84.5	0.6	0	0.4	50.7	42.0	
石匣入库	87.8	0.6	0	0.4	52.7	43.0	
下交漳	72.8	0.6	0	0.4	43.7	60.6	49.9
麻田	70.0	0.6	0	0.4	42.0	50.0	
匡门口	88.8	0.6	0	0.4	53.3	45.0	
合漳	82.0	0.6	0	0.4	49.2	29.3	
观台	78.5	0.6	0	0.4	47.1	75.0	
徐万仓（漳河）	781.3	0.6	0	0.4	48.0	114.0	

4.6 水质

4.6.1 溶解氧状况

溶解氧为水中溶解氧浓度，其对水生动植物十分重要，过高或过低都会对水生物造成

危害，适宜浓度为 4～12mg/L。

首先将单站监测数据进行计算，参照溶解氧状况指标赋分标准进行赋分评估，根据各站溶解氧值，参照标准进行赋分，4 月赋分情况见表 4.22。结果表明，漳河调查的各个水质站点的溶解氧状况都较好，赋分都达到 100.0 分。

表 4.22 各点位 4 月溶解氧状况赋分表

点 位 名 称	溶解氧/(mg/L)	溶 解 氧 赋 分
双峰入库	11.5	100.0
襄垣	9.7	100.0
实会	9.7	100.0
三省桥	14.2	100.0
石匣入库	9.7	100.0
下交漳	12.6	100.0
麻田	11.8	100.0
匡门口	13.1	100.0
合漳	11.5	100.0
观台	8.7	100.0
徐万仓（漳河）	—	0

8 月赋分情况见表 4.23。结果表明，漳河调查各个水质站点的溶解氧状况都较好，赋分大部分达到 100.0 分，赋分较高。

表 4.23 各站 8 月溶解氧状况赋分表

点 位 名 称	溶解氧/(mg/L)	溶 解 氧 赋 分
双峰入库	7.8	100.0
襄垣	6.4	85.3
实会	7.3	97.3
三省桥	7.7	100.0
石匣入库	8.0	100.0
下交漳	8.6	100.0
麻田	8.2	100.0
匡门口	7.7	100.0
合漳	7.8	100.0
观台	8.6	100.0
徐万仓（漳河）	—	0

两次赋分最小值情况见表 4.24。结果表明，漳河调查各个水质站点的溶解氧状况都较好，赋分均达 90 分以上，赋分较高。

表 4.24   两次溶解氧状况赋分表

点位名称	4 月溶解氧赋分	8 月溶解氧赋分	两次溶解氧赋分最小值
双峰入库	100.0	100.0	100.0
襄垣	100.0	85.3	85.3
实会	100.0	97.3	97.3
三省桥	100.0	100.0	100.0
石匣入库	100.0	100.0	100.0
下交漳	100.0	100.0	100.0
麻田	100.0	100.0	100.0
匡门口	100.0	100.0	100.0
合漳	100.0	100.0	100.0
观台	100.0	100.0	100.0
徐万仓（漳河）	—	—	0

4.6.2 耗氧有机污染状况

耗氧有机物是指导致水体中溶解氧大幅下降的有机污染物，取高锰酸盐指数、化学需氧量、五日生化需氧量、氨氮等四项，对河流耗氧污染状况进行评估。

首先分别计算各站汛期、非汛期高锰酸盐指数、化学需氧量、五日生化需氧量、氨氮的各项均值，参照《耗氧有机污染状况指标赋分标准》进行赋分评估，分别评估 4 个水质项目汛期和非汛期，对其赋分，再取 4 个水质项目两次赋分的平均值作为耗氧有机污染物状况赋分。作为耗氧有机污染状况赋分，采用下式计算，即

$$OCP_r = \frac{CODMn_r + COD_r + BOD_r + NH_3N_r}{4}$$

4 月赋分见表 4.25，漳河耗氧有机污染指标总体上看相对较好，除徐万仓监测点位以外，其余点位赋分都在 80 分以上。

表 4.25   漳河 4 月各监测点位耗氧有机污染状况指标赋分

点位名称	时间	氨氮 /(mg/L)	赋分	高锰酸盐指数 /(mg/L)	赋分	五日生化需氧量 /(mg/L)	赋分	化学需氧量 /(mg/L)	赋分	耗氧有机污染赋分
双峰入库	非汛期	0.01	100.00	1.8	100	2.0	100	10.0	100	100.0
襄垣	非汛期	0.43	84.00	4.7	73	2.0	100	17.4	80.8	84.5
实会	非汛期	0.17	98.86	2.9	91	2.0	100	12.4	100	97.5
三省桥	非汛期	0.05	100.00	2.4	96	2.0	100	12.8	100	99.0
石匣入库	非汛期	0.01	100.00	2.0	100	2.0	100	10.0	100	100.0
下交漳	非汛期	0.01	100.00	1.0	100	2.0	100	10.0	100	100.0
麻田	非汛期	0.03	100.00	1.1	100	2.0	100	12.2	100	100.0
匡门口	非汛期	0.02	100.00	1.1	100	2.0	100	10.0	100	100.0
合漳	非汛期	0.02	100.00	1.3	100	2.0	100	10.0	100	100.0
观台	非汛期	0.01	100.00	1.8	100	2.0	100	10.3	100	100.0
徐万仓（漳河）	非汛期	—	0	—	0	—	0	—	0	0

8月赋分见表4.26,漳河耗氧有机污染指标总体上看相对较好,尤其在清漳河及漳河中游区域,下游地区赋分较低,除徐万仓监测点位以外,其余点位赋分都在90分以上。

表4.26 漳河8月各监测点位耗氧有机污染状况指标赋分

点位名称	时间	氨氮 /(mg/L)	赋分	高锰酸盐指数 /(mg/L)	赋分	五日生化需氧量 /(mg/L)	赋分	化学需氧量 /(mg/L)	赋分	耗氧有机污染赋分
双峰入库	汛期	0.02	100	3.5	85	2.0	100	10.0	100	96.3
襄垣	汛期	0.01	100	3.9	81	2.0	100	10.8	100	95.3
实会	汛期	0.01	100	3.4	86	2.0	100	11.0	100	96.5
三省桥	汛期	0.01	100	3.4	86	2.0	100	10.0	100	96.5
石匣入库	汛期	0.01	100	2.4	96	2.0	100	10.0	100	99.0
下交漳	汛期	0.01	100	1.3	100	2.0	100	10.0	100	100.0
麻田	汛期	0.01	100	2.4	96	2.0	100	10.0	100	99.0
匡门口	汛期	0.01	100	1.7	100	2.0	100	10.0	100	100.0
合漳	汛期	0.01	100	1.9	100	2.0	100	10.0	100	100.0
观台	汛期	0.01	100	1.7	100	2.0	100	10.0	100	100.0
徐万仓(漳河)	汛期	—	0	—	0	—	0	—	0	0

两次赋分最小值情况见表4.27。结果表明,漳河调查13个站点的耗氧有机污染指标总体上看相对较好,尤其在清漳河及漳河中游区域,耗氧有机物赋分均较高,浊漳河赋分也较高,除徐万仓监测点位以外,其余点位赋分都在84分以上。

表4.27 各站两次耗氧有机物状况赋分表

点位名称	4月赋分	8月赋分	两次赋分最小值
双峰入库	100.0	96.3	96.3
襄垣	84.5	95.3	84.5
实会	97.5	96.5	96.5
三省桥	99.0	96.5	96.5
石匣入库	100.0	99.0	99.0
下交漳	100.0	100.0	100.0
麻田	100.0	99.0	99.0
匡门口	100.0	100.0	100.0
合漳	100.0	100.0	100.0
观台	100.0	100.0	100.0
徐万仓(漳河)	—	—	0

4.6.3 重金属污染状况

重金属污染是指含有汞、镉、铬(6价)、铅及砷等生物毒性显著的重金属元素及其化合物对水的污染。

各重金属指标按汛期和非汛期分别进行赋分，取汛期和非汛期中 5 个重金属参数的最小值赋分为重金属污染状况赋分。赋分标准见表 4.28。

表 4.28　　　　　　　　　　重金属污染状况指标赋分标准

砷	0.05	0.075	0.1
汞	0.00005	0.0001	0.001
镉	0.001	0.005	0.01
铬（6价）	0.01	0.05	0.1
铅	0.01	0.05	0.1
赋分	100	60	0

漳河各监测点位 4 月重金属指标赋分结果见表 4.29，8 月重金属指标赋分结果见表 4.30。

表 4.29　　　　　　　漳河 4 月各监测点位重金属状况指标赋分　　　　　　　单位：mg/L

点位名称	时间	砷	赋分	汞	赋分	镉	赋分	铬(6价)	赋分	铅	赋分	重金属赋分
双峰入库	非汛期	0.0002	100	0.00001	100	0.00005	100	0.004	100	0.00009	100	100
襄垣	非汛期	0.0002	100	0.00001	100	0.00005	100	0.005	100	0.00014	100	100
实会	非汛期	0.0002	100	0.00001	100	0.00005	100	0.005	100	0.00009	100	100
三省桥	非汛期	0.0002	100	0.00001	100	0.00005	100	0.004	100	0.00009	100	100
石匣入库	非汛期	0.0002	100	0.00001	100	0.00005	100	0.004	100	0.00009	100	100
下交漳	非汛期	0.0002	100	0.00001	100	0.00005	100	0.004	100	0.00009	100	100
麻田	非汛期	0.0002	100	0.00001	100	0.00005	100	0.004	100	0.00009	100	100
匡门口	非汛期	0.0002	100	0.00001	100	0.00005	100	0.004	100	0.00009	100	100
合漳	非汛期	0.0002	100	0.00001	100	0.00005	100	0.004	100	0.00009	100	100
观台	非汛期	0.0002	100	0.00001	100	0.00005	100	0.004	100	0.00009	100	100
徐万仓（漳河）	非汛期	—	0	—	0	—	0	—	0	—	0	0

表 4.30　　　　　　　漳河 8 月各监测点位重金属状况指标赋分　　　　　　　单位：mg/L

点位名称	时间	砷	赋分	汞	赋分	镉	赋分	铬(6价)	赋分	铅	赋分	重金属赋分
双峰入库	汛期	0.0002	100	0.00001	100	0.00005	100	0.004	100	0.00009	100	100
襄垣	汛期	0.0002	100	0.00001	100	0.00005	100	0.005	100	0.00009	100	100
实会	汛期	0.0002	100	0.00001	100	0.00005	100	0.005	100	0.00009	100	100
三省桥	汛期	0.0002	100	0.00001	100	0.00005	100	0.004	100	0.00009	100	100
石匣入库	汛期	0.0002	100	0.00001	100	0.00005	100	0.004	100	0.00009	100	100
下交漳	汛期	0.0002	100	0.00001	100	0.00005	100	0.004	100	0.00009	100	100
麻田	汛期	0.0002	100	0.00001	100	0.00005	100	0.004	100	0.00009	100	100
匡门口	汛期	0.0002	100	0.00001	100	0.00005	100	0.004	100	0.00009	100	100
合漳	汛期	0.0002	100	0.00001	100	0.00005	100	0.004	100	0.00009	100	100
观台	汛期	0.0002	100	0.00001	100	0.00005	100	0.004	100	0.00009	100	100
徐万仓（漳河）	汛期	—	0	—	0	—	0	—	0	—	0	0

两次赋分最小值情况见表4.31。结果表明，漳河调查11个水质站点的重金属污染指标总体上看相对较好，除辛集闸监测点位为99分以外，其余点位赋分均为100分，说明漳河重金属污染物浓度较低，重金属污染程度较轻。

表 4.31　　　　　　　　　　　各站两次重金属状况赋分表

点位名称	4月赋分	8月赋分	两次赋分最小值
双峰入库	100	100	100
襄垣	100	100	100
实会	100	100	100
三省桥	100	100	100
石匣入库	100	100	100
下交漳	100	100	100
麻田	100	100	100
匡门口	100	100	100
合漳	100	100	100
观台	100	100	100
徐万仓（漳河）	—	—	0

4.6.4　水质准则层赋分

水质准则层包括3项赋分指标，根据相关规定采用下式计算。

$$WQ_r = \min(DO_r, OCP_r, HMP_r)$$

以3个评估指标中最小分值作为水质准则层赋分，根据监测点位代表河长长度，计算河流水质准则层赋分值，计算结果见表4.32。

表 4.32　　　　　　　　　漳河各监测点位水质准则层赋分表

点位名称	DO	OCP	HMP	水质准则层赋分	代表河长/km	河流赋分
双峰入库	100	96.3	100	96.3	137.8	
襄垣	85	84.5	100	84.5	121.7	
实会	97	96.5	100	96.5	50.3	
三省桥	100	96.5	100	96.5	42.0	
石匣入库	100	99.0	100	99.0	43.0	
下交漳	100	100.0	100	100.0	60.6	81.5
麻田	100	99.0	100	99.0	50.0	
匡门口	100	100.0	100	100.0	45.0	
合漳	100	100.0	100	100.0	29.3	
观台	100	100.0	100	100.0	75.0	
徐万仓（漳河）	—	—	—	0	114.0	

从表4.32可以看出，漳河各监测点位水质准则层赋分为81.5分，分值较高。

4.7 生物

4.7.1 浮游植物

1. 种类组成

2017年4月对漳河各监测点位进行浮游植物调查，各门种类数量见表4.33，经显微镜检查共检出浮游植物计8门157种，其中硅藻门种类最多，其次为绿藻门和蓝藻门，其他门类种数较少。

表4.33 漳河4月浮游植物各门种类数量表 单位：种

门 类	数 量	门 类	数 量
蓝藻门	10	硅藻门	78
隐藻门	3	裸藻门	9
甲藻门	1	绿藻门	52
金藻门	3	共计	157
黄藻门	1		

8月浮游植物调查各门数量见表4.34，经显微镜检查共检出浮游植物计7门69种，其中硅藻门种类均最多，其次为绿藻门和蓝藻门，其他门类种数较少。

表4.34 漳河8月浮游植物各门种类数量表 单位：种

门 类	数 量	门 类	数 量
蓝藻门	7	硅藻门	31
隐藻门	3	裸藻门	4
甲藻门	2	绿藻门	20
金藻门	2	共计	69

2. 细胞密度

漳河4月各监测点藻细胞密度见表4.35，藻细胞密度范围为（0.12～105.91）×10^6个/L。总体来看，上游藻细胞密度较低，下游藻细胞密度较高。

表4.35 漳河4月各监测点位浮游植物细胞密度 单位：10^6个/L

门类	双峰入库	襄垣	实会	三省桥	石匣入库	下交漳	麻田	匡门口	合漳	观台
蓝藻门				0.04		0.02			0.16	
隐藻门		0.16	0.12	0.02				0.02		0.58
甲藻门				0.04						
金藻门		0.44	0.04							0.02
黄藻门										
硅藻门	0.19	3.10	3.24	2.96	0.30	0.68	0.10	0.16	0.74	0.32
裸藻门	0.04	0.04	0.22	0.50	0					
绿藻门	0.02	0.18	0.14	1.38	0	0.10	0.02		0.08	0.56
求和	0.25	3.92	3.76	4.94	0.30	0.80	0.12	0.18	0.98	1.48

8月各监测点藻细胞密度见表4.36，藻细胞密度范围为（0.8～188.92）×10^6 个/L。总体来看，上游藻细胞密度较低，下游藻细胞密度较高，但整体8月密度较高。

表4.36　　　　　　　　　　漳河8月各监测点位浮游植物细胞密度　　　　　　　　单位：10^6 个/L

门类	双峰水库	襄垣	实会	三省桥	石匣入库	下交漳	麻田	匡门口	合漳	观台
蓝藻门		29.04	5.68	1.32	0.72		1.36	0.56	2.56	1.50
隐藻门		0.64					0.08			
甲藻门				0.02				0.10		
金藻门							0.36	0.10	0.10	
硅藻门	1.28	4.16	1.20	0.72	0.77	0.72	0.88	1.96	1.76	1.24
裸藻门			0.08	0.08		0.08	0.08	0.08		0.08
绿藻门		2.64		0.20			0.24		0.12	
共计	1.28	36.48	6.96	2.34	1.49	0.80	3.00	2.80	4.54	2.82

3. 浮游植物污生指数赋分

根据海河流域河湖健康评估指标赋分标准中的浮游植物赋分标准，对4月漳河浮游植物调查结果进行赋分，赋分值（PHS）见表4.37。

表4.37　　　　　　　　　漳河4月各监测点位浮游植物污生指数 S 及赋分

点位	污生指数 S	赋分	点位	污生指数 S	赋分
双峰入库	2.2	58.0	麻田	2.2	57.5
襄垣	2.2	56.7	匡门口	2.3	55.4
实会	2.3	54.0	合漳	2.2	56.6
三省桥	2.4	52.1	观台	2.6	47.1
石匣入库	2.1	59.4	徐万仓（漳河）	—	0
下交漳	2.2	58.2			

8月漳河浮游植物赋分值（PHS）见表4.38。

表4.38　　　　　　　　　漳河8月各监测点位浮游植物污生指数 S 及赋分

点位	污生指数 S	赋分	点位	污生指数 S	赋分
双峰入库	2.0	62.5	麻田	2.3	54.2
襄垣	2.5	50.5	匡门口	2.0	63.2
实会	2.3	53.9	合漳	2.0	63.4
三省桥	2.4	52.5	观台	2.3	54.2
石匣入库	2.1	59.4	徐万仓（漳河）	—	0
下交漳	2.2	57.5			

漳河调查11个监测点位的浮游植物指标两次赋分平均情况见表4.39。

表 4.39　　　　　　　　　　　　　各站两次浮游植物指数平均赋分表

点位名称	4 月赋分	8 月赋分	两次赋分均值
双峰入库	58.0	62.5	60.3
襄垣	56.7	50.5	53.6
实会	54.0	53.9	54.0
三省桥	52.1	52.2	52.3
石匣入库	59.4	59.4	59.4
下交漳	58.2	57.5	57.9
麻田	57.5	54.2	55.8
匡门口	55.4	63.2	59.3
合漳	56.6	63.4	60.0
观台	47.1	54.2	50.6
徐万仓（漳河）	—	—	0

4.7.2　底栖动物

1. 种类组成

本次调查选择漳河于非汛期（4 月）和汛期（8 月）进行采集工作，基本可以代表漳河的整体特征。从种类组成看，结果显示漳河共有底栖动物 33 种，其中节肢动物 25 种，包括水生昆虫 23 种；软体动物 4 种；环节动物寡毛类 4 种。从各站点的种类组成看，以麻田和三省桥站点底栖动物种类最多，达 15 种；合漳、匡门口、双峰水库、石匣入库和辛集闸次之，均为 14 种。

底栖动物的生存受水质、污染物类型、生境特征、沉积物类型和水文特征等因素的影响，本次调查充分考虑了季节因素和河流水文特征，在汛期和非汛期分别对底栖动物进行了调查。

结果显示，所调查站点底栖动物多样性变化较大。一般上游河段物种多样性较高，主要为水生昆虫类群，其次为环节动物寡毛类，耐污种类出现频度较多；对水质敏感的水生昆虫 EPT 类群（蜉蝣目、毛翅目和襀翅目）在一些站点也有出现。

漳河底栖动物调查结果见表 4.40，表明漳河底栖动物种类不够丰富，且生物多样性较低，节肢动物门以水生昆虫为主要类群，多为耐污类群，可以看出漳河水体整体质量不高。

2. 结果及评价

BI 指数既考虑了底栖动物的耐污能力，又考虑了底栖动物的物种多样性，弥补了某些生物评价指数的不足。由于 BI 指数为各分类单元的加权平均求和，偶然因素影响较小，所以用于底栖动物水质评价比较客观。

基于 BI 指数的水质评价方法首先由 Hilsenhoff（1977）提出并应用，杨莲芳等（1994）首次将耐污值（Tolerance Value）引入国内。目前，国内已建立和核定的底栖动物 370 余个分类单元的耐污值。本章采集的底栖动物种类的耐污值见表 4.41。

表 4.40　　　　　　　　　　　　漳河底栖动物采样种类组成表　　　　　　　单位：ind./m³

	种类	双峰入库	襄垣	实会	三省桥	石匣入库	下交漳	麻田	匡门口	合漳	观台
环节动物门	霍甫水丝蚓		17		3		30	10	13	23	0
	苏氏尾鳃蚓		26	10	23	13	13		17		17
	扁蛭	3	3					3	0		7
软体动物门	河蚬			20	13						3
	方格短沟螺				10						
	铜锈环棱螺		30		3		3			20	3
	凸旋螺									3	
	狭萝卜螺		7			10	13	10			
节肢动物门	项圈无突摇蚊					13		3		7	
	微刺菱跗摇蚊	7	7				10				13
	花翅前突摇蚊		10	7		10		3			
	双线环足摇蚊		20					26			
	红裸须摇蚊			7	13	13	17				
	中华摇蚊	17		13	10		7		10	17	40
	德永雕翅摇蚊	7	3		17	10				0	
	步行多足摇蚊		17				7		7	23	
	小云多足摇蚊			10			33	23			33
	瑞斯萨摇蚊				7		13				
	台湾长跗摇蚊	10				7			7	10	
	亚洲瘦蟌	3						17	7	3	
	蓝纹蟌								3		
	赤卒	10			7	10		40			3
	混合蜓	7	26			3	7	69	20	7	3
	蜉蝣	13		17		23	50		7		26
	扁蜉	23				20		13			
	纹石蛾				3		36				
	牙甲	26						10	17	33	
	小划蝽								3	10	
	朝大蚊属					3					3
	须蟌				7				10		
	水虰				3			7			
	淡水钩虾		7					3		7	
	中华米虾	92	63	53	46	63		13	23	30	10
合　计		218	234	135	172	198	238	251	142	191	162

表 4.41 漳河底栖动物耐污值表

序号	种 类	耐污值	序号	种 类	耐污值
1	霍甫水丝蚓	9.4	18	瑞斯萨摇蚊	5.0
2	苏氏尾鳃蚓	8.5	19	台湾长跗摇蚊	4.7
3	扁蛭	6.0	20	亚洲瘦蟌	4.5
4	河蚬	8.0	21	蓝纹蟌	5.0
5	方格短沟螺	4.5	22	赤卒	6.0
6	铜锈环棱螺	4.3	23	混合蜓	2.3
7	凸旋螺	5.0	24	蜉蝣	2.4
8	狭萝卜螺	8.0	25	扁蜉	3.6
9	项圈无突摇蚊	5.0	26	纹石蛾	6.0
10	微刺菱跗摇蚊	8.0	27	牙甲	6.6
11	花翅前突摇蚊	9.0	28	小划蝽	7.0
12	双线环足摇蚊	6.8	29	朝大蚊属	1.5
13	红裸须摇蚊	8.0	30	须蟆	6.2
14	中华摇蚊	6.1	31	水虻	7.0
15	德永雕翅摇蚊	7.0	32	淡水钩虾	2.5
16	步行多足摇蚊	6.0	33	中华米虾	5.0
17	小云多足摇蚊	6.0			

经计算，得出漳河各站点的生物指数（BI）值。根据 BI 污染水平判断标准及各站点 BI 值计算结果。以 BI 值为 0 时赋分 100 分，BI 值为 10 时赋分为 0，采用内插法得出各站点分数，根据各站点代表河长，得出漳河底栖动物指标得分为 37.6 分，见表 4.42。

表 4.42 漳河底栖动物赋分情况

站点	BI 值	赋分	代表河长/km	整体得分
双峰入库	5.08	49.20	25.4	
襄垣	5.84	41.56	80.7	
实会	5.63	43.74	50.3	
三省桥	6.27	37.27	56.3	
石匣入库	5.38	46.23	43.0	
下交漳	5.97	40.32	60.6	37.6
麻田	5.03	49.72	50.0	
匡门口	5.72	42.79	45.0	
合漳	5.85	41.50	15.0	
观台	5.63	43.67	75.0	
徐万仓（漳河）	0	0	114.0	

4.7.3 鱼类

1. 种类组成

通过捕获、走访调查及参照《河北动物志·鱼类》等文献资料，漳河水系调查获得现存鱼类种类隶属于 8 目 14 科 43 种，其中 3 种为外来引入养殖种类，分别为革胡子鲶（*Clarias gariepinus*）、西伯利亚鲟（*Acipenser baeri*）和大银鱼（*Protosalanx hyalocranius*），根据鱼类损失指数计算现存种类应为 41 种，漳河水系鱼类组成情况见表 4.43。

表 4.43　　　　　　　　　　漳河水系鱼类组成情况

种　　类	历史种类	现存种类
鲤科（*Cyprinidae*）	30	18
鳅科（*Cobitidae*）	4	3
刺鳅科（*Mastacembelidae*）	1	0
鲿科（*Bagridae*）	2	1
鲇科（*Siluridae*）	1	1
胡子鲶科（*Clariidae*）	0	1
青鳉科（*Cyprinodontidae*）	1	0
鰕虎鱼科（*Gobiidae*）	2	1
塘鳢科（*Eleotridae*）	1	0
丝足鲈科（*Osphronemidae*）	32	16
银鱼科（*Salangidae*）	0	1
鲟科（*Acipenseridae*）	0	1
合鳃科（*Synbranchidae*）	1	0
鳢科（*Ophiocephalidae*）	1	0
合计	76	43

2. 计算赋分

漳河水系鱼类历史调查数量为 76 种，其中 7 种未在历史数据中记录，应合并为历史种类，除去 3 种外来引入养殖种类，历史种类数据应为 81 种，鱼类损失指标计算式为

$$FOE = \frac{FO}{FE} = \frac{41}{81} = 0.506$$

漳河水系近似估算鱼类损失指数 *FOE* 为 0.506，指标赋分为 30.62 分。

4.7.4 生物准则层赋分

漳河生物准则层评估调查包括 3 个指标，以 3 个评估指标的最小分值作为生物准则层赋分，即

$$AL_r = \min(PHP_r, BI_r, FOE_r)$$

式中：AL_r 为生物准则层赋分；PHP_r 为浮游植物指标赋分；BI_r 为大型底栖动物完整性

指标赋分；FOE_r为鱼类生物损失指标赋分。

根据公式计算得知，漳河各监测点位生物准则层赋分详细情况见表4.44。漳河生物准则层总体赋分最低值为26.1分。

表 4.44 生物准则层指标赋分表

样点	浮游植物	大型底栖动物	鱼类	生物准则层赋分	代表河长/km	河流赋分赋分
	PHP_r	BI_r	FOE_r	AL_r		
双峰入库	60.3	49.2	30.6	30.6	137.8	
襄垣	53.6	41.6	30.6	30.6	121.7	
实会	54.0	43.7	30.6	30.6	50.3	
三省桥	52.3	37.3	30.6	30.6	42.0	
石匣入库	59.4	46.2	30.6	30.6	43.0	
下交漳	57.9	40.3	30.6	30.6	60.6	26.1
麻田	55.8	49.7	30.6	30.6	50.0	
匡门口	59.3	42.8	30.6	30.6	45.0	
合漳	60.0	41.5	30.6	30.6	29.3	
观台	50.6	43.7	30.6	30.6	75.0	
徐万仓（漳河）	0	0	0	0	114.0	

4.8 社会服务功能

4.8.1 水功能区达标指标

漳河流域列入《全国重要江河湖泊水功能区划（2011—2030年）》目录的重要水功能区共有8个，具体见表4.45。参加评价的8个水功能区中，缓冲区4个，饮用水源区1个，工业用水区1个，农业用水区2个。水质评价为Ⅲ类的水功能区有7个，Ⅳ类的水功能区有1个，其中6个水功能区全部达到或优于水功能区的水质目标，1个水功能区不达标，1个水功能区断流，断流水功能区已丧失水功能区的作用，视为不达标，因此水功能区水质达标率为75%。因此，漳河水功能区水质达标率指标赋分为75分。

表 4.45 漳河水功能区达标情况表

序号	行政区	水功能区名称	监测断面	水质目标	全指标评价					双指标评价					超标项目
					年度水质类别	年评价次数	年达标次数	年度达标率/%	达标评价结论	年度水质类别	年评价次数	年达标次数	年度达标率/%	达标评价结论	
1	山西	清漳河山西左权农业用水区	下交漳	Ⅲ	Ⅱ	12	12	100.00	达标	Ⅰ	12	12	100.00	达标	
2	河北	清漳河河北邯郸饮用水源区	匡门口	Ⅲ	Ⅱ	8	7	87.50	达标	Ⅱ	8	8	100.00	达标	

序号	行政区	水功能区名称	监测断面	水质目标	全指标评价					双指标评价					超标项目
					年度水质类别	年评价次数	年达标次数	年度达标率/%	达标评价结论	年度水质类别	年评价次数	年达标次数	年度达标率/%	达标评价结论	
3	山西	浊漳河山西黎城工业用水区	实会	Ⅲ	Ⅴ	12	6	50.00	不达标	Ⅴ	12	9	75.00	不达标	石油类、氨氮
4	河北	漳河河北邯郸农业用水区	徐万仓	Ⅳ	断流					断流					
5	山西	清漳河晋冀缓冲区	麻田	Ⅲ	Ⅲ	10	9	90.00	达标	Ⅱ	10	10	100.00	达标	
6	河北	清漳河岳城水库豫冀缓冲区	合漳	Ⅲ	Ⅱ	12	12	100.00	达标	Ⅱ	12	12	100.00	达标	
7	山西	浊漳河晋冀豫缓冲区	三省桥	Ⅲ	Ⅱ	12	11	91.67	达标	Ⅱ	12	11	91.67	达标	
8	河北	漳河岳城水库上游缓冲区	观台	Ⅲ	Ⅱ	12	12	100.00	达标	Ⅱ	12	12	100.00	达标	

4.8.2 水资源开发利用指标

根据 2016 年漳卫河山区、平原分区水资源量统计结果（表 4.46 至表 4.49），2016 年漳卫河山区水资源量为 41.64 亿 m³，总供水量为 14.16 亿 m³，其中黄河、长江流域调入 0.44 亿 m³，地下水源供水量 6.68 亿 m³，其他水源供水量 045. 亿 m³。2016 年漳卫河平原分区水资源量为 16.74 亿 m³，总供水量为 25.98 亿 m³，其中黄河、长江流域调入 4.20 亿 m³，地下水源供水量 16.71 亿 m³，其他水源供水量为 0.11 亿 m³。

表 4.46　　　　　　　　　　漳卫河山区水资源量统计表

分区	计算面积/km²	天然年径流量/亿 m³	山丘区地下水资源量/亿 m³	山丘区河川基流量/亿 m³	平原区降水入渗补给量/亿 m³	平原区降水入渗补给形成的河道排泄量/亿 m³	地下水资源与地表水资源不重复量/亿 m³	分区水资源总量/亿 m³	上年分区水资源总量/亿 m³	多年平均水资源总量/亿 m³	与上年比较/±%	与多年平均比较/±%
漳卫河山区	25326	31.66	26.48	17.63	1.13	0	9.98	41.64	23.94	33.60	74.0	23.9

表 4.47　　　　　　　　　　漳卫河山区供水量统计表　　　　　　　　　　单位：亿 m³

分区	地表水源供水量						地下水源供水量				其他水源供水量				总供水量	海水直接利用量
	蓄水	引水	提水	跨流域调水		人工载运水量	小计	浅层水	深层水	微咸水	小计	污水处理回用	雨水利用	海水淡化	小计	
				调入量	调出流域名称												
漳卫河山区	2.72	2.81	1.06	0.44	黄河和长江	0	7.03	6.38	0.29	0	6.68	0.12	0.33	0	0.45	14.16	0

表 4.48　　　　　　　　　　　漳卫河平原分区水资源量统计表

分区	计算面积 /km²	天然 年径流量 /亿 m³	山丘区地 下水资 源量 /亿 m³	山丘区河 川基流量 /亿 m³	平原区降 水入渗补 给量 /亿 m³	平原区降 水入渗补 给形成的 河道排 泄量 /亿 m³	地下水资 源与地表 水资源不 重复量 /亿 m³	分区水资 源总量 /亿 m³	上年分区 水资源 总量 /亿 m³	多年平均 水资源 总量 /亿 m³	与上年 比较 /±%	与多年 平均比较 /±%
漳卫河 平原	9536	4.31	0	0	12.43	0	12.43	16.74	10.04	12.80	66.7	30.7

表 4.49　　　　　　　　　　漳卫河平原分区供水量统计表　　　　　　　　　　单位：亿 m³

分区	地表水源供水量						地下水源供水量				其他水源供水量				总供 水量	海水 直接 利用量
	蓄水	引水	提水	跨流域调水		人工 载运 水量	小计	浅层 水	深层 水	微咸 水	小计	污水 处理 回用	雨水 利用	海水 淡化	小计		
				调入 量	调出流域 名称												
漳卫河平原	2.42	1.36	1.17	4.20	黄河和 长江	0	9.16	16.28	0.43	0	16.71	0	0.11	0	0.11	25.98	0

水资源总量为 58.38 亿 m³，供水总量为 40.14 亿 m³。

水资源开发利用率为

$$WRU = \frac{WU}{WR}$$

$$= \frac{40.14}{58.38} \times 100\%$$

$$= 68.76\%$$

赋分计算式为

$$WRU_r = -a \cdot (WRU)^2 + b \cdot WRU$$

$$= -1111.11 \times (68.76)^2 + 666.67 \times 68.76$$

$$= 983.65$$

式中：WRU_r 为水资源利用率指标赋分；WRU 为评估河流水资源利用率；a、b 为系数，分别为 $a = 1111.11$、$b = 666.67$。

根据《河流标准》计算，水资源开发利用率为 68.76%，水资源开发利用率过高，根据赋分标准过高（超过 60%）和过低（0）开发利用率均赋分为 0 分，而概念模型计算出的结果也不符合实际情况，因此水资源开发利用率赋分为 0 分。

4.8.3　防洪指标

根据《海河流域防洪规划》（2007 年版）中《漳卫河系防洪规划》第五章"总体布局"中的要求，漳卫河防洪标准为 50 年一遇。

岳城水库—京广铁路桥段：漳河在此区间为山前丘陵区沙卵石河床，两岸高坎，无堤防约束，河床行洪能力为 8000～5000m³/s。

京广铁路桥—东王村段：河道在通过设计流量 3000m³/s 时，左堤堤防超高大部分在

2m 以上，仅和义庄附近堤防超高在 1.5～2.0m 之间；右堤堤防超高大部分在 1.0m 以上，在和义庄、蔡小庄附近有部分堤段超高小于 1.0m，最低 0.39m，不满足设计要求。但此段河道的治理工程正在进行中，竣工后堤防高程满足行洪 3000m³/s 的要求。

东王村—徐万仓段：河道设计流量为 1500m³/s，堤防超高满足原设计要求。

主要河道防洪标准现状见表 4.50。

表 4.50　　　　　　　主要河道防洪标准现状（行洪能力）

河道名称	控制断面	原设计流量/(m³/s)	现状行洪流量/(m³/s)
漳河	京广铁路桥以上	3000	3000
	京广铁路桥—东王村	3000	3000
	东王村—徐万仓	1500	1500

主要河道现状防洪赋值见表 4.51。

表 4.51　　　　　　　　主要河道防洪赋值表

河系分段	代表站点	是否满足规划 $RIVB_n$	长度/km	河段规划防洪标准重现期 $RIVWF_n$/年
漳河	双峰入库	1	137.8	50
	襄垣	1	121.7	50
	实会	1	50.3	50
	三省桥	1	42.0	50
	石匣入库	1	43.0	50
	下交漳	1	60.6	50
	麻田	1	50.0	50
	匡门口	1	45.0	50
	合漳	1	29.3	50
	观台	1	75.0	50
	徐万仓（漳河）	0	114.0	50

河流防洪工程完好率指标计算式为

$$FLD = \frac{\sum_{n=1}^{N_s}(RIVNL_n \cdot RIVWF_n \cdot RIVB_n)}{\sum_{n=1}^{N_s}(RIVL_n \cdot RIVWF_n)}$$

$$= 85.17$$

式中：FLD 为河流防洪指标；$RIVNL_n$ 为河段 n 的长度，评估河流根据防洪规划划分的河段数量；$RIVB_n$ 根据河段防洪工程是否满足规划要求进行赋值，达标为 1，不达标为 0；$RIVWF_n$ 为河段规划防洪标准重现期。

经计算河流防洪工程完好率为 100%，根据赋分标准，赋分为 100 分。

4.8.4　公众满意度指标

2017 年度漳河的公众满意度调查，共收集了 42 份有效公众满意度调查表。其中，沿河居民 22 份，平均赋分 51.8 分；河道管理者 4 份，平均赋分 75.0 分；河道周边从事生产活动人员 5 份，平均赋分 58.0 分；旅游经常来河流人员 4 份，平均赋分 75.0 分；旅游偶尔来河流人员 7 份，平均赋分 51.8 分，如图 4.23 所示。

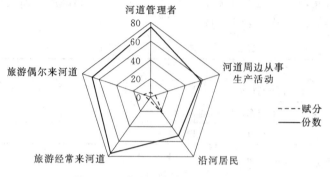

图 4.23　漳河公众满意度调查结果

根据下面公式对漳河公众满意度调查综合赋分进行计算，即

$$PP_r = \frac{\sum_{n=1}^{NPS}(PER_r \cdot PER_w)}{\sum_{n=1}^{NPS} PER_w}$$

式中：PP_r 为公众满意度指标赋分；PER_r 为不同公众类型有效调查评估赋分；PER_w 为公众类型权重。其中：沿河居民权重为 3，河道管理者权重为 2，河道周边从事生产活动人员权重为 1.5，旅游经常来河道者为 1，旅游偶尔来河道者为 0.5。

调查计算结果表明，漳河公众满意度调查赋分值为 62.7 分。

4.8.5　社会服务功能准则层赋分

漳河社会服务功能准则层赋分包括 4 个指标，赋分计算公式为

$$\begin{aligned}
SS_r &= WFZ_r \cdot WFZ_w + WRU_r \cdot WRU_w + FLD_r \cdot FLD_w + PP_r \cdot PP_w \\
&= 75 \times 0.25 + 0 \times 0.25 + 100 \times 0.25 + 62.7 \times 0.25 \\
&= 59.4
\end{aligned}$$

式中：SS_r、WFZ_r、WRU_r、FLD_r、PP_r 分别为社会服务功能准则层、水功能区达标指标、水资源开发利用指标、防洪指标和公众满意度赋分；WFZ_w、WRU_w、FLD_w、PP_w 分别为水功能区达标指标、水资源开发利用指标、防洪指标和公众满意度赋分权重，参考《河流标准》，4 个指标等权重设计均为 0.25。经计算，漳河社会服务功能准则层赋分为 59.4 分。

4.9　漳河健康总体评估

漳河健康评估包括 5 个准则层，基于水文水资源、物理结构、水质和生物准则层评价河流生态完整性，综合河流生态完整性和河流社会功能准则层得到河流健康评估赋分。

4.9.1 各监测断面所代表的河长生态完整性赋分

评价各段河长生态完整性赋分按照以下公式计算各河段 4 个准则层的赋分，即

$$REI = HD_r \cdot HD_w + PH_r \cdot PH_w + WQ_r \cdot WQ_w + AF_r \cdot AF_w$$

式中：REI、HD_r、HD_w、PH_r、PH_w、WQ_r、WQ_w、AF_r、AF_w 分别为河段生态完整性状况赋分、水文水资源准则层赋分、水文水资源准则层权重、物理结构准则层赋分、物理结构准则层权重、水质准则层赋分、水质准则层权重、生物准则层赋分、生物准则层权重。参考《河流标准》，水文水资源、物理结构、水质和生物准则层的权重依次为 0.2、0.2、0.2 和 0.4。

根据生态完整性 4 个准则层评价结果进行综合评价，河湖健康调查的生态完整性状况赋分计算结果见表 4.52。

表 4.52　　　　　　　　漳河各监测点位生态完整性状况赋分表

监测点位	水文水资源	权重	物理结构	权重	水质	权重	生物	权重	生态完整性状况赋分
双峰入库	85.1	0.2	55.7	0.2	96.3	0.2	30.6	0.4	59.64
襄垣	85.1	0.2	50.7	0.2	84.5	0.2	30.6	0.4	56.29
实会	85.9	0.2	49.2	0.2	96.5	0.2	30.6	0.4	58.56
三省桥	85.9	0.2	50.7	0.2	96.5	0.2	30.6	0.4	58.86
石匣入库	47.2	0.2	52.7	0.2	99.0	0.2	30.6	0.4	52.01
下交漳	47.2	0.2	42.4	0.2	100.0	0.2	30.6	0.4	50.16
麻田	47.2	0.2	42.0	0.2	99.0	0.2	30.6	0.4	49.88
匡门口	46.5	0.2	53.3	0.2	100.0	0.2	30.6	0.4	52.21
合漳	84.5	0.2	49.2	0.2	100.0	0.2	30.6	0.4	58.99
观台	84.5	0.2	47.1	0.2	100.0	0.2	30.6	0.4	58.57
徐万仓（漳河）	19.7	0.2	48.9	0.2	0	0.2	0	0.4	13.72

4.9.2 河流生态完整性评估赋分

各监测点位生态完整性状况赋分见表 4.53，根据河段长度及漳河各监测点位生态完整性状况赋分计算评估河流生态完整性总赋分为 49.82 分。

4.9.3 河流健康评估赋分

根据下式，综合河流生态完整性评估指标赋分和社会服务功能指标评估赋分结果。

$$RHI = REI \cdot RE_w + SSI \cdot SS_w$$
$$= 49.82 \times 0.7 + 59.43 \times 0.3$$
$$= 52.70$$

式中：RHI、REI、RE_w、SSI、SS_w 分别为河流健康目标赋分、生态完整性状况赋分、生态完整性状况赋分权重、社会服务功能赋分、社会服务功能赋分权重。参考《河流标准》，生态完整性状况赋分和社会服务功能赋分权重分别为 0.7 和 0.3。经计算河流健康评估赋分为 52.70 分，总体为"亚健康"状态。

表 4.53 漳河生态完整性状况赋分表

监测点位	生态完整性状况赋分	长度/km	总得分
双峰入库	59.64	137.8	
襄垣	56.29	121.7	
实会	58.56	50.3	
三省桥	58.86	42	
石匣入库	52.01	43	
下交漳	50.16	60.6	49.82
麻田	49.88	50	
匡门口	52.21	45	
合漳	58.99	29.3	
观台	58.57	75	
徐万仓（漳河）	13.72	114	

4.9.4 漳河健康整体特征

漳河健康评估通过对漳河实际评估监测点位的 5 个准则层调查评估结果进行逐级加权、综合评分，计算得到漳河健康赋分为 52.70 分。根据河流健康分级原则，漳河评估年健康状况结果处于"亚健康"等级。从漳河 5 个准则层的评估结果来看，目前漳河生物准则层健康状况很差，处于"不健康"等级，主要由于鱼类损失指数造成，生物准则层其他两个指标也赋分较低；其次由于河流本身来水量减少，并且河流用水量不断增加，导致实测径流量小于天然还原径流量；再次为物理结构准则层河流阻隔状况指标赋分较低所致，详见表 4.54。

表 4.54 各准则层健康赋分及等级

准则层及目标层	赋 分	健康等级
水文水资源	62.71	健康
物理结构	49.85	亚健康
水质	81.49	理想状态
生物	26.08	不健康
社会服务功能	59.43	亚健康
漳河整体健康	52.70	亚健康

从 5 个准则层的评估结果来看，水文水资源准则层赋分 62.71 分，处于"健康"等级，生态流量保障程度赋分较高，而流量过程变异程度较低；物理结构准则层赋分 49.85

分，处于"亚健康"等级，主要是因河流阻隔状况指标赋分较低所致；水质准则层赋分81.49分，赋分较高，处于"理想状态"等级，主要原因为漳河上游污染程度较低；生物准则层赋分为26.08分，赋分较低，处于"不健康"等级，主要由于鱼类损失指数较低，而其他两个指标也赋分较低；社会服务准则层赋分为59.43分，处于"亚健康"等级，主要原因为水资源开发利用率过高所致。各准则层健康赋分雷达图如图4.24所示。

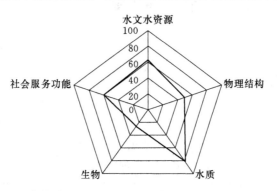

图4.24　各准则层健康赋分雷达图

第 5 章

卫 河 健 康 评 估

5.1 卫河流域概况

卫河是海河流域南运河水系的重要分支，其主要支流包括大沙河、新河、清水河、百泉河、淇河、安阳河、汤河等河流，全长 347km。卫河全部流域面积为 15290km²，其中，山地丘陵为 6280km²，平原区为 9010km²。卫河流域在河南境内分布面积比例最大，河南境内河长 286km，流域面积 1292km²。卫河两岸支流分布极不对称，其明显特征是呈一侧（左侧）支流特别发育的梳状河系。右岸缺少支流，仅一些洼地和沟渠，左岸支流多，其中较大的支流有淇河、安阳河、峪河及沙河等。河床比降由上段的 1/2000 逐渐降低到 1/8000，最低为 1/10000。

5.2 卫河流域河湖健康评估体系

根据《河流健康评估指标、标准与方法（试点工作用）》，建立卫河流域河流健康评价指标体系，包括 1 个目标层、5 个准则层、15 个评估指标（表 5.1）。

表 5.1　　　　　　　　　　卫河流域河湖健康评估指标体系

目标层	准则层	指 标 层	代码	权重
河流健康状况	水文水资源（HD）	流量过程变异程度	FD	0.3
		生态流量保障程度	EF	0.7
	物理结构（PF）	河岸带状况	RS	0.5
		河流连通阻隔状况	RC	0.5
	水质（WQ）	耗氧有机污染状况	OCP	最小值
		DO 水质状况	DO	
		重金属污染状况	HMP	
	生物（AL）	浮游植物数量	PHP	平均值
		浮游动物评价指数	ZOE	
		大型无脊椎动物生物评价指数	BIBI	
		鱼类生物损失指数	FOE	
	社会服务功能（SS）	水功能区达标率	WFZ	0.25
		水资源开发利用指标	WRU	0.25
		防洪指标	FLD	0.25
		公众满意度指标	PP	0.25

在数据获取方式上，将卫河流域河流健康评估指标数据获取可以分成两类：第一类指标为历史监测数据，数据获得以收集资料为主；第二类指标以现场调查实测为主，见表5.2。

表5.2 卫河流域河湖健康评估指标获取方法

目标层	准则层	指 标 层	获取方法/渠道
河流健康	水文水资源（HD）	流量过程变异程度	水文站
		生态流量保障程度	水文站
	物理结构（PF）	河岸带状况	现场实测
		河流连通阻隔状况	调查
	水质（WQ）	耗氧有机污染状况	现场实测
		DO水质状况	现场实测
		重金属污染状况	现场实测
	生物（AL）	浮游植物数量	现场实测
		浮游动物损失度	现场实测
		大型无脊椎动物生物评价指数	现场实测
		鱼类生物损失指数	调查法与现场实测
	社会服务功能（SS）	水功能区达标率	水质站
		水资源开发利用指标	调查
		防洪指标	调查
		公众满意度指标	现场调查

5.3 卫河流域河湖健康评估监测方案

5.3.1 卫河流域健康评估河流分段

根据卫河流域地形地貌特点、社会经济开发利用状况、水系分布状况、水文站分布等，将卫河流域河流分成8段，分段情况见表5.3。

表5.3 卫河流域健康评估河流分段情况

河流	起止位置	河长/km	起始 经度	起始 纬度	终止 经度	终止 纬度	面积/km²
大沙河	八圪节—合河	94.0	117°18′14.11″	38°49′45.55″	113°44′56.40″	35°20′56.40″	604
峪河	河源—入大沙河口	83.2	113°11′16.80″	35°26′34.80″	113°36′57.60″	35°19′01.20″	304
百泉河	河源—入卫河口	17.0	113°30′00.00″	35°40′01.20″	113°44′52.80″	35°21′18.00″	160
淇河	河源—入共渠口	172.0	113°44′02.40″	35°34′12.00″	114°17′02.40″	35°30′18.00″	640
安阳河	河源—入卫河口	145.0	113°30′54.00″	35°54′14.40″	114°47′13.20″	35°59′16.80″	719
卫河	合河闸—淇门	70.7	113°48′36.00″	36°05′24.00″	114°17′60.00″	35°29′56.40″	400
	淇门—元村	139.3	113°44′56.40″	35°20′56.40″	115°02′60.00″	36°06′46.80″	717
	元村—徐万仓	62.0	114°17′60.00″	35°29′56.40″	115°16′48.00″	36°28′22.80″	343

5.3.2 第一次调查各采样点基本情况

第一次水生态野外监测基本信息如下。

监测时间：项目组于5月23—29日完成了第一次水生态野外监测。

第一次调查各采样点基本情况如下。

1. 百泉河（图5.1）

（1）底质类型：以碎石和淤泥为主，碎石以鹅卵石和砾石为主，无水生植物。

（2）堤岸稳定性：堤岸周围被混凝土硬化，无水土流失现象和潜在水土流失因素。

（3）湖岸变化：湖岸为硬化混凝土岸，因此为纯人工建筑，无自然湖岸。

（4）湖水水量状况：水量较少，水深为0.5m，明显低于湖岸高度。

（5）湖滨带植被多样性：湖滨带与湖水无交换关系，分布少量柳树。

（6）水质状况：水体浑浊，为黄绿色，且有少量异味。

（7）人类活动强度：人类活动干扰强度较大，主要包括钓鱼、游船等。

图5.1 百泉河5月实拍图片

2. 大沙河（图5.2）

（1）底质类型：以淤泥和少量碎石为主，且淤泥较厚，有少量的水生植物。

（2）堤岸稳定性：堤岸为土质，且被植被覆盖，比较稳定，只有少量的河岸带被侵蚀。

（3）河道变化：河道比较稳定，渠道化较少，河道维持正常模式。

（4）河水水量状况：水量较少，河水淹没30%左右的河道。

（5）河岸带植被多样性：河岸周围植被较多，50%以上的河岸带被覆盖，以草木和乔木居多。

82

图 5.2　大沙河 5 月实拍图片

（6）水质状况：水体较清澈，有少量异味和沉积物。

（7）人类活动强度：人类活动干扰强度较小，离河道 30m 处有少量自行车和机动车出现。

3. 淇河（图 5.3）

（1）底质类型：以碎石和泥沙为主。

图 5.3　淇河盘石头水库 5 月实拍图片

（2）堤岸稳定性：堤岸以碎石和土质为主，比较稳定，没有侵蚀现象。

（3）库岸变化：岸边以碎石和土质，没有植被覆盖。

（4）库区堤岸带植被多样性：多以灌木为主。

（5）水质状况：水体呈淡绿色，较为清澈。

（6）人类活动强度：库区重要水源地，受人类干扰强度小。

4. 安阳河（图5.4）

（1）底质类型：以碎石和淤泥为主，碎石以砂砾石为主，有较多的水生植物。

（2）堤岸稳定性：没有明显的堤岸，60%以上的地方发生了侵蚀。

（3）河道变化：渠道化现象比较少。

（4）河水水量状况：水量较少，最大水深40cm，水面最宽处为2m。

（5）河岸带植被多样性：植被种类多，植被覆盖度达到95%以上，以草木居多。

（6）水质状况：水体较清澈，没有异味。

（7）人类活动强度：人类活动强度较大，经常有行人通过，放牧。

图5.4　安阳河5月实拍图片

5. 峪河（图5.5）

（1）底质类型：主要以淤泥为主，并且淤泥比较厚，有少量的水生植物。

（2）堤岸稳定性：堤岸为土质，60%被植被覆盖，没有河岸侵蚀和水土流失现象。

（3）河道变化：河道以淤泥为主，渠道化比较广泛，在两岸有桥梁出现。

（4）河水水量状况：水量非常小，河道内75%已经干涸。

（5）河岸带植被多样性：植被种类较少，以乔木和草木居多，50%以上的堤岸有植被。

（6）水质状况：水体比较清澈，但有少量异味。

图 5.5　峪河 5 月实拍图片

（7）人类活动强度：人类干扰很大，是交通要道必经之路，经常有机动车通过。

6. 卫河—淇门（图 5.6）

（1）底质类型：底质以淤泥为主，有少量的水生植物。

（2）堤岸稳定性：堤岸以土质为主，有少量植被覆盖，50％以上发生侵蚀，堤岸稳定性较差。

（3）河道变化：河道较宽，渠道化比较明显，有桥梁和桥墩出现。

（4）河水水量状况：水量一般，流速缓慢，50％的河道被淹，河道深 50cm。

图 5.6　卫河—淇门 5 月实拍图片

（5）河岸带植被多样性：河岸周围植被种类较多，以乔木居多，70％的堤岸有植被覆盖。

（6）水质状况：水体为黑色，较浑浊，有异味。

（7）人类活动强度：人类活动干扰大，河道里有家禽活动，河岸带有垃圾堆放。

7. 卫河—元村（图5.7）

（1）底质类型：底质以淤泥为主，也含有少量碎石。

（2）堤岸稳定性：堤岸稳定性较差，观察范围内大部分地方发生侵蚀，堤岸只有少许植被覆盖。

（3）河道变化：河道比较宽，水深约为60cm。

（4）河水水量状况：水量较大，河水淹没了大部分河道，流速较为缓慢。

（5）河岸带植被多样性：河岸周围植被种类较少，少于25％的堤岸有植被覆盖。

（6）水质状况：水体为黄绿色，较浑浊，有少量异味。

（7）人类活动强度：人类活动干扰强度大，有机动车通过，河岸边有垃圾堆放。

图5.7 卫河—元村5月实拍图片

8. 卫河—徐万仓（图5.8）

（1）底质类型：底质为淤泥，有少量的水生植物。

（2）堤岸稳定性：堤岸为土质，且有少量植被覆盖，50％的地方发生了侵蚀现象，稳定性较差。

（3）河道变化：河道比较宽阔，渠道化很少出现。

（4）河水水量状况：水量非常少，60％的已经干涸。

（5）河岸带植被多样性：河岸植被种类较少，少于50％的堤岸覆盖有植被。

图 5.8 卫河—徐万仓 5 月实拍图片

（6）水质状况：水体为黑绿色（几乎干涸），较浑浊，无水流流动。

（7）人类活动强度：人类活动干扰强度大，河岸两边种植着农田，经常需要取水灌溉。

5.3.3 第二次调查各采样点基本情况

第二次水生态野外监测基本信息如下。

监测时间：项目组于 8 月 29 日至 9 月 3 日完成了第二次水生态野外监测。

第二次调查各采样点基本情况如下。

1. 百泉河（图 5.9）

（1）底质类型：以碎石和淤泥为主，碎石以鹅卵石和砾石为主，无水生植物。

（2）堤岸稳定性：堤岸周围被混凝土硬化，无水土流失现象和潜在因素。

（3）湖岸变化：湖岸为硬化混凝土岸，因此为纯人工建筑，无自然湖岸。

（4）湖水水量状况：水量较多，水深为 0.9m，与第一次监测相比水量明显增多。

（5）湖滨带植被多样性：湖滨带与湖水无交换关系，分布少量柳树。

（6）水质状况：水体较为清澈，水体呈淡绿色，没有异味，与第一次监测相比水质状况明显改善，但水体内仍有垃圾。

（7）人类活动强度：人类活动干扰强度较大，主要包括钓鱼、游船等。

2. 大沙河（图 5.10）

（1）底质类型：以淤泥和少量碎石为主，且淤泥较厚，有少量的水生植物。

（2）堤岸稳定性：堤岸为黏土质，且植被覆盖度高，较稳定，只有少量的河岸带被侵蚀。

图 5.9 百泉河（百泉公园）9 月实拍图片

图 5.10 大沙河 9 月实拍图片

（3）河道变化：河道比较稳定，渠道化较少，河道维持正常模式。

（4）河水水量状况：水量较第一次监测明显增多，流量较大，流速较快，河水淹没了50%左右的河道。

（5）河岸带植被多样性：河岸周围植被较多，河岸带被覆盖90%以上，以草木和乔木居多。

（6）水质状况：水体比较浑浊，呈黄色，有大量的悬浮物，没有异味。

（7）人类活动强度：人类活动干扰强度较小，离河道30m处有少量自行车和机动车出现。

3. 淇河（图5.11）

（1）底质类型：以碎石和泥沙为主。

（2）堤岸稳定性：堤岸以碎石和土质为主，比较稳定，没有侵蚀现象。

（3）库岸变化：岸边以碎石和土质为主，有少量植被覆盖。

（4）库区水量状况：库区水量明显增多，较第一次监测水位上升了6m。

（5）库区堤岸带植被多样性：以灌木为主。

（6）水质状况：水体呈淡绿色，较为清澈。

（7）人类活动强度：库区重要水源地，受人类干扰强度小。

图5.11　淇河盘石头水库9月实拍图片

4. 安阳河（图5.12）

（1）底质类型：以碎石和淤泥为主，碎石以砂砾石为主，有较多的水生植物。

（2）堤岸稳定性：堤岸稳定性较差，堤岸土质比较疏松，60%以上的地方发生了侵蚀。

（3）河道变化：没有明显的河道，渠道化不明显。

（4）河水水量状况：水量较多，流速较慢，最大支流水深1.2m、宽30m，较第一次监测水量明显变大，就水面宽度相比，比第一次监测时宽了15倍。

（5）河岸带植被多样性：植被种类多，植被覆盖度达到90%以上，以草木居多。

（6）水质状况：水体比较浑浊，含有大量悬浮物，没有异味。

（7）人类活动强度：人类活动强度较大，经常有行人通过，放牧。

图5.12　安阳河9月实拍图片

5. 峪河（图5.13）

（1）底质类型：主要以淤泥为主，并且淤泥比较厚，有少量的水生植物。

（2）堤岸稳定性：堤岸为黏土质，87%被植被覆盖，观测范围内有少量河岸侵蚀和水土流失现象。

（3）河道变化：河道宽15m，河道以淤泥为主，渠道化比较广泛，在两岸有桥梁和桥墩出现。

（4）河水水量状况：水量较大，流速较快，最大支流深1.5m。

（5）河岸带植被多样性：植被种类较少，以乔木和草木居多，80%以上的堤岸有植被。

（6）水质状况：水体较浑浊，水体呈绿色，没有异味。

（7）人类活动强度：人类干扰很大，是交通要道必经之路，经常有机动车通过。

图 5.13　峪河 9 月实拍图片

6. 卫河—淇门（图 5.14）

（1）底质类型：底质以淤泥为主，有少量的水生植物。

图 5.14　卫河—淇门 9 月实拍图片

（2）堤岸稳定性：堤岸以黏土质为主，有少量植被覆盖，部分地方发生侵蚀现象，堤岸稳定性较差。

（3）河道变化：河道比较宽，河道底质以淤泥为主，渠道化比较明显，有桥梁和支柱出现。

（4）河水水量状况：水量较第一次监测时明显增大，流速缓慢，60%的河道被淹，河道最深为70cm。

（5）河岸带植被多样性：河岸周围植被种类较多，乔木居多，90%的堤岸有植被覆盖。

（6）水质状况：水体呈黄绿色，较浑浊，含有大量的悬浮物，没有异味。

（7）人类活动强度：人类活动干扰大，河道里有家禽活动，河岸带有垃圾堆放。

7. 卫河—元村（图5.15）

（1）底质类型：底质以淤泥为主，也含有少量碎石。

（2）堤岸稳定性：堤岸稳定性较差，观察范围内大部分地方发生侵蚀，堤岸只有少许植被覆盖。

（3）河道变化：河道比较宽，水深约60cm。

（4）河水水量状况：水量较第一次监测时明显增大，河水淹没了大部分河道，且流速较快。

（5）河岸带植被多样性：河岸周围植被覆盖度较高，90%的河岸有植被覆盖。

（6）水质状况：水体呈黄绿色，较浑浊，含有大量的悬浮物，有少量异味。

（7）人类活动强度：人类活动干扰强度大，有机动车通过，河岸边有垃圾堆放。

图5.15 卫河—元村9月实拍图片

8. 卫河—徐万仓（图5.16）

（1）底质类型：底质为淤泥，有少量的水生植物。

（2）堤岸稳定性：堤岸为黏土质，且有少量植被覆盖，50%的地方发生了侵蚀现象，稳定性较差。

（3）河道变化：渠道化现象较少。

（4）河水水量状况：水量较多，河道宽40m，较第一次监测时水量大了许多，变化特别明显，上次60%的河道已经干涸，流速较快。

（5）河岸带植被多样性：河岸植被种类较少，以乔木为主，87%的河岸有植被覆盖。

（6）水质状况：水体呈黑绿色，较浑浊，漂有大量的悬浮物。

（7）人类活动强度：人类活动干扰强度大，河岸两边有农田分布，经常需要取水灌溉。

图5.16　卫河—徐万仓9月实拍图片

5.4 水文水资源

水文水资源准则层根据流量过程变异程度、生态流量保障程度、水土流失治理率 3 个指标进行计算。

5.4.1 流量过程变异程度

流量过程变异程度由评估年逐月实测径流量与天然月径流量的平均偏离程度表达。

根据评估标准，全国重点水文站 1956—2000 年天然径流量卫河代表站有元村集水文站，因此流量过程变异程度也结合上述水文站进行评估计算。还原数据仅为年份天然径流量，未给出逐月天然径流量，因此本研究以年份进行评估计算。

1. 逐年实测与天然径流量

根据《海河流域代表站径流系列延长报告》（中水北方勘测设计研究有限责任公司，2016），1956—2000 年已完成天然径流还原，并进行 2001—2012 年系列延长，因此本研究采用最新成果数据，以 2001—2012 年数据系列进行计算和评估。

因卫河有元村集水文站实测与天然径流资料，因此采用元村集水文站实测径流量代表卫河的状况。具体见表 5.4。

表 5.4　　　　　　　　卫河元村集水文站年实测流量与天然流量统计　　　　单位：万 m³

年份	实测径流量	地表水还原水量				其他还原水量			天然径流量
		生活	工业	农业及环境	合计	水库蓄变量	引黄水	合计	
2001	66118	1422	2813	61642	65877	−2017	−49407	−51424	80571
2002	26467	1626	2830	73238	77695	−4364	−48989	−53353	50808
2003	98232	1829	3018	71291	76138	11497	−55986	−44489	129882
2004	128219	1786	2912	73134	77832	−1380	−65164	−66544	139507
2005	137932	1458	3084	59296	63838	−2787	−55932	−58719	143052
2006	119290	1351	3212	68665	73228	−2032	−75809	−77841	114676
2007	85901	1208	3150	57557	61915	10862	−58450	−47589	100229
2008	94115	1069	2196	66470	69735	−2668	−63399	−66066	97783
2009	54755	1053	2052	61275	64380	−2278	−37160	−39438	79698
2010	74554	1019	2046	60251	63316	9685	−44291	−34606	103265
2011	69619	1376	1987	64761	68124	12454	−53722	−41268	96476
2012	82333	1265	1918	58273	61456	−3615	−47378	−50993	92796
平均	86461	1372	2602	64654	68628	1946	−54641	−52694	102395

2. 流量过程变异程度计算

流量过程变异程度由评估年逐年实测径流量与天然年径流量的平均偏离程度表达，因此计算公式为

$$FD = \left\{ \sum_{m=1}^{N} \left[\frac{q_m - Q_m}{\overline{Q_m}} \right]^2 \right\}^{\frac{1}{2}}$$

$$\overline{Q_m} = \frac{1}{N} \sum_{m=1}^{N} Q_m$$

式中：m 为评估年；N 为评估总年数；q_m 为评估年实测年径流量；Q_m 为评估年天然年径流量；$\overline{Q_m}$ 为评估年天然年径流量年均值。

根据逐年实测与天然径流量进行流量过程变异程度计算，并根据赋分标准进行赋分，结果见表 5.5。

表 5.5　　　　　　　　　卫河元村集水文站年流量过程变异程度结果及赋分

项　目	元　村　集	项　目	元　村　集
FD	0.7	赋分	42.6

5.4.2　生态流量保障程度

生态流量保障程度根据多年平均径流量进行推算，并不少于 30 年系列数据，根据《海河流域综合规划（2012—2030）》（国函〔2013〕36 号）成果，区分山区河段、平原河段、河口等河段的不同计算方法，进行计算评估和赋分。

1. 河流生态需水量

对于水体连通和生境维持功能的河段，要保障一定的生态基流，原则上采用 Tennant 法计算，取多年平均天然径流量的 10%～30% 作为生态水量，山区河流原则上取 15%～30%，平原河段取 10%～20%；对于水质净化功能的河流，与水体连通功能河段相同，不考虑增加对污染物稀释水量；对景观环境功能的河段，采用草被的灌水量或所维持的水面部分用槽蓄法计算蒸发渗漏量；有出境水量规划的河流，生态水量与出境水量方案相协调。

河口生态水量采用入海水量，不计算河口冲淤及近海生物需水量。在此基础上，以河系为单元进行整合，扣除河流上下段之间、山区河流与平原河流之间、河流与湿地及入海的重复。2020 年和 2030 年河流生态水量采用同一标准。河流水质要达到水资源保护规划中确定的水质标准。

卫河流域山区河流规划生态水量见表 5.6。淇河新村规划生态水量为 0.63 亿 m³/a，占多年平均天然径流量比例的 15%。

表 5.6　　　　　　　　　　　卫河流域山区河流规划生态水量　　　　　　　　单位：亿 m³/a

河系	所在河流	控制站	多年平均天然径流量	规划生态水量	占多年平均天然径流比例/%
漳卫河	淇河	新村	4.18	0.63	15

平原河流各河段规划生态水量见表 5.7。合河—徐万仓河段最小生态水量为 3.25 亿 m³/a，自然损耗为 1.12 亿 m³/a，入海流量为 1.2 亿 m³/a。

表 5.7　　　　　　　　　　　漳卫河流域平原河流规划生态水量　　　　　　　　单位：亿 m³/a

河系	河流名称	规划河段	最小生态水量	自然耗损量	入海水量
漳卫河	卫河	合河—徐万仓	3.25	1.12	1.2

2. 各站点年径流量

根据 2013—2015 年海河流域水文年鉴，2013—2015 年新村、元村集水文站站点的实测径流量见表 5.8。

表 5.8　　　　　　　　　　卫河各水文站实测径流量　　　　　　单位：亿 m³/a

站　　点	实测年径流量		
	2013 年	2014 年	2015 年
新村	0.7486	0.4074	0.2643
元村集	5.935	5.003	3.5000

3. 生态流量保障程度赋分

生态流量保障程度 EF 指标表达式为

$$EF = \min\left[\frac{q_\mathrm{d}}{\overline{Q}}\right]_{m=1}^{N}$$

式中：m 为评估年份；N 为评估年份数量；q_d 为评估年实测年径流量；$\overline{Q}$ 为规划生态需水量；EF 为评估年实测占规划生态需水量的最低百分比。

生态流量保障程度根据 2013—2015 年各水文站点的实测径流量及规划生态需水量进行计算，并根据鱼类产卵期标准进行赋分，取其中最小值年份为赋分结果，见表 5.9。

表 5.9　　　　　　　　卫河各水文站生态流量保障程度赋分　　　　单位：亿 m³/a

测站	规划生态水量	赋分指标计算值			指标取值	指标赋分
		2013 年	2014 年	2015 年		
新村	0.63	118.8	64.7	42.0	42.0	87.8
合河—徐万仓	3.25	182.6	153.9	107.7	107.7	100.0

根据各水文站代表的河段，卫河流量过程变异程度见表 5.10。

表 5.10　　　　　　　　　　卫河流量过程变异程度赋分

监测点位	流量过程变异程度赋分	监测点位	流量过程变异程度赋分
大沙河	100.0	安阳河	100.0
峪河	100.0	合河闸—淇门	100.0
百泉河	100.0	淇门—元村	100.0
淇河	87.8	元村—徐万仓	100.0

生态流量保障指标赋分干流较好，赋分均为 100.0 分，淇河生态流量保障程度为 87.8 分。

5.4.3　水土流失治理率

1. 水土流失状况

海河流域是我国水土流失严重区域之一，根据全国第二次水土流失遥感调查成果，海河流域 20 世纪末水土流失面积为 10.55 万 km²，其中山区水土流失面积为 10.39 万 km²，平原区水土流失面积为 0.16 万 km²，年土壤侵蚀量 2.95 亿 t。经过 21 世纪初期的综合治理，截至 2007 年，海河流域尚有水土流失面积 8.49 万 km²，其中山区 8.37 万 km²，平原区 0.12 万 km²，年土壤侵蚀量为 2.43 亿 t。2007 年漳卫河山区各河系及各省级行政区水土流失情况见表 5.11。

表 5.11　　　　　　　　　　漳卫河山区水土流失情况表　　　　　　　　　单位：km²

水土保持分区	面　　积	水土流失面积
漳卫河山区	25326	12300
海河平原南部区	40239	1239

2. 水土流失治理面积

（1）山区。规划期内共计安排治理水土流失面积 1.21 万 km²，具体见表 5.12。

表 5.12　　　　　　　　　　漳卫河流域水土流失治理规划表

防治分区	面积 /km²	流失面积 /km²	治理面积 /km²	近期治理规划 (2020 年以前)		远期治理规划 (2021—2030 年)	
				面积/km²	程度/%	面积/km²	程度/%
漳卫河山区	25326	12300	12107	9331	75.86	2776	98.43
海河平原南部区	40239	1239	1239	1239	100.00		
合计	65565	13539	13346	10570	175.86	2776	98.43

近期（2020 年）：重点治理列入太行山国家级重点治理区的山西省部分县，规划治理水土流失面积 9331km²。重点安排以人工造林和生态修复为主的治理面积 8036km²，同时配置相应的基本农田和人工种草。

远期（2030 年）：治理河南省安阳市、安阳县、林县、汤阴县、鹤壁市、浚县、淇县、新乡市、辉县、卫辉市、焦作市、修武县、博爱县、武陟县 14 个县（市）和河北省邯郸市、涉县、磁县、武安市 4 个县（市）的水土流失面积共计 2776km²。措施方面，继续重点安排人工造林措施，造林面积为 1321km²，占总治理面积的 48%。结合生态修复和人工种草等措施，巩固已治理地区的水土保持成果，保护植被和生态。

（2）平原区。

近期（2020 年）：建设基本农田 365km²，人工造林 600km²，人工种草 274km²，机电井 10486 眼，灌排水渠 3712km，作业路标 899km，苗圃 32km²。

远期（2030 年）：巩固、完善、提高治理成果；做好水土流失预防监督工作，落实管护责任，提高保存率，保护好治理成果。

3. 水土流失治理面积赋分

水土流失面积为 13539km²，水土流失治理面积为 13346km²，水土流失面积治理率为 98.58%。因此，水土流失治理面积赋分为 98.58 分。

5.4.4　水文水资源准则层赋分

卫河水文水资源准则层赋分计算见表 5.13。从表 5.13 可以看出，卫河评估河段的水文水资源准则层赋分为 86.1 分。

表 5.13　　　　　　　**卫河评估河段水文水资源准则层赋分计算表**

监测点位	流量过程变异程度赋分	权重	生态流量满足程度赋分	权重	水土保持治理率赋分	权重	赋分	代表河长/km	水文水资源准则层总赋分
大沙河	42.6	0.2	100.0	0.6	98.6	0.2	88.2	94.0	
峪河	42.6	0.2	100.0	0.6	98.6	0.2	88.2	83.2	
百泉河	42.6	0.2	100.0	0.6	98.6	0.2	88.2	17.0	
淇河	42.6	0.2	83.9	0.6	98.6	0.2	78.6	172.0	86.1
安阳河	42.6	0.2	100.0	0.6	98.6	0.2	88.2	145.0	
合河闸—淇门	42.6	0.2	100.0	0.6	98.6	0.2	88.2	70.7	
淇门—元村	42.6	0.2	100.0	0.6	98.6	0.2	88.2	139.3	
元村—徐万仓	42.6	0.2	100.0	0.6	98.6	0.2	88.2	62.0	

水文水资源准则层赋分为 86.1 分，卫河水文水资源准则层综合评估为健康。

5.5　物理结构准则层

结合两次调查以及遥感分析，对卫河流域河岸带状况和河流连通阻隔状况进行了测量和评估。

5.5.1　河岸带状况

根据 2016 年 4 月和 8 月现场调查数据进行河岸带状况评价。调查了监测点位左、右两岸岸坡稳定性、植被覆盖度和人工干扰程度。

1. 岸坡稳定性

（1）第一次调查及评估结果。根据河岸分项调查指标要求，对卫河流域河岸的岸坡倾角、河岸高度、基质特征、岸坡植被覆盖度和坡脚冲刷强度分别进行测量和调查，然后根据评分标准进行评估。

根据以下公式进行计算，岸坡稳定性赋分见表 5.14。

$$BKS_r = \frac{SA_r + SC_r + SH_r + SM_r + ST_r}{5}$$

式中：BKS_r 为岸坡稳定性指标赋分；SA_r 为岸坡倾角赋分；SC_r 为岸坡覆盖度赋分；SH_r 为岸坡高度赋分；SM_r 为河岸基质赋分；ST_r 为坡脚冲刷强度赋分。

表 5.14　　　　　　　　　　　　**卫河流域河岸稳定性评估**

监测点位	岸坡倾角赋分	坡脚冲刷强度赋分	岸坡高度赋分	河岸基质赋分	岸坡覆盖度赋分	河岸稳定性分值
大沙河	25.0	81.0	50.0	25.0	75.0	51.2
峪河	0	96.0	25.0	25.0	25.0	34.2
百泉河	100.0	93.0	100.0	75.0	100.0	93.6

监测点位	岸坡倾角赋分	坡脚冲刷强度赋分	岸坡高度赋分	河岸基质赋分	岸坡覆盖度赋分	河岸稳定性分值
淇河	75.0	75.0	25.0	75.0	0	50.0
安阳河	41.6	98.0	95.0	25.0	75.0	66.9
合河闸—淇门	25.0	90.0	90.0	25.0	25.0	51.0
淇门—元村	16.6	90.0	75.0	25.0	75.0	56.3
元村—徐万仓	0	10.0	75.0	25.0	75.0	37.0

根据调查结果，卫河流域河岸稳定性评估，百泉河稳定性最高，湖岸多以混凝土硬化；大沙河、淇河、安阳河、卫河—元村等断面河岸稳定性较高；卫河—徐万仓等断面河岸稳定性较差。

（2）第二次调查及评估结果。根据调查结果，卫河流域河岸稳定性评估，淇河—盘石头水库稳定性最高，湖岸多以混凝土硬化；大沙河—大堤屯、百泉河—百泉湖、安阳—河东古庄、卫河—合河闸、卫河—南羊坞村、卫河—班庄、卫河—西元村7个断面河岸稳定性较高；卫河—河园村、卫河—元村、卫河—淇门3个断面河岸稳定性较差。具体见表5.15。

表5.15 <center>卫河流域河岸稳定性评估</center>

监测点位	岸坡倾角赋分	坡脚冲刷强度赋分	岸坡高度赋分	河岸基质赋分	岸坡覆盖度赋分	河岸稳定性分值
大沙河	36.0	90.0	72.5	25.0	25.0	49.7
峪河	61.0	87.0	75.0	25.0	25.0	54.6
百泉河	100.0	93.0	100.0	75.0	100.0	93.6
淇河	75.0	90.0	0	90.0	75.0	66.0
安阳河	75.0	90.0	0	25.0	25.0	43.0
合河闸—淇门	47.0	90.0	0	25.0	25.0	37.4
淇门—元村	47.0	81.0	0	25.0	25.0	35.6
元村—徐万仓	47.0	84.0	0	25.0	90.0	49.2

（3）河段综合评估。综合两次评估结果，百泉河样点由于位于景区，均为混凝土固岸，河岸稳定性最高，其余河段稳定性得分均在60分以下。其中，卫河干流及峪河河岸稳定性最低。

表5.16 <center>卫河流域分段河岸稳定性评估</center>

河段	赋分	河段	赋分
大沙河	50.45	安阳河	54.96
峪河	44.40	合河闸—淇门	44.20
百泉河	93.60	淇门—元村	45.96
淇河	58.00	元村—徐万仓	43.10

2. 河岸带植被覆盖度

以 2017 年 6—8 月 Landsat 8 TM 影像为数据源，进行 *NDVI* 值计算。计算范围为卫河流域以及卫河、峪河、百泉河、淇河、安阳河等重点河道两边 3km。

植被覆盖度（Fractional Vegetation Cover，FVC）一般指单位面积内植被（包括叶、茎、枝）在地面的垂直投影面积占总面积的百分比，是反映地表植被覆盖状况和监测生态环境变化的重要指标之一，也是研究区域或全球尺度水文、气象、生态等领域的基础数据，在各类相关理论和模型中得到了广泛应用。在模拟地表植被蒸腾、土壤水分蒸发及植被光合作用等过程时，植被覆盖度是一个重要的控制因子，它也是控制土壤侵蚀的关键因素，已有观测试验和研究显示，在其他条件一定时，侵蚀量与植被覆盖度具有显著的负相关关系。通常对于林冠称为郁闭度、对灌草等植被称为覆盖度，此处的植被覆盖度包含研究区内森林植被的郁闭度和灌草植被的覆盖度。

利用遥感估算植被覆盖度，常用方法是在像元二分模型的基础上，用植被指数表征地物遥感信息，提取目标区域的植被覆盖度（图 5.17）。该方法适用于监测区域尺度的植被覆盖度及其变化。

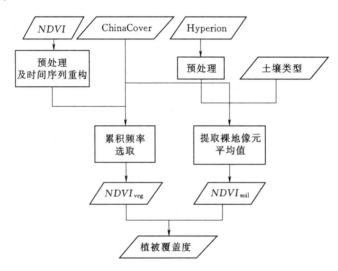

图 5.17　植被覆盖度遥感监测技术流程

像元二分模型假设像元是由两部分构成的，即植被覆盖地表和无植被覆盖地表，所得到的光谱信息也是由这两个组分因子线性合成，它们各自的面积在像元中所占比率即为各因子的权重，其中植被覆盖地表占像元的百分比即为该像元的植被覆盖度。根据上述像元二分模型的原理，可以得到

$$S = f_c S_{veg} + (1 - f_c) S_{soil} \tag{5.1}$$

式中：S 为传感器所观测到的信息；S_{veg} 为纯植被覆盖地表所贡献的信息；S_{soil} 为完全无植被覆盖地表所贡献的信息；f_c 为植被覆盖度。

经过变换就可以得到植被覆盖度的计算公式，即

$$f_c = \frac{S - S_{soil}}{S_{veg} - S_{soil}} \tag{5.2}$$

S_{veg}、S_{soil} 两个参数代表植被与土壤纯像元所反映的遥感信息，采用这个计算模型可以在很大程度上削弱大气、土壤背景等因素对计算植被覆盖度的影响，只要把这两个参数确定了，就可以通过上述公式求得植被覆盖度。

植被指数（Vegetation Index）是指由遥感传感器获取的多光谱数据，经线性和非线性组合构成的对植被有一定指示意义的各种数值。它是根据植被反射波段的特性计算出来的反映地表植被生长状况、覆盖情况、生物量和植被种植特征的间接指标。经过验证，植被指数与植被覆盖度有较好的相关性，用它来计算植被覆盖度是合适的。其中，以 $NDVI$ 归一化植被指数是用于监测植被变化的经典植被指数，应用最为广泛。它是植物生长状态和植被空间分布的指示因子，与地表植被的覆盖率成正比例关系，适用于大区域的植被监测。对于同一种植被，$NDVI$ 越大，表明植被覆盖率越高。$NDVI$ 主要具有以下几方面优势：植被检测灵敏度较高；植被覆盖度的检测范围较宽；能消除地形和群落结构的阴影和辐射干扰；削弱太阳高度角和大气所带来的噪声。$NDVI$ 的计算公式为

$$NDVI = \frac{NIR - R}{NIR + R} \tag{5.3}$$

式中：NIR 为近红外波段；R 为红波段。

根据像元二分模型，一个像元的 $NDVI$ 值可以表达为由绿色植被部分所贡献的信息 $NDVI_{veg}$ 与裸土部分所贡献的信息 $NDVI_{soil}$ 这两部分组成，同样满足式（5.1）的条件，因此可以将 $NDVI$ 代入式（5.2），有

$$f_c = \frac{NDVI - NDVI_{soil}}{NDVI_{veg} - NDVI_{soil}} \tag{5.4}$$

式中：$NDVI_{soil}$ 为完全为裸土或无植被覆盖区域的 $NDVI$ 值；$NDVI_{veg}$ 为完全被植被所覆盖像元的 $NDVI$ 值，即纯植被像元的 $NDVI$ 值。对于大多数类型的裸地表面，$NDVI_{soil}$ 是不随时间改变的，理论上应该接近于零。然而由于大气影响地表湿度条件的改变，$NDVI_{soil}$ 会随着时间而变化。此外，由于地表湿度、粗糙度、土壤类型、土壤颜色等条件的不同，$NDVI_{soil}$ 也会随着空间而变化。$NDVI_{soil}$ 的变化范围一般在 $-0.1 \sim 0.2$ 之间。$NDVI_{veg}$ 代表全植被覆盖像元的最大值。由于植被类型不同，植被覆盖的季节变化、叶冠背景的污染，包括潮湿地面、雪、枯叶等因素，$NDVI_{veg}$ 值也会随着时间和空间而改变。因此，$NDVI_{soil}$ 和 $NDVI_{veg}$ 阈值是不固定的。

卫河流域面积 14815km²，通过分析计算，2017 年卫河流域植被覆盖率为 88%。无植被覆盖面积为 1783km²，植被低度覆盖面积为 3522km²，植被中度覆盖面积为 6174km²，植被高度覆盖面积 3335km²。

卫河、峪河、百泉河、淇河、安阳河等重点河道，河长 1031km，面积为 5066km²，植被覆盖率为 85%。

卫河河长 272km，面积为 1460km²，2017 年植被覆盖率为 87%。无植被覆盖面积 186km²，植被低度覆盖面积 430km²，植被中度覆盖面积 575km²，植被高度覆盖面积 269km²。其中合河闸—淇门段，河长 70.7km，面积 400km²。2017 年植被覆盖率为 74%，无植被覆盖面积 104km²，植被低度覆盖面积 70km²，植被中度覆盖面积 111km²，植被高度覆盖面积 114km²。淇门—元村段，河长 139.3km，面积 717km²，2017 年植被

覆盖率为 92%，无植被覆盖面积 60km²，植被低度覆盖面积 247km²，植被中度覆盖面积 317km²，植被高度覆盖面积 93km²。元村—徐万仓段，河长 62km，面积 343km²，2017 年植被覆盖率为 94%，无植被覆盖面积 21km²，植被低度覆盖面积 114km²，植被中度覆盖面积 146km²，植被高度覆盖面积 62km²。

根据调查结果，各河段河岸带植被覆盖度较高，除合河闸外，其他河段均赋分为 100 分，赋分见表 5.17。

表 5.17　　　　　　　　　卫河流域代表性断面河岸带植被覆盖度

监测点位	植被覆盖度/%	赋分	监测点位	植被覆盖度/%	赋分
大沙河	79	100.0	安阳河	79	100.0
峪河	89	100.0	合河闸—淇门	74	99.3
百泉河	76	100.0	淇门—元村	92	100.0
淇河	93	100.0	元村—徐万仓	94	100.0

3. 河岸带人工干扰程度

重点调查评估在湖岸带及其邻近陆域进行的几类人类活动，包括湖岸硬性砌护、采砂、沿岸建筑物（房屋）、公路（或铁路）、垃圾填埋场或垃圾堆放、河滨公园、管道、采矿、农业耕种、畜牧养殖等。

根据调查结果，卫河流域代表性断面大沙河受人类活动干扰程度最高，干扰最严重；其次为淇门—元村、安阳河、峪河，主要影响因素为沿岸建筑、公路、垃圾、农业种植等；合河闸、淇河受人类干扰程度最小。卫河流域河岸带人类活动得分见表 5.18。

表 5.18　　　　　　　　　　卫河流域河岸带人类活动得分

监测点位	人工干扰程度	减分	赋分
大沙河	沿岸建筑物，公路，垃圾堆放，农业种植，管道	−90.0	10.0
峪河	沿岸建筑物，公路，垃圾堆放	−50.0	50.0
百泉河	管道，沿岸建筑物，湖滨公园，河岸硬性护砌，沿岸建筑物	−30.0	70.0
淇河	河岸硬性护砌，沿岸建筑物	−15.0	85.0
安阳河	沿岸建筑物，垃圾堆放，农业种植，畜牧养殖	−60.0	40.0
合河闸—淇门	农业种植，河岸硬性护砌	−15.0	85.0
淇门—元村	公路，垃圾堆放，农业种植	−70.0	30.0
元村—徐万仓	公路，农业种植	−20.0	80.0

4. 河岸带状况赋分

汛期和非汛期分别调查了两岸岸坡稳定性和人工干扰程度，植被覆盖度根据遥感解译赋分，根据以下公式计算了河岸带状况，结果详见表 5.19。

$$RS_r = BKS_r \cdot BKS_w + BVC_r \cdot BVC_w + RD_r \cdot RD_w$$

式中：RS_r 为河岸带状况赋分；BKS_r 和 BKS_w 分别为岸坡稳定性的赋分和权重；BVC_r 和 BVC_w 分别为河岸植被覆盖度的赋分和权重；RD_r 和 RD_w 分别为河岸带人工干扰程度的赋分和权重。权重主要参考《河流标准》，其中 $BKS_w = 0.25$、$BVC_w = 0.5$、$RD_w = 0.25$。

表 5.19 　　　　　　　　　　　河 岸 带 状 况 赋 分

监测点位	岸坡稳定性	权重	植被覆盖度	权重	人工干扰程度	权重	河岸带状况赋分
大沙河	50.5	0.25	100.0	0.5	10.0	0.25	65.1
峪河	44.4	0.25	100.0	0.5	50.0	0.25	73.6
百泉河	93.6	0.25	100.0	0.5	70.0	0.25	90.9
淇河	58.0	0.25	100.0	0.5	85.0	0.25	85.8
安阳河	55.0	0.25	100.0	0.5	40.0	0.25	73.7
合河闸—淇门	44.2	0.25	99.3	0.5	85.0	0.25	81.9
淇门—元村	46.0	0.25	100.0	0.5	30.0	0.25	69.0
元村—徐万仓	43.1	0.25	100.0	0.5	80.0	0.25	80.8

5.5.2　河流连通阻隔状况

　　结合两次实地调查和 Google Earth 影像数据，对卫河流域主要河流的闸坝情况进行调查，结果见图 5.18 和表 5.20，根据河流连通阻隔赋分表进行评估。

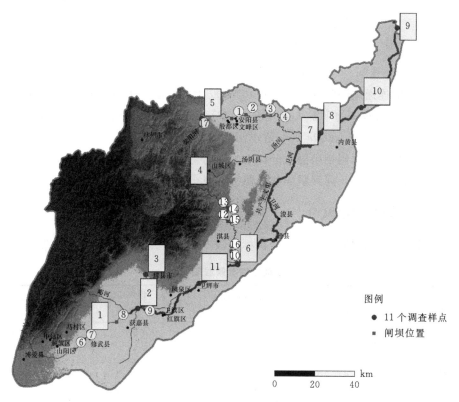

图 5.18　卫河流域闸坝位置分布

　　结果显示，卫河流域共有闸坝数量 17 个，其中安阳河 6 个、卫河 2 个、大沙河 3 个、淇河 6 个。

表 5.20 卫 河 流 域 闸 坝 信 息

编号	河流	名称	编号	河流	名称
1	安阳河	安阳河闸 01	10	卫河	淇门
2	安阳河	安阳河闸 02	11	淇河	淇河闸 01
3	安阳河	安阳河闸 03	12	淇河	淇河闸 02
4	安阳河	安阳河闸 04	13	淇河	淇河闸 03
5	安阳河	安阳河闸 05	14	淇河	淇河闸 04
6	大沙河	大沙河闸 01	15	淇河	淇河闸 05
7	大沙河	大沙河闸 02	16	淇河	淇河闸 06
8	大沙河	大沙河闸 03	17	安阳河	彰武水库
9	卫河	合河闸			

由于卫河流域闸坝作用主要为拦蓄水体，且无鱼道，众多的闸坝导致河流上、下游连通不畅，对下游阻隔严重，且无鱼道，鱼类正常的洄游、产卵被干扰，农业灌溉也常导致卫河平原河段断流或干涸，无法保证下游生态环境用水。

综上，河流连通阻隔计算公式为

$$RC_r = 100 + \min\left[(DAM_r)_i, (DAM_r)_j\right]$$
$$= 100 + (-100)$$
$$= 0$$

式中：RC_r 为河流连通阻隔状况赋分；$(DAM_r)_i$ 为评估断面下游河段大坝阻隔赋分（$i = 1, 2, \cdots, NDam$），$NDam$ 为下游大坝座数；$(DAM_r)_j$ 为评估断面下游河段水闸阻隔赋分（$j = 1, 2, \cdots, NGate$），$NGate$ 为下游水闸座数。

根据调查结果，依据闸坝阻隔赋分标准，赋分为 −100 分，众多闸坝对河流造成的阻隔较严重，河流连通性差，河流阻隔状况赋分为 0 分。

5.5.3 物理结构准则层赋分

卫河物理结构准则层赋分包括两个指标（表 5.21），其赋分采用下式计算，即

表 5.21 物理结构准则层赋分

监测点位	河岸带状况赋分	权重	河流阻隔状态赋分	权重	物理结构赋分	代表河长/km	河流赋分
大沙河	65.1	0.6	0	0.4	39.1	94.0	
峪河	73.6	0.6	0	0.4	44.2	83.2	
百泉河	90.9	0.6	0	0.4	54.5	17.0	
淇河	85.8	0.6	0	0.4	51.5	172.0	
安阳河	73.7	0.6	0	0.4	44.2	145.0	45.7
合河闸—淇门	81.9	0.6	0	0.4	49.2	70.7	
淇门—元村	69.0	0.6	0	0.4	41.4	139.3	
元村—徐万仓	80.8	0.6	0	0.4	48.5	62.0	

$$PR_r = RS_r \cdot RS_w + RC_r \cdot RC_w$$

式中：PR_r 为物理结构准则层赋分；RS_r 和 RS_w 分别为河岸带状况的赋分和权重；RC_r 和 RC_w 分别为河流连通阻隔状况的赋分和权重。

根据各个监测点位长度计算，物理结构准则层的得分为 45.7 分，处于亚健康状态。

5.6 水质准则层

5.6.1 溶解氧

各监测样点溶解氧结果见表 5.22，除大沙河、淇河及卫河下游 3 个点位赋分稍低外，其他样点均达到 100 分，大沙河样点赋分最低。

表 5.22 卫河流域 DO 水质状况

监测点位	溶解氧/(mg/L)	赋分	监测点位	溶解氧/(mg/L)	赋分
大沙河	3.52	37.8	安阳河	9.16	100.0
峪河	9.04	100.0	合河闸—淇门	6.85	91.3
百泉河	8.37	100.0	淇门—元村	5.75	75.0
淇河	5.39	67.8	元村—徐万仓	6.12	81.6

5.6.2 耗氧污染状况

1. 第一次调查及评估结果

根据本次监测结果，卫河干流耗氧污染物浓度较高，且下游污染较为严重，淇门—元村污染最为严重；上游淇河水库、安阳河、峪河 3 个断面水质状况较好；上游百泉河、大沙河、淇河 3 个断面水质状况稍好。具体评分结果见表 5.23。

表 5.23 卫河流域耗氧污染物评分结果

断面名称	高锰酸盐指数赋分	化学需氧量赋分	氨氮赋分	耗氧污染物赋分
大沙河	75	40.8	100	71.9
峪河	100	100	100	100.0
百泉河	83	37.2	76	65.4
淇河	100	88	100	96.0
安阳河	97	100	100	99.0
合河闸—淇门	42.6	12.6	0	18.4
淇门—元村	6.6	0	0	2.2
元村—徐万仓	48	21.9	89	53.0

2. 第二次调查及评估结果

根据本次检测结果，总体上，9 月有机污染状况比 5 月污染轻，高锰酸盐指数和化学需氧量均在 Ⅲ 类水以上；对于氨氮，大沙河氨氮含量为 1.92mg/L，为 Ⅴ 类水，峪河氨氮

105

含量为 4.08mg/L，为劣 Ⅴ 类水，污染状况最为严重。具体评分结果见表 5.24。

表 5.24　　　　　　　　第二次调查耗氧污染物评分结果

断面名称	高锰酸盐指数赋分	化学需氧量赋分	氨氮赋分	耗氧污染物赋分
大沙河	77.0	100	14.8	63.9
峪河	68.0	92.8	73.6	78.1
百泉河	83.0	100	96	93.0
淇河	100.0	100	100	100.0
安阳河	98.0	100	100	99.3
合河闸—淇门	71.0	100	67.2	79.4
淇门—元村	62.0	100	100	87.3
元村—徐万仓	83.0	100	100	94.3

3. 河段综合评估赋分

根据两次检测结果对河段进行综合评估，健康得分从大到小依次为安阳河、淇河、峪河、百泉河、大沙河、卫河，表明卫河干流水质状况较差。具体评估见表 5.25。

表 5.25　　　　　　　　卫河流域分段耗氧污染状况评估

监测点位	汛期赋分	非汛期赋分	赋　分
大沙河	71.9	63.9	63.9
峪河	100.0	78.1	78.1
百泉河	65.4	93.0	65.4
淇河	96.0	100.0	96.0
安阳河	99.0	99.3	99.0
合河闸—淇门	18.4	79.4	18.4
淇门—元村	2.2	87.3	2.2
元村—徐万仓	53.0	94.3	53.0

5.6.3　重金属污染状况

1. 第一次调查及评估结果

根据 9 个断面水体重金属调查结果，重金属污染浓度均属于 Ⅰ 类水，因此 2016 年 5 月卫河流域水体不存在重金属污染，具体见表 5.26。

表 5.26　　　　　　　　卫河流域水体重金属浓度分布

断面名称	砷/(mg/L)	汞/(mg/L)	铬（6价）/(mg/L)	赋分
大沙河	0.0004	0.00002	<0.004	100
峪河	0.0004	0.00026	<0.004	100
百泉河	0.0003	0.00001	<0.004	100
淇河	0.0003	0.00001	<0.004	100

断面名称	砷/(mg/L)	汞/(mg/L)	铬（6价）/(mg/L)	赋分
安阳河	0.0004	0.00001	<0.004	100
合河闸—淇门	0.0005	0.00001	0.008	100
淇门—元村	0.0006	0.00001	0.012	100
元村—徐万仓	0.0007	0.00001	0.006	100

2. 第二次调查及评估结果

根据11个断面水体重金属调查结果，重金属污染浓度均属于Ⅰ类水，因此2016年9月卫河流域水体不存在重金属污染，具体见表5.27。

表5.27　　　　　　　　　　　　卫河流域水体重金属浓度分布

断面名称	砷/(mg/L)	镉/(mg/L)	铬（6价）/(mg/L)	铅/(mg/L)	赋分
大沙河	0.0007	0.00015	0.006	<0.0005	100
峪河	0.0004	0.0001	0.007	<0.0005	100
百泉河	0.0014	<0.00005	<0.004	<0.0005	100
淇河	0.0004	<0.00005	<0.004	<0.0005	100
安阳河	0.0027	<0.00005	<0.004	<0.0005	100
合河闸—淇门	0.0005	0.00012	0.007	<0.0005	100
淇门—元村	0.0006	0.00015	0.006	<0.0005	100
元村—徐万仓	0.0005	0.0002	<0.004	<0.0005	100

3. 河段综合评估

根据两次检测结果，对分河段重金属污染状况进行评估。结果表明，卫河流域河道内不存在重金属污染，得分值为100分，具体见表5.28。

表5.28　　　　　　　　　　　　卫河流域分段重金属污染状况评估

监测点位	汛期赋分	非汛期赋分	赋　　分
大沙河	100	100	100
峪河	100	100	100
百泉河	100	100	100
淇河	100	100	100
安阳河	100	100	100
合河闸—淇门	100	100	100
淇门—元村	100	100	100
元村—徐万仓	100	100	100

5.6.4　水质准则层赋分

水质准则层包括3项赋分指标，根据相关规定采用下式计算，以3个评估指标中最小分值作为水质准则层赋分，根据监测点位代表河长长度，计算河流水质准则层赋分值，计算结果见表5.29。

$$WQ_r = \min(DO_r, OCP_r, HMP_r)$$

表5.29　　　　　　　　　　　　　水质准则层赋分

监测点位	DO	OCP	HMP	准则层赋分	代表河长/km	河流赋分
大沙河	37.8	63.9	100.0	37.8	94.0	
峪河	100.0	78.1	100.0	78.1	83.2	
百泉河	100.0	65.4	100.0	65.4	17.0	
淇河	67.8	96.0	100.0	67.8	172.0	
安阳河	100.0	99.0	100.0	99.0	145.0	53.7
合河闸—淇门	91.3	18.4	100.0	18.4	70.7	
淇门—元村	75.0	2.2	100.0	2.2	139.3	
元村—徐万仓	81.6	53.0	100.0	53.0	62.0	

从表5.29可以看出，卫河水质准则层赋分为53.7分，分值稍低，为亚健康状态。

5.7　生物准则层

5.7.1　浮游植物数量

1. 第一次调查及评估结果

5月调查结果表明，浮游植物共包括5门43种，各样点间存在一定差异，其中，百泉河16种、大沙河13种、淇河8种、安阳河11种、峪河14种、合河闸—淇门10种、淇门—元村11种、元村—徐万仓11种。主要优势种均为蓝藻门，见表5.30。

表5.30　　　　　　　　　　　浮游植物物种相对丰度　　　　　　　　　　　%

监测点位	蓝藻门	硅藻门	绿藻门	裸藻门	金藻门	甲藻门
大沙河	94.49	0.52	4.46	0.52	0	0
峪河	97.79	0.61	1.37	0.22	0	0
百泉河	85.59	0.69	13.72	0	0	0
淇河	78.22	0	20.79	0	0.33	0.66
安阳河	93.29	1.17	5.54	0	0	0
合河闸—淇门	97.18	0.22	2.57	0.03	0	0
淇门—元村	83.33	1.43	15.02	0.21	0	0
元村—徐万仓	75.07	1.48	21.86	1.59	0	0

合河闸—淇门、百泉河、峪河、大沙河、淇河、安阳河、淇门—元村、元村—徐万仓总生物量分别为0.8852mg/L、0.9396mg/L、0.5902mg/L、5.0175mg/L、2.7503mg/L、5.4984mg/L，各样点中裸藻门生物量占比例最大，各样点浮游生物量百分比见表5.31。

表 5.31			浮游植物生物量相对丰度			%
监测点位	蓝藻门	硅藻门	绿藻门	裸藻门	金藻门	甲藻门
大沙河	13.33	8.89	62.96	14.81	0	0
峪河	27.72	20.65	38.95	12.68	0	0
百泉河	5.56	5.35	89.10	0	0	0
淇河	2.76	0	73.28	0	0.70	23.26
安阳河	11.85	17.78	70.37	0	0	0
合河闸—淇门	25.14	6.81	66.54	1.51	0	0
淇门—元村	4.63	9.54	83.45	2.38	0	0
元村—徐万仓	2.72	6.44	79.31	11.53	0	0

由于卫河流域采样断面流速缓慢，有些断面几乎为静水水体，因此采用浮游植物密度指标对河流水体及生态状况进行评价，浮游植物及评分标准来自《湖泊健康评估指标、标准与方法》。

根据浮游植物密度检测结果，卫河流域各代表性断面，浮游植物密度均较高，其中以淇门—孟庄村和南洋坞村密度最高，得分最低。

评估结果表明，总体上各样点得分较低，从大到小依次为淇河＞安阳河＞大沙河＞淇门—元村＞元村—徐万仓＞百泉河＞峪河＞合河闸—淇门，见表5.32。

表 5.32		卫河流域浮游植物密度赋分			
监测点位	密度/(万个/L)	赋分	监测点位	密度/(万个/L)	赋分
大沙河	250	56.6	安阳河	150	67.5
峪河	684	36.3	合河闸—淇门	1496	23.4
百泉河	478	41.4	淇门—元村	306	52.8
淇河	66	79.0	元村—徐万仓	399	46.6

2. 第二次调查及评估结果

9月调查结果表明，浮游植物共包括8门73种。其中，百泉河17种、大沙河17种、淇河13种、安阳河11种、峪河21种、合河闸—淇门16种、淇门—元村9种、元村—徐万仓17种。各样点相对丰度值详见表5.33，表明各样点主要以蓝藻门和硅藻门为主。

表 5.33			卫河流域浮游植物相对丰度				%
监测点位	蓝藻门	硅藻门	裸藻门	隐藻门	绿藻门	甲藻门	金藻门	黄藻门
大沙河	14.53	77.93	0.66	2.64	4.23	0.01	0	0
峪河	48.82	30.51	3.39	0	16.97	0.27	0.03	0
百泉河	87.32	10.91	0	0.14	1.41	0.22	0	0
淇河	0.49	92.19	0	0.10	5.24	1.98	0	0
安阳河	83.52	9.50	0.84	0	6.15	0	0	0
合河闸—淇门	38.02	25.84	0.51	1.54	32.80	1.03	0.01	0.26
淇门—元村	38.02	25.84	0.51	1.54	32.80	1.03	0.01	0.26
元村—徐万仓	5.56	74.07	3.70	0	16.67	0	0	0

9月浮游植物各样点健康得分状况见表5.34。其中，百泉河由于浮游植物密度过高，得分为0分；淇河浮游植物密度较小，得分最高，为74.7分；其余样点得分较为接近。

表5.34 卫河流域浮游植物密度

监测点位	密度/(万个/L)	赋分	监测点位	密度/(万个/L)	赋分
大沙河	303	53.1	安阳河	716	35.7
峪河	295	53.7	合河闸—淇门	1158	27.9
百泉河	8344	0	淇门—元村	982	30.4
淇河	102	74.7	元村—徐万仓	466	42.3

3. 河段综合评估

综合两次调查结果，对于浮游植物健康得分，得分最高的是淇河盘石头水库，其次是卫河3（元村站—班庄），其余河段得分均在60分以下，百泉河—百泉湖样点得分最低，仅为20.7分。卫河流域河段浮游植物综合评估见表5.35。

表5.35 卫河流域河段浮游植物综合评估

监测点位	非汛期赋分	汛期赋分	总赋分
大沙河	56.6	53.1	53.1
峪河	36.3	53.7	36.3
百泉河	41.4	0	0
淇河	79.0	74.7	74.7
安阳河	67.5	35.7	35.7
合河闸—淇门	23.4	27.9	23.4
淇门—元村	52.8	30.4	30.4
元村—徐万仓	46.6	42.3	42.3

浮游植物的密度可以直接指示水环境中的富营养化程度，由于河流水体具有相当强的流动性，其浮游植物的密度通常很低，因此按照全国重要河湖健康评估要求，浮游植物的密度通常仅在湖泊评估中使用。但考虑到卫河流域水利工程密度较高，河流自然水体的流动性相对较差，因此也采用浮游植物密度进行河流健康评估。

结果表明，按照《中国湖泊环境》调查数据和相关文献调查数据，通常认为40万个/L的水体较为健康，一般要求水体中浮游植物的密度不超过200万个/L。本次评估结果显示，多数河流中的浮游植物密度超过这一数量级，两次调查的评估综合得分仅淇河浮游植物密度相对最低，得分达到76.9分，百泉河的浮游植物密度最高，得分仅为20.7分。

5.7.2 浮游动物生物评价指数

1. 第一次调查及评估结果

根据浮游动物鉴定结果，各代表性断面浮游动物组成及密度差别较大，百泉河、淇河和安阳河3个断面未检测出浮游动物活体。浮游动物密度最高值出现在元村—徐万仓，其次为峪河，其余河段密度均在100个/L以下，见表5.36。

表 5.36 卫河流域浮游动物密度

监测点位	轮虫/(个/L)	桡足类/(个/L)	枝角类/(个/L)	小计/(个/L)
大沙河	0	0	2	2
峪河	0	5	417	422
百泉河	0	0	0	0
淇河	0	0	0	0
安阳河	0	0	0	0
合河闸—淇门	3	0	2	5
淇门—元村	23	23	51	96
元村—徐万仓	36	57	453	546

浮游动物生物量以元村—徐万仓和峪河最高；其次为淇门—元村，各河段中生物量最高的均为枝角类，见表 5.37。

表 5.37 卫河流域浮游动物生物量

监测点位	轮虫/(mg/L)	桡足类/(mg/L)	枝角类/(mg/L)	小计/(mg/L)
大沙河	0	0	0.050	0.050
峪河	0	0.135	13.761	13.896
百泉河	0	0	0	0
淇河	0	0	0	0
安阳河	0	0	0	0
合河闸—淇门	0.001	0	0.050	0.051
淇门—元村	0.009	0.675	1.683	2.367
元村—徐万仓	0.014	1.710	14.949	16.673

根据多样性及评分结果，百泉河、淇河、安阳河 3 个样点多样性值及赋分值均为 0，除大沙河外，其余样点赋分值均在 40 分以下，表明多样性处于较低水平，见表 5.38。

表 5.38 卫河流域浮游动物生物多样性及赋分

监测点位	Margalef 多样性指数	赋分
大沙河	1.82	45.5
峪河	0.17	4.25
百泉河	0	0
淇河	0	0
安阳河	0	0
合河闸—淇门	1.33	33.25
淇门—元村	1.10	27.5
元村—徐万仓	1.27	31.75

2. 第二次调查及评估结果

根据 9 月检测结果，卫河—合河闸不存在浮游动物活体，其他样点浮游动物密度存在较大差异。卫河—元村密度最高，为2679个/L，其次为合河闸—淇门和元村—徐万仓，其余河段密度均在200个/L以下，见表5.39。

表5.39 卫河流域浮游动物密度

监测点位	轮虫/(个/L)	桡足类/(个/L)	枝角类/(个/L)	小计/(个/L)
大沙河	2	5	17	24
峪河	0	0	0	0
百泉河	43	0	9	52
淇河	25	47	3	75
安阳河	3	2	0	5
合河闸—淇门	752	9	0	761
淇门—元村	2670	6	3	2679
元村—徐万仓	200	5	1	206

9月，卫河—合河闸未检测出浮游动物活体，浮游动物密度最高的是百泉河；其次为淇河、卫河—元村最低。卫河流域浮游动物生物量见表5.40。

表5.40 卫河流域浮游动物生物量

监测点位	轮虫/(mg/L)	桡足类/(mg/L)	枝角类/(mg/L)	小计/(mg/L)
大沙河	0.001	0.150	0.561	0.712
峪河	0	0	0	0
百泉河	0.017	0	0.297	0.314
淇河	0.010	1.410	0.099	1.519
安阳河	0.001	0.060	0	0.061
合河闸—淇门	0.301	0.270	0	0.571
淇门—元村	1.068	0.180	0.099	1.347
元村—徐万仓	0.080	0.150	0.033	0.263

对9月浮游动物Margalef多样性指数进行计算，结果表明，Margalef多样性指数最高值及健康得分最高分为62.25分，其余样点均在30分以下，见表5.41。

表5.41 卫河流域浮游动物生物多样性

监测点位	Margalef多样性指数	赋 分
大沙河	0.63	15.75
峪河	0	0
百泉河	0.76	19
淇河	0.93	23.25
安阳河	2.49	62.25
合河闸—淇门	0.90	22.5
淇门—元村	0.51	12.75
元村—徐万仓	0.75	18.75

3. 河段综合评估

综合两次调查结果，得分最高的是卫河（合河闸—淇门），为 22.5 分，其次为卫河（元村—徐万仓）18.8 分，再次为大沙河 15.8 分，最低值为峪河、百泉河、淇河、安阳河，为 0 分，见表 5.42。

表 5.42 卫河流域河段浮游动物综合评估

监测点位	非汛期赋分	汛期赋分	总赋分
大沙河	45.5	15.8	15.8
峪河	4.3	0	0
百泉河	0	19.0	0
淇河	0	23.3	0
安阳河	0	62.3	0
合河闸—淇门	33.3	22.5	22.5
淇门—元村	27.5	12.8	12.8
元村—徐万仓	31.8	18.8	18.8

浮游动物的密度在自然河流中也非常低，尤其是河流源头区，由于水流速度较快，浮游植物密度很低，作为主要捕食者的浮游动物既缺乏适宜的生活环境，也缺乏可靠的食物来源，因此按照全国重要河湖健康评估的要求，浮游动物的密度通常仅在湖泊评估中使用。但考虑到卫河流域水利工程密度较高，河流自然水体的流动性相对较差，且浮游植物的密度通常较高，为浮游动物的栖息提供了适宜的环境，因此也采用浮游动物进行河流健康评估。但由于卫河缺乏 20 世纪 80 年代以前的调查数据积累，因此本次研究采用浮游动物的生物多样性指数（Magarlef 多样性指数）进行评价。

根据张明凤在福州内河浮游动物的研究成果，本次评估选用该研究作为主要评估依据。结果表明，绝大多数的评估样点得分均非常低，这与各评估点的浮游动物种类数较低直接相关。卫河流域的调查显示，多数河流中的浮游动物多为轮虫中的耐污类群，枝角类和桡足类的物种相对较少，密度也相对较低。

5.7.3 大型无脊椎动物生物评价指数

1. 第一次调查及评估结果

5 月调查结果表明，卫河流域共发现底栖动物 21 种。各样点丰度，百泉河 4 种、大沙河 11 种、淇河 5 种、安阳河 9 种、峪河 5 种、合河闸—淇门 2 种、淇门—元村 5 种、元村—徐万仓 6 种。各样点优势类群为颤蚓科和摇蚊科，除中华米虾、椭圆萝卜螺、凸旋螺、朝大蚊、纹沼螺为中度耐污种外，其余的种类均为重度耐污种，表明卫河流域河道内底栖动物类群以耐污类群为主。对于颤蚓科相对丰富度，百泉河、大沙河、淇河、安阳河、峪河、合河闸—淇门、淇门—元村、元村—徐万仓分别为 100.0%、0、0、43.8%、29.4%、1.1%、79.2%、9.1%。对于摇蚊科相对丰富度，百泉河、大沙河、淇河、安阳河、峪河、合河闸—淇门、淇门—元村、元村—徐万仓分别为 0、100.0%、97.6%、23.5%、47.0%、97.3%、20.8%、79.0%。

表 5.43 卫河流域底栖动物相对丰度 %

种类	大沙河	峪河	百泉河	淇河	安阳河	合河闸—淇门	淇门—元村	元村—徐万仓
苏氏尾鳃蚓	9.30	0	0	0	25.00	2.20	22.80	9.10
霍甫水丝蚓	34.50	0	0	29.40	8.30	97.80	56.40	0
扁蛭	1.80	0	0	0	0	0	0	0
中华米虾	1.30	0	0	0	12.50	0	0	0
椭圆萝卜螺	0.80	0	0	23.60	0	0	0	2.60
凸旋螺	1.80	0	0	0	0	0	0	0
铜锈环棱螺	0	0	0	0	12.50	0	0	0
纹沼螺	0	0	0	0	0	0	0	9.20
刺铗长足摇蚊	0	0	81.80	0	0	0	0	37.00
花翅前突摇蚊	0	0	9.10	0	0	0	0	0
林间环足摇蚊	2.70	5.80	6.10	29.40	8.30	0	3.90	9.20
德永雕翅摇蚊	3.10	0	0	0	0	0	0	0
中华摇蚊	15.90	91.80	0	5.90	0	0	12.40	32.80
平铗枝角摇蚊	0	0	0	0	4.20	0	0	0
云集多足摇蚊	0	0	3.00	11.80	12.50	0	4.60	0
台湾长跗摇蚊	1.80	0	0	0	0	0	0	0
蝎蝽	0	1.60	0	0	0	0	0	0
赤卒	0	0	0	0	8.30	0	0	0
亚洲瘦螅	27.00	0	0	0	8.30	0	0	0
豉甲	0	0.40	0	0	0	0	0	0
朝大蚊	0	0.40	0	0	0	0	0	0

采用 BMWP 指数对卫河流域大型底栖动物进行评价，结果表明，大沙河 BMWP 分数为最高分，即 24 分，其余断面均在 18 分以下，见表 5.44。

表 5.44 卫河流域代表性断面大型底栖动物 BMWP 评分

监测点位	敏感值得分总和	监测点位	敏感值得分总和
大沙河	24	安阳河	17
峪河	9	合河闸—淇门	2
百泉河	8	淇门—元村	8
淇河	10	元村—徐万仓	13

由于 BMWP 反映的是水质污染程度，有研究将 BMWP 分数与水质类别相对应，以Ⅲ类水作为 60 分标准，结合相关研究结果，采用相关评价标准进行健康评价。

评价结果表明，只有大沙河达到了 60 分，其余断面均在 60 分以下，见表 5.45。

2. 第二次调查及评估结果

9 月调查结果表明，卫河流域共发现底栖动物 20 种（表 5.46）。其中，百泉河 1 种、大沙河 2 种、淇河 5 种、安阳河 1 种、峪河 5 种、合河闸—淇门 2 种、淇门—元村 4 种、

表 5.45 卫河流域代表性断面大型底栖动物 *BMWP* 评分

监测点位	敏感值得分总和	赋分	监测点位	敏感值得分总和	赋分
大沙河	24	60.00	安阳河	17	45.00
峪河	9	30.00	合河闸—淇门	2	6.67
百泉河	8	26.67	淇门—元村	8	26.67
淇河	10	30.00	元村—徐万仓	13	36.43

元村—徐万仓 11 种。从表 5.46 可以看出，除了百泉河样点全部为秀丽白虾外，9 月主要类群依然为颤蚓科和摇蚊科，以耐污类群为主。对于颤蚓科相对丰度，大沙河为 3.8%、峪河为 2.9%、合河闸—淇门为 100.0%、元村—徐万仓为 22.2%、淇门—元村为 0。对于摇蚊科丰富度，大沙河为 96.2%、淇河为 50.0%、峪河为 76.4%、淇门—元村为 90.1%、元村—徐万仓为 33.3%。

表 5.46 卫河流域底栖动物相对丰度 %

种类	大沙河	峪河	百泉河	淇河	安阳河	合河闸—淇门	淇门—元村	元村—徐万仓
霍甫水丝蚓	3.80	2.90	0	0	0	95.60	0	0
苏氏尾鳃蚓	0	0	0	0	0	4.40	0	22.20
水蛭	0	17.60	0	0	0	0	8.10	2.80
铜锈环棱螺	0	0	0	0	100.00	0	0	27.80
纹沼螺	0	2.90	0	0	0	0	0	0
中华小长臂虾	0	0	0	12.50	0	0	0	0
细足米虾	0	0	0	0	0	0	0	2.80
秀丽白虾	0	0	100.00	0	0	0	0	0
钩虾	0	0	0	25.00	0	0	0	0
林间环足摇蚊	0	0	0	0	0	0	0	5.60
中华摇蚊	96.20	73.50	0	25.00	0	0	84.70	11.10
云集多足摇蚊	0	2.90	0	0	0	0	5.40	11.10
台湾长跗摇蚊	0	0	0	25.00	0	0	0	5.60
四节蜉科	0	0	0	12.50	0	0	0	0
混合蜓	0	0	0	0	0	0	0.90	0
赤足	0	0	0	0	0	0	0	0
蓝纹蟌	0	0	0	0	0	0	0	2.80
纹石蛾	0	0	0	0	0	0	0.90	0
小划蝽	0	0	0	0	0	0	0	2.80
朝大蚊	0	0	0	0	0	0	0	5.60

根据 *BMWP* 评分方法对各样点底栖动物敏感值进行统计，结果见表 5.47，根据 *BMWP* 评分标准进行评分，表明合河闸—淇门得分最低，仅为 5.33 分，元村—徐万仓得分最高为，64.96 分，总体上大型底栖动物得分值偏低。具体见表 5.47。

表 5.47　　　　　　　　　卫河流域代表性断面大型底栖动物 BMWP 评分

监测点位	敏感值得分总和	赋分	监测点位	敏感值得分总和	赋分
大沙河	4.1	13.67	安阳河	6.3	21.00
峪河	12.1	34.50	合河闸—淇门	1.6	5.33
百泉河	4.0	13.33	淇门—元村	18.1	47.36
淇河	15.6	42.00	元村—徐万仓	31.2	64.96

3. 河段综合评估

综合两次评估结果，卫河流域大型底栖动物得分值最高的为卫河 3（元村站—班庄），其余河段得分均在 40 分以下，其中，卫河 1（合河闸—淇门站）和百泉河得分值最低。具体见表 5.48。

表 5.48　　　　　　　　　卫河流域河段底栖动物综合评估

监测点位	非汛期赋分	汛期赋分	总赋分
大沙河	60.0	13.7	13.7
峪河	30.0	34.5	30.0
百泉河	26.7	13.3	13.3
淇河	30.0	42.0	30.0
安阳河	45.0	21.0	21.0
合河闸—淇门	6.7	5.3	5.3
淇门—元村	26.7	47.4	26.7
元村—徐万仓	36.4	65.0	36.4

大型底栖动物是河流中最重要的次级消费者，并为河流中的鱼类提供重要的食物来源。按照全国重要河湖健康评估的要求，大型底栖动物的评价主要采用美国 EPA 的生物完整性方法进行评估。该方法体系必须选择未受到人为干扰活动影响的若干样点作为"参照点位"进行评价指标体系的构建，但由于卫河流域人为活动历史时间较长，绝大多数样点和监测区域无法满足"未受到人为活动影响"的条件，因此从评价指标的合理性考虑，选择生物监测工作组指数（BMWP）进行卫河河湖健康评估。该指数主要考虑河流中大型底栖动物对污染的敏感—耐污特性进行打分，指标相对简单，课题组前期的研究中已经对其评估标准进行过研究，是较适宜管理部门在未来的工作中利用水生生物进行河湖健康管理的指数。

根据已有对 BWMP 指数的研究成果，以及渠晓东等的《北京缺水型城市河流水生生物监测与健康评估指标筛选》研究成果，制定了适宜卫河流域健康评估的 BMWP 指数标准。评估结果表明，绝大多数样点的大型底栖动物群落以耐污种为主，尽管底栖动物的密度较高，但其 BMWP 得分值较低。所有样点得分较低，表明卫河流域大型底栖动物群落退化状况较为明显，自然河流中的底栖动物类群均被耐污种替代，而由于河道内缺乏适宜底栖动物的栖息环境，底栖动物类群以适宜沉积型泥沙的类群（如寡毛类、摇蚊）以及适宜人工河道硬质护岸的螺类为主，其他水生昆虫的数量极低。

5.7.4 鱼类生物损失指数

鱼类损失度指数计算主要考虑两项参数，即历史鱼类种类数和实测鱼类种类数。本次评估中，历史鱼类物种数参考相关文献。

1. 历史鱼类名录

卫河流域面积的 88.1% 分布在河南省，历史鱼类名录主要根据河南省的文献记载结果。卫河水系（河南省域）的鱼类区系组成属于华东区（或江河平原区）河海（平原）亚区，根据河南省水产科学研究院在 1982—1983 年以及 2007—2008 年的调查结果，卫河水系（河南省域）鱼类共 73 种，分别隶属于 8 目 21 科 53 属，见表 5.49。

（1）目级水平。卫河水系（河南省域）鱼类隶属 8 目（鲟形目（*Acipenseriformes*）、鲑形目（*Simoniflrmes*）、鳗鲡目（*Anguillliformes*）、鲤形目（*Cypriniformes*）、脂鲤目（*Characiformes*）、鲇形目（*Siluriformes*）、合鳃鱼目（*Synbranchiformes*）、鲈形目（*Perciformes*）。按所含科的绝对数目排序，鲈形目有 7 科，为第一大目，鲑形目、鲤形目、鲇形目均有 3 科，并列居其次。

（2）科级水平。从科级水平上分析，卫河水系（河南省域）鱼类隶属于 21 科，按传统的科所含种的绝对数量进行排序，最大的科为鲤科（*Cyprinidae*）（28 属 41 种），其物种数量占卫河水系（河南省域）鱼类总种类的 56.2%。其次是鲿科（*Bagridae*）（2 属 5 种），占卫河水系（河南省域）鱼类总种类的 6.8%；鮨科（*Serranidae*）有 1 属 3 种，占鱼类总种类的 4.1%；鲟科（*Acipensridae*）、银鱼科（*Salangidae*）、鳅科（*Cobitidae*）、叉尾鮰科（*Ictaluridae*）、鲇科（*Siluridae*）、鰕虎鱼科（*Gobiidae*）均有 2 种鱼类占鱼类总种类的 16.4%，其余 12 科以单种形式存在，占卫河水系（河南省域）鱼类总种类的 16.4%。

（3）属级水平。卫河水系（河南省域）鱼类有 53 属，按所含种的绝对数目进行排序分析，其中最大的属为鲫属（*Carassius*），有 4 个种和亚种或品种，占卫河水系（河南省域）鱼类总种类的 5.5%。银鮈属（*Squalidus*）、鲤属（*Cyprinus*）、拟鲿属（*Pseudobagrus*）、鳜属（*Siniperca*）各有 3 种鱼类，占卫河水系（河南省域）鱼类总种类的 16.4%。有 2 种鱼类的属，为鲟属（*Acipenser*）、鱼属（*Hemiculter*）、鲂属（*Megalobrama*）、鳑鲏属（*Rhodeus*）、鱊属（*Acheilognathus*）、骨属（*Hemibarbus*）、颌须鮈（*Gnathopogon*）、叉尾鮰属（*Ictalurus*）、黄颡鱼属（*Pelteobagrus*）、栉鰕虎鱼属（*Ctenogobius*），占卫河水系（河南省域）鱼类总种类的 27.4%。其余 37 属均只有 1 种，占卫河水系（河南省域）鱼类总种类的 50.7%。

2. 实地调查结果

采用网补法和市场调查法，2016 年 9 月由海河流域水环境监测中心对卫河鱼类进行调查，共采集到 11 种鱼类，具体见表 5.50。调查到的鱼类见图 5.19。

鱼类是河湖水系中最重要的捕食者，是体现河湖生态系统健康状况的重要指示物种。但通过本次调查发现，在评价区域内仅发现 11 种鱼类，种数明显偏少。与历史上该地区记录的物种数差距较大。鱼类物种多样性较低的原因主要与评价区域内生境较为单一、生境多样性较低有直接关系。另外，还与评价区域内人类活动干扰大、水环境污染状况和捕捞压力较强也有很大关系。

表 5.49　　　　　　　　　　　　　　卫河水系（河南省域）鱼类明录

种　类	种　类
鲟形目 　鲟科 　　■西伯利亚鲟 　　■中华鲟 　匙吻鲟科 　　■匙吻鲟 鲑形目 　胡瓜鱼科 　　♯池沼公鱼 　银鱼科 　　♯太湖新银鱼 　　♯大银鱼 　鲑科 　　■虹鳟 鳗鲡目 　鳗鲡科 　　鳗鲡 鲤形目 　胭脂鱼科 　　♯美国大口胭脂鱼 　鲤科 　鱼丹亚科 　　宽鳍鱲 　　马口鱼 　雅罗鱼亚科 　　■青鱼 　　草鱼 　　洛氏鱥＝山西鱥＝长江鱥 　　赤眼鳟 　　鳡 　鲌亚科 　　鳘 　　油鳘 　　团头鲂 　　※鲂 　鲴亚科 　　银鲴 　　似鳊＝逆鱼 　鳈鲅亚科 　　中华鳑鲏 　　高体鳑鲏 　　兴凯鱊 　　※白河鱊 　　※彩副鱊 　鲃亚科 　　※多鳞铲颌鱼 　鮈亚科 　　唇鮹 　　花鮹 　　麦穗鱼 　　黑鳍鳈 　　似铜鮈 　　※东北颌须鮈 　　多纹颌须鮈 　　银鮈＝银色颌须鮈 　　中间银鮈＝中间颌须鮈 　　点纹银鮈＝点纹颌须鮈 　　棒花鱼 　　似鮈＝长吻似鮈 　　蛇鮈	鲤亚科 　　鲤 　　黄河鲤 　　■建鲤 　　鲫 　　♯彭泽鲫 　　♯银鲫 　　淇河鲫 　鲢亚科 　　鳙 　　鲢 　鳅科 　沙鳅亚科 　　花斑副沙鳅＝花斑沙鳅 　花鳅亚科 　　泥鳅 脂鲤目 　脂鲤科 　　♯短盖巨脂鲤 鲇形目 　叉尾鮰科 　　♯沟鲶 　　♯褐首鲶 　鲇科 　　■革胡子鲶 　　鲇 　鲿科 　　黄颡鱼 　　※长须黄颡鱼 　　※条纹拟鲿 　　乌苏拟鲿＝乌苏鲿 　　※长脂拟鲿 合鳃鱼目 　合鳃鱼科 　　黄鳝 鲈形目 　鲈亚目 　　鲈总科 　　鮨科 　　　鳜 　　　大眼鳜 　　　斑鳜＝石鳜 丽鱼科 　♯尼罗罗非鱼 塘鳢科 　黄黝 　鰕虎鱼亚目 　　鰕虎鱼科 　　鰕虎鱼亚科 　　　子陵栉鰕虎鱼 　　　波氏栉鰕虎鱼＝克氏鰕虎鱼 攀鲈亚目 　斗鱼科 　　圆尾斗鱼 　鳢科 　　乌鳢 　刺鳅科 　　刺鳅

注　♯—从其他省份或国外引进的已安家落户种类；■—流域外引进的养殖种类；※—调查新补充种类。

118

表 5.50 卫河流域调查到鱼类种类

目	科	属	种	食性	产卵特征	栖息水层
鲤形目	鲤科	鲤属	鲤	杂食性	黏性卵	中下层
		鲤属	鲢	杂食性	黏性卵	中下层
		鲫属	鲫	杂食性	黏性卵	中下层
		鳌属	鳌	杂食性	黏性卵	中上层
		麦穗鱼属	麦穗鱼	杂食性	黏性卵	中下层
		棒花鱼属	棒花鱼	杂食性	黏性卵	中下层
	鳅科	泥鳅属	泥鳅	杂食性	黏性卵	底层
鲈形目	鰕虎鱼科	吻鰕虎鱼属	子陵吻鰕虎鱼	肉食性	黏性卵	底层
	塘鳢科	黄鲀鱼属	黄鲀	杂食性	黏性卵	中下层
鲻形目	异鳉科	青鳉属	青鳉	杂食性	黏性卵	中上层
鲇形目	鲇科	鲇属	鲇	肉食性	黏性卵	中下层

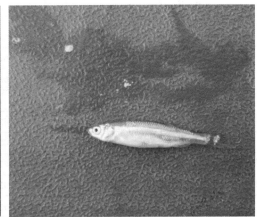

图 5.19 卫河流域调查到的鱼类（鲫、鳌、子陵吻鰕虎鱼、麦穗鱼）

通过本次调查发现，所采集到的 11 种鱼类，全部为我国北方河湖水系中的常见鱼类，多数鱼类具有较强的适宜性和耐污性且均为小型杂鱼。从区域鱼类群落的结构上看，绝大多数样点的鱼类优势物种为鲫鱼，其次为泥鳅，这两种鱼类具有极强的栖息地适宜性和耐污性，这与其区域内人为干扰活动较大有密切关系。

3. 计算赋分

由于河系的连通性，卫河鱼类损失指数采用漳卫南水系鱼类调查资料为主要计算依据，现存鱼类为 41 种，历史种类数据为 81 种，鱼类损失指标计算式为

$$FOE = \frac{FO}{FE} = \frac{41}{81} = 0.506$$

近似估算鱼类损失指数 FOE 为 0.506，指标赋分为 30.62 分。

5.7.5 生物准则层赋分

生物准则层评估调查包括 3 个指标，以 4 个评估指标的最小分值作为生物准则层赋分。

$$AL_r = \min(PHP_r, ZOE_r, BI_r, FOE_r)$$

式中：AL_r 为生物准则层赋分；PHP_r 为浮游植物指标赋分；ZOE_r 为浮游动物指标赋分；BI_r 为大型底栖动物完整性指标赋分；FOE_r 为鱼类生物损失指标赋分。

根据公式计算得知，各监测点位生物准则层赋分详细情况见表 5.51。生物准则层总体赋分为 5.9 分。

表 5.51　　　　生物准则层指标赋分表

监测点位	浮游植物	浮游动物	大型底栖动物	鱼类	生物准则层赋分	代表河长 /km	河流赋分
	PHP_r	ZOE_r	BI_r	FOE_r	AL_r		
大沙河	53.1	15.8	13.7	30.62	13.7	94.0	
峪河	36.3	0	30.0	30.62	0	83.2	
百泉河	0	0	13.3	30.62	0	17.0	
淇河	74.7	0	30.0	30.62	0	172.0	
安阳河	35.7	0	21.0	30.62	0	145.0	5.9
合河闸—淇门	23.4	22.5	5.3	30.62	5.3	70.7	
淇门—元村	30.4	12.8	26.7	30.62	12.8	139.3	
元村—徐万仓	42.3	18.8	36.4	30.62	18.8	62.0	

5.8　社会服务功能

5.8.1　水功能区达标率

根据漳卫南运河水功能区水质状况月份统计结果，对 9 个水功能区断面进行评价，评价时期为 2015 年 10 月至 2016 年 9 月，共 12 个月。评价结果如下：按照评估标准（评估年内水功能区达标次数占评估次数的比例不小于 80% 的水功能区确定为水质达标水功能区），卫河流域无一水功能区达标（表 5.52、表 5.53 和图 5.20）。在 2015 年 10 月至 2016 年 7 月，所有水功能区考核断面均未达到水质目标；2016 年 8 月，有 7 个断面达到水质目标；2016 年 9 月，有 7 个断面达到水质目标。根据月均流量可以看出，2016 年 8 月和 9 月两月的月均流量较高，因此水质相对较好；2016 年 7 月月均流量最高，但可能由于 7 月之前积累的污染负荷较重，因此水质状况也较差。

根据该指标计算要求，水功能区达标率赋分值为 0 分。

表 5.52　　　　　　　　　　　　　　卫河流域水功能区划分情况

编号	一级水功能区名称	二级水功能区名称	河流（水库）名称	监测断面	水质目标	是否达标
1	共渠河南新乡、鹤壁开发利用区	共渠河南新乡、鹤壁农业用水区	共渠	刘庄水文站	V	不达标
2	卫河河南开发利用区	卫河河南卫辉市农业用水区	卫河	淇门水文站	V	不达标
3	卫河河南开发利用区	卫河河南浚县农业用水区1	卫河	烧酒营	V	不达标
4	卫河河南开发利用区	河河南浚县农业用水区2	卫河	浚县城关南环公路桥	V	不达标
5	卫河河南开发利用区	卫河河南浚县农业用水区3	卫河	五陵水文站	V	不达标
6	卫河河南开发利用区	卫河河南内黄县农业用水区	卫河	内黄县楚旺	V	不达标
7	卫河河南开发利用区	卫河河南濮阳市农业用水区	卫河	元村	V	不达标
8	卫河豫冀缓冲区		卫河	龙王庙	IV	不达标
9	卫河河北邯郸开发利用区	卫河河北邯郸农业用水区	卫河	营镇桥	IV	不达标

表 5.53　　　　　　　　　　　　　　卫河流域水功能区断面达标情况表

编号	一级水功能区名称	二级水功能区名称	河流（水库）名称	监测断面	水质目标	2015年10月	2015年11月	2015年12月	2016年1月	2016年2月	2016年3月	2016年4月	2016年5月	2016年6月	2016年7月	2016年8月	2016年9月
1	共渠河南新乡、鹤壁开发利用区	共渠河南新乡、鹤壁农业用水区	共渠	刘庄水文站	V		劣V	劣V	劣V	劣V				劣V	劣V	III	II
2	卫河河南开发利用区	卫河河南卫辉市农业用水区	卫河	淇门水文站	V	劣V	劣V	劣V	劣V	劣V	劣V	劣V	劣V	劣V	劣V	V	劣V
3	卫河河南开发利用区	卫河河南浚县农业用水区1	卫河	烧酒营	V	劣V	劣V	劣V	劣V	劣V	劣V	劣V	劣V	劣V	劣V	IV	V
4	卫河河南开发利用区	卫河河南浚县农业用水区2	卫河	浚县城关南环公路桥	V	劣V	劣V	劣V	劣V	劣V	劣V	劣V	劣V	劣V	劣V	劣V	劣V
5	卫河河南开发利用区	卫河河南浚县农业用水区3	卫河	五陵水文站	V	劣V		劣V	劣V	劣V	劣V	劣V	劣V	劣V	劣V	IV	V
6	卫河河南开发利用区	卫河河南内黄县农业用水区	卫河	内黄县楚旺	V	劣V	劣V	劣V	劣V	劣V	劣V	劣V	劣V	劣V	劣V	IV	V
7	卫河河南开发利用区	卫河河南濮阳市农业用水区	卫河	元村	V	劣V	劣V	劣V	劣V	劣V	劣V	劣V	劣V	劣V	劣V	IV	IV
8	卫河豫冀缓冲区		卫河	龙王庙	IV	劣V	劣V	劣V	劣V	劣V	劣V	劣V	劣V	劣V	劣V	V	劣V
9	卫河河北邯郸开发利用区	卫河河北邯郸农业用水区	卫河	营镇桥	IV		劣V	劣V	劣V					劣V	V	V	IV

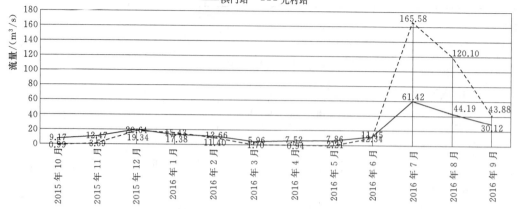

图 5.20　淇门站和元村站月均流量（2015 年 10 月至 2016 年 9 月）（单位：m³/s）

5.8.2　水资源开发利用指标

根据水资源分区，卫河流域水域海河区一级区、海河南系二级区，分属于 8 个地级市，详见表 5.54。本指标计算基于水资源分区二级区数值统计，对 8 个地市中水资源总量和供水量进行统计分析。

表 5.54　　　　　　　　　　　卫河流域水资源量计算分区

水资源一级区	水资源二级区	行政单元	面积/km²
海河区	海河南系	安阳市	4993.2
海河区	海河南系	鹤壁市	2151.6
海河区	海河南系	新乡市	3531.2
海河区	海河南系	焦作市	1746.7
海河区	海河南系	邯郸市	678.1
海河区	海河南系	晋城市	1227.5
海河区	海河南系	长治市	564.9
海河区	海河南系	濮阳市	248.9
小　计			15142.1

1. 水资源总量

卫河水资源开发利用率评估采用 2015 年水资源公报上的数值。卫河流域水资源总量为 20.833 亿 m³，其中，地表水资源量为 7.768 亿 m³，地下水资源量为 17.657 亿 m³，分别占 37.3%、84.8%，见表 5.55。各分区水资源总量从大到小依次为新乡市＞安阳市＞焦作市＞鹤壁市＞晋城市＞邯郸市＞长治市＞濮阳市。

2. 水资源开发利用量

2015 年，卫河流域总供水量为 32.962 亿 m³，其中地表水源供水量为 11.901 亿 m³，地下水源供水量为 21.031 亿 m³，其他水源供水量为 0.03 亿 m³，分别占 36.1%、63.8%、0.1%，见表 5.56。

表 5.55　　　　　　　　　　　　　　　　卫河流域分区水资源量　　　　　　　　　　　　　　单位：亿 m³

水资源一级区	水资源二级区	行政单元	地表水资源量	地下水资源量	水资源总量
海河区	海河南系	安阳市	2.126	5.212	5.991
海河区	海河南系	鹤壁市	0.605	2.099	2.281
海河区	海河南系	新乡市	2.173	5.140	6.253
海河区	海河南系	焦作市	1.182	2.960	3.745
海河区	海河南系	邯郸市	0.306	0.485	0.518
海河区	海河南系	晋城市	1.091	1.284	1.520
海河区	海河南系	长治市	0.251	0.327	0.396
海河区	海河南系	濮阳市	0.034	0.150	0.128
小计			7.768	17.657	20.833

表 5.56　　　　　　　　　　　　　　　　卫河流域分区供水量　　　　　　　　　　　　　　　单位：亿 m³

水资源一级区	水资源二级区	行政单元	地表水源供水量	地下水源供水量	其他水源供水量	总供水量
海河区	海河南系	安阳市	3.229	6.685	0.000	9.914
海河区	海河南系	鹤壁市	1.640	3.369	0.005	5.014
海河区	海河南系	新乡市	2.999	5.578	0.000	8.577
海河区	海河南系	焦作市	2.557	3.168	0.000	5.725
海河区	海河南系	邯郸市	1.066	1.955	0.006	3.026
海河区	海河南系	长治市	0.119	0.113	0.020	0.252
海河区	海河南系	晋城市	0.008	0.003		0.011
海河区	海河南系	濮阳市	0.284	0.160	0.000	0.444
小计			11.901	21.031	0.030	32.962

全流域用水量组成中，农林渔业、工业、城乡生活综合占比为 62.2%、18.9%、18.9%。从 8 个分区用水量来看，用水量从大到小依次为安阳市＞新乡市＞焦作市＞鹤壁市＞濮阳市＞邯郸市＞长治市＞晋城市，见表 5.57。

表 5.57　　　　　　　　　　　　　　　　卫河流域分区用水量　　　　　　　　　　　　　　　单位：亿 m³

水资源一级区	水资源二级区	所属行政单元	农林渔业	工业	城乡生活综合	合计
海河区	海河南系	安阳市	6.225	1.666	2.023	9.914
海河区	海河南系	鹤壁市	3.304	0.724	0.986	5.014
海河区	海河南系	新乡市	4.979	1.971	1.627	8.577
海河区	海河南系	焦作市	3.347	1.332	1.046	5.725
海河区	海河南系	邯郸市	2.221	0.380	0.426	3.026
海河区	海河南系	长治市	0.124	0.066	0.061	0.252
海河区	海河南系	晋城市	0.005		0.006	0.011
海河区	海河南系	濮阳市	0.293	0.087	0.063	0.444
小计			20.498	6.226	6.238	32.962

3. 水资源开发利用率

水资源开发利用率是指评估河流流域内供水量占流域水资源量的百分比。水资源开发利用率表达流域经济社会活动对水量的影响，反映流域的开发程度和社会经济发展与生态环境保护之间的协调性。

计算结果表明，总体上卫河流域水资源开发利用率为158.2%。邯郸市、濮阳市、鹤壁市、安阳市、焦作市、新乡市、长治市、晋城市水资源开发利用率分别为583.7%、346.8%、219.8%、165.5%、152.9%、137.2%、63.6%、0.7%，见表5.58。

卫河流域水资源开发水量远远超过了该流域水资源总量，赋分为0分。

表5.58 卫河流域分区水资源开发利用率

水资源一级区	水资源二级区	行政单元	水资源总量/亿 m³	总供水量/亿 m³	开发利用率/%
海河区	海河南系	安阳市	5.991	9.914	165.5
海河区	海河南系	鹤壁市	2.281	5.014	219.8
海河区	海河南系	新乡市	6.253	8.577	137.2
海河区	海河南系	焦作市	3.745	5.725	152.9
海河区	海河南系	邯郸市	0.518	3.026	583.7
海河区	海河南系	长治市	0.396	0.252	63.6
海河区	海河南系	晋城市	1.520	0.011	0.7
海河区	海河南系	濮阳市	0.128	0.444	346.8
卫河全流域			20.83	32.96	158.2

5.8.3 防洪指标

1. 防洪规划目标

根据《海河流域防洪规划》（2007年版）中《漳卫河系防洪规划》第五章"总体布局"中的要求，卫河干流和共产主义渠的设计防洪标准50年一遇。

根据《海河流域综合规划》（2010）中的防洪规划，卫河流域洪水安排如下：卫河洪水经上游盘石头、小南海、彰武等水库控制及中游坡洼滞洪后下泄，淇门至老观嘴行洪流量2000m³/s。其中，卫河400m³/s，共产主义渠及西行洪区由盐土庄节制闸控制下泄，盐土庄以上行洪流量为3100m³/s，盐土庄以下设计行洪流量为1600m³/s，老观嘴至安阳河口设计行洪流量为2000m³/s，安阳河口至徐万仓设计行洪流量为2500m³/s。卫河流域主要河道现状防洪标准见表5.59。

表5.59 卫河流域骨干河道现状防洪标准（行洪能力）　　　　　　　　单位：m³/s

河道名称	设计标准（行洪能力）	现状行洪能力
卫河淇门—徐万仓段	老观嘴以上 400	老观嘴以上 250～400
	老观嘴以下 2000～2500	老观嘴以下 1000～2500

2. 防洪工程现状

根据2014年度《漳卫河洪水调度方案》，卫河流域主要河道防洪工程状况见表5.60。

表 5.60					卫河主要河道行洪能力表		
河名	河段	控制站点	警戒水位 /m	保证水位 /m	设计行洪能力 /(m³/s)	现状堤防 超高/m	现状行洪能力 /(m³/s)
卫河	淇门—老观嘴	淇门	64.10	66.10	350	2.06/1.96	250~300
	老观嘴—浚内沟口	五陵	56.00	57.90	2000	1.82/1.56	1500~1800
	浚内沟口安阳河口	西元村	53.50	55.50	2000	1.36/1.03	1680~1800
	安阳河口—徐万仓	元村	47.68	49.68	2500	2.09/1.56	1500~2200
共产主义渠	淇门—老观嘴	淇门	64.44	66.20	400	3.82/3.58	250

3. 防洪达标评估

对比设计行洪能力和现状行洪能力，卫河和共产主义渠河道行洪能力均未达到设计标准，达标率为 0。

5.8.4 公众满意度指标

1. 第一次调查及评估结果

（1）百泉河。百泉河对公众的生活有比较重要的作用，湖水景观比较优美，有一些相关的文物古迹存在，附近的居民经常来湖边游玩，现在的湖水水量非常少，水质一般，沿湖岸有少量的柳树分布，无垃圾堆放，湖里的鱼相比以前少很多，也比以前小了很多。调查结果显示，公众希望水多一点、水质变好。

（2）大沙河。河流对公众的生活没有太大的作用，沿河岸没有居民，河水水量还可以，水体比较清澈，有少量异味，河岸植被覆盖较高，有垃圾堆放，水里没有鱼存在，河道景观不太美观，没有与之相关的文物古迹。公众希望水清点、污染少点。

（3）淇河。盘石头水库对公众的作用非常大，是下游居民的重要水源地，库区管理严格，水边很少有人活动，库区水量相比以前变少了，有鱼存在，不适宜散步和娱乐活动。

（4）安阳河。河流对公众有较大的作用，沿河附近有畜牧养殖，河水水量相比以前少了很多，水量太少，河水比较脏，植被还可以，河水里的鱼少了很多，重量小了很多，鱼类主要是鲤鱼和鲫鱼，河道景观不美观，进水比较容易，有些与之相关的文物古迹存在。公众希望水清些，鱼多些，水量大些。

（5）卫河—淇门。河流对公众的作用较大，沿河两岸有畜牧养殖和农业耕种，河水水量少很多，水质比较脏，有异味，河岸两边树草状况还可以，河道景观不太美观，没有与之相关的文物古迹存在，近水比较容易。公众希望水变清澈、水量再大点。

（6）峪河。河流对公众的作用较小，水量少了许多，几乎干涸，水体非常脏，没有鱼类存在，河道景观不美观，近水比较容易，不适宜散步和娱乐活动，没有与之相关的文物古迹存在。公众希望水量大点、少点污染。

（7）卫河—元村。河流对公众的生活比较重要，河岸两边有农业耕种，需要用到河水来灌溉，水量还可以，河水比较脏，河岸两边植被分布较少，河里没有鱼，河道景观一般，近水比较容易，不适合散步和娱乐活动，没有与之相关的文物古迹。公众希望水质变得干净点、水量大点。

（8）卫河—徐万仓。河流对公众的生活比较重要，经常到河里来取水，河水较脏，水量非常小，河岸两边植被覆盖度较高，有农作物种植，河里没有鱼，近水比较容易，不适合散步和娱乐活动。调查大部分公众希望水量再大点。

卫河流域代表性断面公众满意度调查结果见表5.61。

表5.61　　　　　　　　　　　卫河流域代表性断面公众满意度调查结果

断面名称	被访问者	平均得分
大沙河	工人和农民	40
峪河	工人和农民	20
百泉河	学生、湖区管理者、工人和农民	80
淇河	库区管理者和工人	80
安阳河	农民	30
卫河—淇门	农民	40
卫河—元村	农民	40
卫河—徐万仓	农民	30

2. 第二次调查及评估结果

（1）百泉河。百泉河对公众的生活有比较重要的作用，湖水景观比较优美，有一些相关的文物古迹存在，附近的居民经常来湖边散步，经过7月的大雨，现在的湖水水量较多，水体较为清澈，沿湖岸有少量的柳树分布，没有垃圾堆放，湖里的鱼相比以前少很多，也比以前小了很多。调查结果显示，公众希望水量再大点、水质变好点。

（2）大沙河。河流对公众的生活没有太大的作用，沿河岸没有居民，经过7月的大雨，河水水量较以前明显增多，水体较以前浑浊，有少量异味，河岸植被覆盖度较高，河岸两边都有垃圾堆放，水里没有鱼存在，河道景观不太美观，没有与之相关的文物古迹。公众希望水质好点。

（3）淇河。盘石头水库对公众的作用非常大，是下游居民的重要水源地，库区管理严格，水边很少有人活动，库区水量比上次明显增多，水位比上次监测上升了6m，水体呈绿色，没有上次监测时清澈，有鱼存在，不适宜散步和娱乐活动。

（4）安阳河。河流对公众有比较大的作用，沿河附近有畜牧养殖，河水水量相比上次监测时大了许多，原来最大支流宽2m，现在水面宽度30m，但河水比较脏，有大量的悬浮物，比较浑浊，植被覆盖度较高，河水里的鱼少了很多，重量也变小，鱼类主要是鲤鱼和鲫鱼，河道景观不美观，近水比较容易，有些与之相关的文物古迹存在。公众希望水质好点、鱼多些。

（5）卫河—淇门。河流对公众的作用比较大，沿河两岸有畜牧养殖和农业耕种，水量经过7月的大雨明显增多，但水质比较脏，有少量异味，河岸两边植被覆盖度较高，岸边经常有垃圾堆放，河道景观不太美观，没有与之相关的文物古迹存在，近水比较容易。公众希望水质好点。

（6）峪河。河流对公众的作用较大，河岸两边有农作物种植，需要从河道内取水灌溉，河水水量比较大，但水体非常脏，没有鱼类存在，河道景观不美观，近水比较容易，不适宜散步和娱乐活动，没有与之相关的文物古迹存在。公众希望水量再大点、水质好点。

（7）卫河—元村。河流对公众的生活比较重要，河岸两边有农业耕种，需要从河道取水来灌溉，水量较大，河水比较脏，河岸两边植被覆盖度较高，河水里没有鱼，河道景观不太美观，近水比较容易，不适合散步和娱乐活动，没有与之相关的文物古迹。公众希望水质好点。

（8）卫河—徐万仓。河流对公众的生活比较重要，经常到河里取水，河水比较脏，水量经过 7 月的大雨明显增多，5 月时河道内几乎干涸，河岸两边植被覆盖度较高，有农作物种植，河道内有鱼存在，主要是鲫鱼，近水比较容易，不适合散步和活动。调查大部分公众希望水量再多点、水质好点。

卫河流域样点及赋分见表 5.62。

表 5.62 卫河流域样点及赋分

断面名称	赋 分	断面名称	赋 分
大沙河	66.7	安阳河	75.0
峪河	65.0	卫河—淇门	60.0
百泉河	88.3	卫河—西元村	72.5
淇河	85.0	卫河—徐万仓	45.0

5.8.5 社会服务功能准则层赋分

社会服务功能准则层赋分包括 4 个指标，赋分计算公式为

$$SS_r = WFZ_r \cdot WFZ_w + WRU_r \cdot WRU_w + FLD_r \cdot FLD_w + PP_r \cdot PP_w$$
$$= 0 \times 0.25 + 0 \times 0.25 + 0 \times 0.25 + 58.1 \times 0.25$$
$$= 14.5$$

式中：SS_r、WFZ_r、WRU_r、FLD_r、PP_r 分别为社会服务功能准则层、水功能区达标指标、水资源开发利用指标、防洪指标和公众满意度赋分；WFZ_w、WRU_w、FLD_w、PP_w 分别为水功能区达标指标、水资源开发利用指标、防洪指标和公众满意度赋分权重，参考《河流标准》，4 个指标权重设计均为 0.25。经计算，社会服务功能准则层赋分为 14.5 分。

5.9 卫河健康总体评估

5.9.1 各监测断面所代表的河长生态完整性赋分

评价各段河长生态完整性赋分，按照以下公式计算各河段 4 个准则层的赋分，即

$$REI = HD_r \cdot HD_w + PH_r \cdot PH_w + WQ_r \cdot WQ_w + AF_r \cdot AF_w$$

式中：REI、HD_r、HD_w、PH_r、PH_w、WQ_r、WQ_w、AF_r、AF_w 分别为河段生态完整性状况赋分、水文水资源准则层赋分、水文水资源准则层权重、物理结构准则层赋分、物理结构准则层权重、水质准则层赋分、水质准则层权重、生物准则层赋分、生物准则层权

重。参考《河流标准》，水文水资源、物理结构、水质和生物准则层的权重依次为 0.2、0.2、0.2 和 0.4。

根据生态完整性 4 个准则层评价结果进行综合评价，河湖健康调查的生态完整性状况赋分计算结果见表 5.63。

表 5.63　　　　　　　　各监测点位生态完整性状况赋分表

监测点位	水文水资源	权重	物理结构	权重	水质	权重	生物	权重	生态完整性状况赋分
大沙河	88.2	0.2	39.1	0.2	37.8	0.2	13.7	0.4	38.49
峪河	88.2	0.2	44.2	0.2	78.1	0.2	0	0.4	42.10
百泉河	88.2	0.2	54.5	0.2	65.4	0.2	0	0.4	41.64
淇河	78.6	0.2	51.5	0.2	67.8	0.2	0	0.4	39.57
安阳河	88.2	0.2	44.2	0.2	99.0	0.2	0	0.4	46.30
合河闸—淇门	88.2	0.2	49.2	0.2	18.4	0.2	5.3	0.4	33.29
淇门—元村	88.2	0.2	41.4	0.2	2.2	0.2	12.8	0.4	31.47
元村—徐万仓	88.2	0.2	48.5	0.2	53.0	0.2	18.8	0.4	45.44

5.9.2　河流生态完整性评估赋分

各监测点位生态完整性状况赋分见表 5.64，根据河段长度及各监测点位生态完整性状况赋分，计算评估河流生态完整性总赋分为 39.46 分。

表 5.64　　　　　　　　生态完整性状况赋分表

监测点位	生态完整性状况赋分	长度/km	总　得　分
大沙河	38.49	94	
峪河	42.10	83.2	
百泉河	41.64	17	
淇河	39.57	172	39.46
安阳河	46.30	145	
合河闸—淇门	33.29	70.7	
淇门—元村	31.47	139.3	
元村—徐万仓	45.44	62	

5.9.3　河流健康评估赋分

根据以下公式，综合河流生态完整性评估指标赋分和社会服务功能指标评估赋分结果。

$$RHI = REI \cdot RE_w + SSI \cdot SS_w$$
$$= 39.46 \times 0.7 + 14.5 \times 0.3$$
$$= 31.97$$

式中：RHI、REI、RE_w、SSI、SS_w 分别为河流健康目标处赋分、生态完整性状况赋

128

分、生态完整性状况赋分权重、社会服务功能赋分、社会服务功能赋分权重。参考《河流标准》，生态完整性状况赋分和社会服务功能赋分权重分别为0.7和0.3。经计算，河流健康评估赋分为31.97分，总体为"不健康"状态。

5.9.4 健康整体特征

卫河健康评估通过对卫河实际评估监测点位的5个准则层调查评估结果进行逐级加权、综合评分，计算得到卫河健康赋分为31.97分。根据河流健康分级原则，评估年健康状况结果处于"不健康"等级。从5个准则层的评估结果来看，目前生物准则层健康状况很差，均处于"不健康"等级，主要由于鱼类损失指数造成，生物准则层其他两个指标也赋分较低；其次由于河流本身来水量减少，并且河流用水量不断增加，导致实测径流量小于天然还原径流量；再次为物理结构准则层河流阻隔状况指标赋分较低所致，详见表5.65。

表5.65 各准则层健康赋分及等级

准则层及目标层	赋 分	健 康 等 级
水文水资源	86.12	理想状态
物理结构	45.69	亚健康
水质	53.72	亚健康
生物	5.87	病态
社会服务功能	14.52	病态
整体健康	31.97	不健康

从5个准则层的评估结果来看，水文水资源准则层赋分为86.12分，处于"理想状态"等级，生态流量保障程度赋分较高，而流量过程变异程度较低；物理结构准则层处赋分为45.69分，处于"亚健康"等级，主要是河流阻隔状况指标赋分较低所致；水质准则层赋分为53.72分，赋分较高，处于"亚健康"等级，主要原因为溶解氧和耗氧有机物赋分较低；生物准则层赋分为5.87分，赋分较低，处于"病态"等级，主要由于中游浮游动物赋分较低及总体鱼类损失指数较低所致；社会服务准则层赋分为14.52分，处于"病态"等级，主要原因为水功能区达标率较低、水资源开发利用率过高、防洪不达标等因素所致。各准则层健康赋分雷达图如图5.21所示。

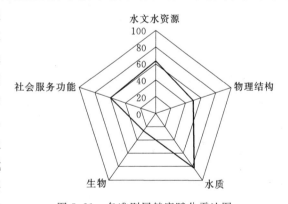

图5.21 各准则层健康赋分雷达图

第6章

岳城水库健康评估

6.1 岳城水库流域概况

岳城水库位于河北省磁县与河南省安阳县交界处，是海河流域漳卫河系漳河上的一个

图 6.1 岳城水库示意图

多年调节大型水库，如图 6.1 所示。岳城水库控制流域面积为 18100km²，总库容为 13.0 亿 m³，水库于 1959 年开工，1960 年拦洪，1961 年蓄水，1970 年全部建成。水库的任务有防洪、灌溉、城市供水并兼顾发电，通过水库调蓄，保证了下游广大平原地区和京广、京沪、京九铁路及京珠、京福等高速公路的安全；通过河北省民有渠、河南省漳南渠可灌溉农田 220 万亩并能部分解决邯郸、安阳两市工业及生活用水。

岳城水库上游还有中型水库 10 余座、小型水库上百座，总库容超过 3.0 亿 m³。此外，岳城水库上游漳河水还是红旗渠、跃进渠、大跃峰渠、小跃峰渠四大灌区的重要水源，四大灌渠的引水能力大于 100m³/s，由于水资源严重短缺并涉及上下游和左右岸三省的利益关系，浊漳河漳河侯壁、清漳河匡门口到漳河观台区间是全国水事矛盾最突出的区域之一。

6.2 岳城水库健康评估体系

根据《湖泊健康评估指标、标准与方法（试点工作用）》，建立漳河流域河流健康评价指标体系，包括 1 个目标层、5 个准则层、15 个评估指标（表 5.2）。

根据海河流域河湖健康评估一期试点和二期试点工作情况，岳城水库水生态监测和健康评估指标体系设置按照《湖泊健康评估指标、标准与方法（试点工作用）》及海河流域重要河湖健康评估体系，包括 1 个目标层、2 个目标亚层、5 个准则层、18 个评估指标，详见表 6.1。

表 6.1　　　　　　　　　　　　　　岳城水库健康评估指标体系

目标层	亚层	准则层	指　标　层	代码	权重
水库健康状况	生态完整性	水文水资源	入湖流量过程变异程度	IFD	0.3
			最低生态水位满足状况	ML	0.7
		物理结构	河湖连通状况	RFC	0.4
			湖岸带状况	RS	0.3
			湖泊萎缩状况	ASR	0.3
		水质	溶解氧水质状况	DO	最小值
			耗氧有机污染状况	OCP	
			重金属污染状况	HMP	
			富营养化状况	EU	
		生物	浮游植物污生指数	PSI	0.15
			浮游动物多样性指数	ZDI	0.15
			底栖动物 BI 指数	BI	0.25
			鱼类生物损失指数	FOE	0.25
			大型水生植物覆盖度	MPC	0.2
	社会服务	社会服务功能	水功能区达标指标	WFZ	0.25
			水资源开发利用指标	WRU	0.25
			防洪指标	FLD	0.25
			公众满意度	PP	0.25

6.3　岳城水库健康评估监测方案

6.3.1　评估指标获取方法

在数据获取方式上，将岳城水库健康评估指标数据获取可以分成两类：第一类指标是历史监测数据，数据获得以收集资料为主；第二类以现场调查实测为主，见表 6.2。

6.3.2　调查点位布设

根据岳城水库水功能区、水质监测点位布设，对岳城水库进行点位布设。

岳城水库布设监测点位分别是岳库心左、岳库尾左、岳库尾右、岳库心右、岳坝前右、岳坝前左，见表 6.3 和图 6.2。

2017 年，岳城水库健康调查工作中的监测点位选择主要采取等面积区域划分，因此本次调查各监测点位代表的库区面积权重定位相同权重，详见表 6.4。

6.3.3　第一次调查各点位基本情况

第一次水生态野外监测于 2017 年 4 月 14—28 日完成，调查各点位基本情况如下。

表 6.2   卫河流域河湖健康评估指标获取方法

目标层	亚层	准则层	指标层	获取方法/渠道
水库健康状况	生态完整性	水文水资源	入湖流量过程变异程度	水文站
			最低生态水位满足状况	水文站
		物理结构	河湖连通状况	调查
			湖岸带状况	现场实测
			湖泊萎缩状况	调查
		水质	溶解氧水质状况	现场实测
			耗氧有机污染状况	现场实测
			重金属污染状况	现场实测
			富营养化状况	现场实测
		生物	浮游植物污生指数	现场实测
			底栖动物 BI 指数	现场实测
			鱼类生物损失指数	现场实测
			大型水生植物覆盖度	现场实测
			浮游动物多样性指数	现场实测
	社会服务	社会服务功能	水功能区达标指标	水质站
			水资源开发利用指标	调查
			防洪指标	调查
			公众满意度	现场调查

表 6.3   岳城水库监测点位设置

重要水功能区	水　系	湖　泊	监测点位
岳城水库水源地保护区	漳卫河	岳城水库	岳库尾左
			岳库尾右
			岳库心左
			岳库心右
			岳坝前左
			岳坝前右

表 6.4   岳城水库各监测点位经纬度及代表点位面积权重

点　位	纬　度	经　度	面积权重
岳库尾左	36°19′01.41″	114°08′45.73″	0.14
岳库尾右	36°18′32.89″	114°08′05.70″	0.14
岳库心左	36°18′02.87″	114°10′30.41″	0.16
岳库心右	36°17′10.34″	114°09′29.74″	0.16
岳坝前左	36°17′03.09″	114°12′22.76″	0.20
岳坝前右	36°15′42.92″	114°11′47.37″	0.20

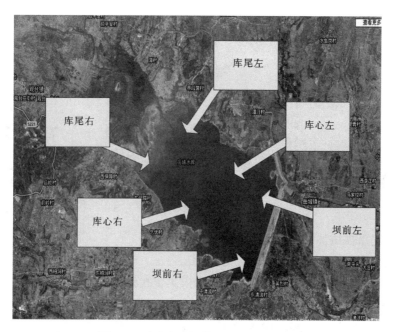

图 6.2　岳城水库评估监测点位示意图

1. 岳城水库库尾左（图 6.3）

（1）底质类型：以碎石和泥沙为主。

（2）堤岸稳定性：堤岸以碎石和土质为主，比较稳定，没有侵蚀现象。

（3）库岸变化：岸边以碎石和土质为主，有少量树木覆盖。

（4）库区堤岸带植被多样性：多以树木为主。

（5）水质状况：水体呈淡绿色，较为清澈。

（6）人类活动强度：库区重要水源地，受人类干扰强度小。

图 6.3　岳城水库库尾左 4 月实拍图片

2. 岳城水库库尾右（图 6.4）

（1）底质类型：以碎石和泥沙为主。

（2）堤岸稳定性：堤岸以碎石和土质为主，比较稳定，没有侵蚀现象。

（3）库岸变化：岸边以碎石和土质为主，有少量树木覆盖。

图 6.4　岳城水库库尾右 4 月实拍图片

（4）库区堤岸带植被多样性：多以树木为主。

（5）水质状况：水体呈淡绿色，较为清澈。

（6）人类活动强度：库区重要水源地，受人类干扰强度小。

3. 岳城水库库心左（图 6.5）

（1）底质类型：以碎石和泥沙为主。

（2）堤岸稳定性：堤岸以碎石和土质为主，比较稳定，没有侵蚀现象。

（3）库岸变化：岸边以碎石和土质为主，有少量树木覆盖。

（4）库区堤岸带植被多样性：多以树木为主。

（5）水质状况：水体呈淡绿色，较为清澈。

（6）人类活动强度：库区重要水源地，受人类干扰强度小。

图 6.5　岳城水库库心左 4 月实拍图片

4. 岳城水库库心右（图 6.6）

（1）底质类型：以碎石和泥沙为主。

（2）堤岸稳定性：堤岸以碎石和土质为主，比较稳定，没有侵蚀现象。

（3）库岸变化：岸边以碎石和土质为主，有少量树木覆盖。

（4）库区堤岸带植被多样性：多以树木为主。

（5）水质状况：水体呈淡绿色，较为清澈。

（6）人类活动强度：库区重要水源地，受人类干扰强度小。

图 6.6 岳城水库库心右 4 月实拍图片

5. 岳城水库坝前左 (图 6.7)

(1) 底质类型：以碎石和泥沙为主。

(2) 堤岸稳定性：堤岸以碎石和土质为主，比较稳定，没有侵蚀现象。

(3) 库岸变化：岸边以碎石和土质为主，有少量树木覆盖。

(4) 库区堤岸带植被多样性：多以树木为主。

(5) 水质状况：水体呈淡绿色，较为清澈。

(6) 人类活动强度：库区重要水源地，受人类干扰强度小。

图 6.7 岳城水库坝前左 4 月实拍图片

6. 岳城水库坝前右 (图 6.8)

(1) 底质类型：以碎石和泥沙为主。

(2) 堤岸稳定性：堤岸以碎石和土质为主，比较稳定，没有侵蚀现象。

(3) 库岸变化：岸边以碎石和土质为主，有少量树木覆盖。

(4) 库区堤岸带植被多样性：多以树木为主。

(5) 水质状况：水体呈淡绿色，较为清澈。

(6) 人类活动强度：库区重要水源地，受人类干扰强度小。

图 6.8　岳城水库坝前右 4 月实拍图片

6.3.4　第二次调查各点位基本情况

第二次水生态野外监测于 2017 年 8 月 13—18 日完成，调查各点位基本情况如下。

1. 岳城水库库尾左（图 6.9）

（1）底质类型：以碎石和泥沙为主。

（2）堤岸稳定性：堤岸以碎石和土质为主，比较稳定，没有侵蚀现象。

（3）库岸变化：岸边以碎石和土质为主，有少量树木覆盖。

（4）库区堤岸带植被多样性：多以树木为主。

（5）水质状况：水体呈淡绿色，较为清澈。

（6）人类活动强度：库区重要水源地，受人类干扰强度小。

图 6.9　岳城水库库尾左 8 月实拍图片

2. 岳城水库库尾右（图 6.10）

（1）底质类型：以碎石和泥沙为主。

（2）堤岸稳定性：堤岸以碎石和土质为主，比较稳定，没有侵蚀现象。

（3）库岸变化：岸边以碎石和土质为主，有少量树木覆盖。

（4）库区堤岸带植被多样性：多以树木为主。

图 6.10　岳城水库库尾右 8 月实拍图片

（5）水质状况：水体呈淡绿色，较为清澈。

（6）人类活动强度：库区重要水源地，受人类干扰强度小。

3. 岳城水库库心左（图 6.11）

（1）底质类型：以碎石和泥沙为主。

（2）堤岸稳定性：堤岸以碎石和土质为主，比较稳定，没有侵蚀现象。

（3）库岸变化：岸边以碎石和土质为主，有少量树木覆盖。

（4）库区堤岸带植被多样性：多以树木为主。

（5）水质状况：水体呈淡绿色，较为清澈。

（6）人类活动强度：库区重要水源地，受人类干扰强度小。

图 6.11　岳城水库库心左 8 月实拍图片

4. 岳城水库库心右（图 6.12）

（1）底质类型：以碎石和泥沙为主。

（2）堤岸稳定性：堤岸以碎石和土质为主，比较稳定，没有侵蚀现象。

（3）库岸变化：岸边以碎石和土质为主，少量树木覆盖。

图 6.12　岳城水库库心右 8 月实拍图片

（4）库区堤岸带植被多样性：多以树木为主。

（5）水质状况：水体呈淡绿色，较为清澈。

（6）人类活动强度：库区重要水源地，受人类干扰强度小。

5. 岳城水库坝前左（图 6.13）

（1）底质类型：以碎石和泥沙为主。

（2）堤岸稳定性：堤岸以碎石和土质为主，比较稳定，没有侵蚀现象。

（3）库岸变化：岸边以碎石和土质为主，有少量树木覆盖。

（4）库区堤岸带植被多样性：多以树木为主。

（5）水质状况：水体呈淡绿色，较为清澈。

（6）人类活动强度：库区重要水源地，受人类干扰强度小。

图 6.13　岳城水库坝前左 8 月实拍图片

6. 岳城水库坝前右（图 6.14）

（1）底质类型：以碎石和泥沙为主。

（2）堤岸稳定性：堤岸以碎石和土质为主，比较稳定，没有侵蚀现象。

138

图 6.14　岳城水库坝前右 8 月实拍图片

（3）库岸变化：岸边以碎石和土质为主，有少量树木覆盖。

（4）库区堤岸带植被多样性：多以树木为主。

（5）水质状况：水体呈淡绿色，较为清澈。

（6）人类活动强度：库区重要水源地，受人类干扰强度小。

6.4　水文水资源

水文水资源准则层根据湖泊最低生态水位满足状况（ML）、入湖流量变异程度（IFD）两个指标进行计算。

6.4.1　湖泊最低生态水位满足状况

1. 计算方法选取

湖泊生态环境需水量过程中，湖泊水量平衡法和换水周期法因为遵循自然湖泊水量动态平衡的基本原理和出入湖水量交换的基本规律，适用于人为干扰较小的闭流湖或水量充沛的吞吐湖的保护与管理。

对于干旱、缺水区域或人为干扰严重的湖泊，湖泊入湖流量很少，出湖流量极少或为零，或者湖泊存在季节性缺水和水质性缺水，如果大量取用，湖泊生态系统难以维持，也就是说，不能保持自然状态下的湖泊水量平衡和换水的周期。比较适合利用最小水位法来计算湖泊最小生态环境需水量，首先保证维持湖泊生态系统或湖泊生物栖息地所需要的最小水量，以遏制和减缓湖泊生态系统急剧恶化的趋势。需要系列与水位相关生物学和生态学数据的技术支持。

功能法是以生态系统生态学为理论基础，从湖泊生态环境功能维持和恢复的角度，以保护和重建湖泊生态系统的生物多样性和生态完整性为目的。遵循生态优先、兼容性、最大值和等级制原则，系统、全面地计算湖泊生态环境需水量。但是，现阶段缺乏野外和实验室内的实例研究，只能对湖泊生态环境需水量进行静态估算。在生态环境系列数据的支持下，可以建立动态模型对需水量进行预测。

岳城水库位于半干旱、半湿润的华北平原，属于缺水区域，且人为干扰严重的湖泊水库，因此采用最小生态水位法进行计算和评估。

2. 最低生态水位

在分析确定湖泊最低生态水位时，综合以下方面的因素，选取各水位的最大值作为最小生态水位，公式表达为

$$H_{min} = \max(H_1, H_2, H_3, H_4)$$

式中：H_{min} 为湖泊最低生态水位，m；H_1 为湖泊死水位，m；H_2 为旱限水位，m；H_3 为湖泊形态法计算的最低生态水位，m；H_4 为水生生物法确定的最低生态水位，m。计算中根据实际资料情况选取确定方法。

（1）死水位、旱限水位。根据文献《岳城水库旱限水位的确定》（孙雅菊等，2012）资料，岳城水库的死水位为125m，旱限水位为128.5m。

（2）湖泊形态法。利用岳城水库水位和库容资料，计算得到的水位与库容变化率关系曲线如图 6.15 所示。从图 6.15 可知，最近期（1999 年）该曲线中库容变化率最大值相应水位是 110m。因此，由湖泊形态法确定的岳城水库最低生态水位为 110m。

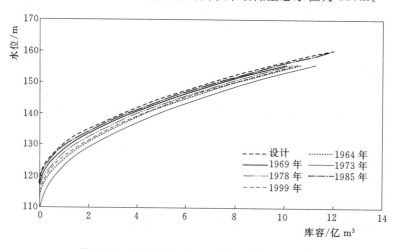

图 6.15　岳城水库水位与库容变化率关系曲线

（3）水生生物法。岳城水库目前有鲤、鲫、鳙、鲢等鱼类，将保护鱼类作为主要的衡量指标，岳城水库主坝地面高程 104m，根据湖区的野生鱼类生存和繁殖需求，需要 1m 的水深，那么水位应为 105m，该水位下鱼类种群生长繁殖基本满足要求，但对维持鱼类种群的长期存在和延续有一定不良影响，是鱼类生存的极限水位。岳城水库的顶层鱼类鳙的适宜水深为 1.5m，因此，维持鱼类种群长期生存的最低水位为 105.5m。此法确定的岳城水库最低生态水位为 105.5m。

3. 最低生态水位确定

根据公式表达为

$$H_{min} = \max(H_1, H_2, H_3, H_4)$$
$$= \max(125, 128.5, 110, 105.5)$$

$$=128.5\text{m}$$

经计算和筛选,岳城水库的最低生态水位为128.5m。

4. 最低生态水位满足状况赋分

根据2014—2016年水文年鉴资料,岳城水库坝上站逐日平均水位均在130.3m以上,均大于128.5m,因此为年内365d日均水位高于最低生态水位。

根据湖泊最低生态水位满足程度评价标准表进行赋分评价,岳城水库近3年度最低生态水位满足状况赋分为100分。

6.4.2 入湖流量变异程度

流量过程变异程度由评估年逐月实测径流量与天然月径流量的平均偏离程度表达。

根据评估标准,全国重点水文站1956—2000年天然径流量漳卫河岳城水库入库代表站为观台水文站,因此流量过程变异程度也结合该水文站进行评估计算。还原数据仅为年天然径流量,未给出逐月天然径流量,因此本研究以年份进行评估计算。

1. 逐年实测与天然径流量

根据《海河流域代表站径流系列延长报告》(中水北方勘测设计研究有限责任公司,2016),1956—2000年已经完成天然径流还原,并进行了2001—2012年系列延长,因此本书采用最新成果数据,以2001—2012年数据系列进行计算和评估。

采用观台水文站实测径流量代表岳城水库入库流量状况,见表6.5。

表6.5　　　　　　　　观台水文站年实测流量与天然流量统计　　　　　　单位:亿m³/a

年　份	观台水文站径流量		年　份	观台水文站径流量	
	实测	天然		实测	天然
2001	4.780	8.740	2008	4.290	8.240
2002	4.270	8.380	2009	2.760	6.400
2003	13.440	18.600	2010	3.600	8.120
2004	8.720	13.960	2011	5.130	11.330
2005	5.530	11.300	2012	6.130	11.660
2006	5.740	11.390	均值	5.830	10.840
2007	5.600	12.010			

2. 流量过程变异程度赋分

流量过程变异程度由评估年逐年实测径流量与天然年径流量的平均偏离程度表达,因此计算式为

$$FD = \left\{ \sum_{m=1}^{N} \left[\frac{q_m - Q_m}{\overline{Q_m}} \right]^2 \right\}^{\frac{1}{2}}$$

$$\overline{Q_m} = \frac{1}{N} \sum_{m=1}^{N} Q_m$$

式中:m为评估年;N为评估总年数;q_m为评估年实测年径流量;Q_m为评估年天然年径流量;$\overline{Q_m}$为评估年天然年径流量年均值。

根据逐年实测与天然径流量进行流量过程变异程度计算，并根据赋分标准进行赋分，结果见表 6.6，观台水文站年流量过程变异程度结果为 1.6，赋分为 24.0 分。

表 6.6 观台水文站年流量过程变异程度结果及赋分

项 目	观 台	项 目	观 台
FD	1.6	赋分	24.0

6.4.3 水文水资源准则层赋分

岳城水库水文水资源准则层赋分计算见表 6.7，岳城水库水文水资源准则层赋分为 77.2 分。

表 6.7 岳城水库水文水资源准则层赋分计算表

水库	湖泊指标层	标记	建议权重	赋分
岳城水库	最低生态水位满足程度	ML_r	0.7	100.0
	入湖流量变异程度	IFD_r	0.3	24.0
	水文水资源	HD_r		77.2

通过对岳城水库 2014—2016 年度最低生态水位满足程度水文水资源准则层评估可以看到，岳城水库最低生态水位满足程度较高。

通过以 2001—2012 年数据系列计算的入湖流量变异程度指标得知，上游水资源开发利用程度较高，入库流量变异程度较大，造成入库流量变异程度较低，水文水资源准则层赋分较低。

6.5 物理结构

6.5.1 湖岸带状况

根据 2017 年两次调查数据，对湖岸带状况进行评价。调查了监测点位岸坡稳定性、植被覆盖度和人工干扰程度。

岳城水库在入库口斜坡倾角较小，有少许农田，植被覆盖度较高，有轻度冲刷痕迹，在库中两岸为山区，斜坡倾角稍大，但小于 30%，植被较丰富，植被有灌木，库尾沉积物较多，有少许冲刷痕迹，中下游基质为砂石，基本无冲刷痕迹，在坝前建有一码头，倾角较小，植被有灌木和草地。

1. 岸坡稳定性

根据以下公式进行计算，岸坡稳定性赋分见表 6.8。

$$BKS_r = \frac{SA_r + SC_r + SH_r + SM_r + ST_r}{5}$$

式中：BKS_r 为岸坡稳定性指标赋分；SA_r 为岸坡倾角分值；SC_r 为岸坡覆盖度分值；SH_r 为岸坡高度分值；SM_r 为河岸基质分值；ST_r 为坡脚冲刷强度分值。

表 6.8 岳城水库岸坡稳定性赋分

监测点位	岸坡倾角赋分	坡脚冲刷强度赋分	岸坡高度赋分	河岸基质赋分	岸坡覆盖度赋分	河岸稳定性分值
岳库尾左	90	25	25	75	90	61.0
岳库尾右	90	25	25	75	90	61.0
岳库心左	90	90	25	90	90	77.0
岳库心右	90	90	25	90	90	77.0
岳坝前左	90	75	25	75	90	71.0
岳坝前右	90	75	25	75	90	71.0

总体来说，漳河调查点位岸坡倾角较低、覆盖度较好，河岸基质基本稳定，岸坡高度较低，但是河流坡脚冲刷比较严重，赋分值普遍较低。

2. 湖滨带植被覆盖度

采用 2013 年 Landsat 8 TM 影像为数据源进行 NDVI 值计算，计算范围为河道两边 3km，

岳城水库周边面积 96km²，植被覆盖率为 43%。其中，无植被覆盖面积为 55km²，植被低度覆盖面积为 36km²，植被中度覆盖面积为 4km²，植被高度覆盖面积为 0km²。岳城水库周边植被为林草和农田混合。

根据植被覆盖度指标直接评估赋分标准，岳城水库湖滨带植被覆盖率为 40%～75%，赋分为 77.1 分，见表 6.9。

表 6.9 岳城水库植被覆盖度赋分表

监测点位	植被覆盖度/%	赋分	监测点位	植被覆盖度/%	赋分
岳库尾左	43	77.1	岳库心右	43	77.1
岳库尾右	43	77.1	岳坝前左	43	77.1
岳库心左	43	77.1	岳坝前右	43	77.1

3. 人工干扰程度

重点调查评估在河岸带及其邻近陆域进行的几类人类活动，包括河岸硬性砌护、采砂、沿岸建筑物（房屋）、公路（或铁路）、垃圾填埋场或垃圾堆放、河滨公园、管道、采矿、农业耕种、畜牧养殖等。库尾有农业耕种区域，有村落分布；库中两岸有少量农业耕种区，有村落分布；坝前大坝有硬性砌护，有旅游区域。各站点赋分情况具体见表 6.10。

表 6.10 岳城水库人工干扰程度赋分表

监测点位	人工干扰程度	人工干扰程度赋分
岳库尾左	−20	80.0
岳库尾右	−20	80.0
岳库心左	−20	80.0
岳库心右	−20	80.0
岳坝前左	−40	60.0
岳坝前右	−30	70.0

4. 河岸带状况赋分

汛期和非汛期分别调查了监测断面左、右两岸岸坡稳定性和人工干扰程度，植被覆盖度根据遥感解译赋分，根据以下公式计算了河岸带状况，结果详见表6.11。

$$RS_r = BKS_r \cdot BKS_w + BVC_r \cdot BVC_w + RD_r \cdot RD_w$$

式中：RS_r 为河岸带状况赋分；BKS_r 和 BKS_w 分别为岸坡稳定性的赋分和权重；BVC_r 和 BVC_w 分别为河岸植被覆盖度的赋分和权重；RD_r 和 RD_w 分别为河岸带人工干扰程度的赋分和权重。权重主要参考《河流标准》，其中 $BKS_w = 0.25$、$BVC_w = 0.5$、$RD_w = 0.25$。

表 6.11   岳城水库湖岸带状况赋分表

监测点位	岸坡稳定性	权重	植被覆盖度	权重	人工干扰程度	权重	河岸带状况赋分
岳库尾左	61.0	0.25	77.1	0.5	80.0	0.25	73.8
岳库尾右	61.0	0.25	77.1	0.5	80.0	0.25	73.8
岳库心左	77.0	0.25	77.1	0.5	80.0	0.25	77.8
岳库心右	77.0	0.25	77.1	0.5	80.0	0.25	77.8
岳坝前左	71.0	0.25	77.1	0.5	60.0	0.25	71.3
岳坝前右	71.0	0.25	77.1	0.5	70.0	0.25	73.8

6.5.2   河湖连通状况

结合《湖泊标准》，对岳城水库河湖连通状况进行赋分主要依据以下几点分析。

1. 环湖河流顺畅状况

（1）年入库水资源量占多年平均实测年径流量比例。根据2016年水文年鉴，2016年观台水文站入库径流量为 10.72 亿 m^3。

由于1956年至今入库径流量变化较大，故近期采用1991—2016年水文系列进行入库多年实测年径流量，多年变化见图6.16，多年平均径流量为 2.79 亿 m^3。

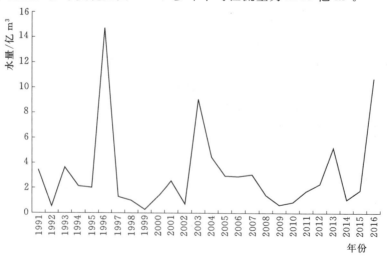

图 6.16   入库多年实测年径流量多年变化

评估年入库水资源量占多年平均实测年径流量比例为

$$W_n = \frac{\text{评估年入库水资源量}}{\text{入库河流多年平均实测年径流量}}$$

$$= \frac{10.72}{2.79} = 489.5\%$$

根据年入库水资源量占多年平均实测年径流量比例赋分标准，赋分为100分。

（2）断流阻隔时间。2016年观台水文站断流阻隔时间天数仅为4d，阻隔月份为0月，根据断流阻隔时间赋分标准，赋分为100分。

（3）环湖河流顺畅状况。环湖河流顺畅状况取断流阻隔时间与年入库水资源量占多年平均实测年径流量比例的最小值赋分，因此环湖河流顺畅状况赋分为100分。

2. 环湖河流连通状况

评估年环湖河流地表水资源量采用2016年匡门口、石梁水文站径流量进行计算。2016年匡门口水文站径流量为2.24亿 m^3，石梁水文站径流量为4.07亿 m^3，两者之和为6.31亿 m^3，而2016年观台水文站入库径流量为10.72亿 m^3，大于前两者之和，可能为两水文站下游暴雨所致，因此取2016年观台水文站入库径流量为地表水资源量。

出湖河流地表水资源量按照2016年岳城水库实测出湖水量计算，2016年岳城水库实测出湖水量为4.89亿 m^3。

因此，环湖河流连通状况改为入库为观台水文站入库径流量、出库为岳城水库出库径流量，环湖河流连通状况赋分采用出库与入库水资源比例进行计算。

$$RFC = \frac{W_n R_o}{R_n}$$

$$= \frac{100\% \times 4.89}{10.72}$$

$$= 45.6\%$$

式中：R_n 为评估年环湖河流地表水资源量，万 m^3/a；R_o 为出湖河流地表水资源量按照实测出湖水量计算；W_n 为环湖河流河湖连通性赋分；RFC 为环湖河流连通赋分。

因此，河湖连通状况赋分为45.6分，根据河湖连通状况赋分评价标准，连通性一般。

6.5.3 湖泊萎缩状况

根据水文年鉴，2015年全年平均水位为132.08m，最高水位为134.85m，最低水位为130.35m。1961—1970年水库建成开始蓄水后，10年平均水位为132.73m（李增强，2006），汛末年平均蓄水量为2.6054亿 m^3。由此可见，岳城水库水量与建库初期水位变化不大。另外也说明，现阶段岳城水库库容未发现有明显变化，湖泊萎缩面积较小。

从岳城水库的周边状况来看，岳城水库位于山区，属山谷型水库，周边围垦现象较少，山区不适于农耕，仅库尾和周围村落附近有少许围垦现象，故围垦现象较少。根据2015年水文年鉴，观台水文站逐日平均悬移质输沙率均为0，输沙量全年为0，因此漳河水体含沙量较少，实地查勘结果表明库尾淤积现象也不严重。

岳城水库蓄水量在近年来虽有所变化，但总体上未发生大幅度水位持续下降、水面积和蓄水量减少状况。根据 2016 年水文年鉴，岳城水库集水面积为 $1.81 \times 10^4 \mathrm{km}^2$。通过岳城水库 20 多年来的来水量变化以及咨询水库管理者对水库水面面积分析，水面面积未发生萎缩现象。

因此，岳城水库水面面积萎缩比例小于 5%，接近建库初期的水面状况，根据赋分表评价，赋分为 100 分。

6.5.4　物理结构准则层赋分

岳城水库物理结构准则层赋分包括以下 3 个指标，其赋分采用下式计算，即

$$PF_r = RFC_r \cdot RFC_w + ASR_r \cdot ASR_w + RS_r \cdot RS_w$$

式中：PF_r 为物理结构准则层赋分；RFC_r 和 RFC_w 分别为河湖连通状况的赋分和权重；ASR_r 和 ASR_w 分别为湖泊萎缩状况的赋分和权重；RS_r 和 RS_w 分别为湖滨带状况的赋分和权重。权重主要参考《湖泊标准》确定。其中，$BKS_w = 0.4$、$BVC_r = 0.3$、$RD_w = 0.3$。

物理准则层经赋分计算，岳城水库物理准则层赋分为 69.3 分，结果详见表 6.12。

表 6.12　　　　　　　　　　　　　岳城水库物理结构准则层赋分表

监测点位	湖滨带状况	权重	湖泊萎缩状况	权重	河湖连通状况	权重	物理结构赋分	面积权重	物理结构赋分
岳库尾左	61.0	0.3	100.0	0.3	45.6	0.4	66.5	0.14	
岳库尾右	61.0	0.3	100.0	0.3	45.6	0.4	66.5	0.14	
岳库心左	77.0	0.3	100.0	0.3	45.6	0.4	71.3	0.16	
岳库心右	77.0	0.3	100.0	0.3	45.6	0.4	71.3	0.16	69.3
岳坝前左	71.0	0.3	100.0	0.3	45.6	0.4	69.5	0.20	
岳坝前右	71.0	0.3	100.0	0.3	45.6	0.4	69.5	0.20	

6.6　水质

6.6.1　溶解氧状况

DO 为水中溶解氧浓度，其对水生动植物十分重要，过高或过低都会对水生物造成危害，适宜浓度为 $4 \sim 12 \mathrm{mg/L}$。

首先将各水质点位监测数据分汛期进行计算，参照《湖泊标准》中溶解氧状况指标赋分标准进行赋分评估，根据各站 DO 值，参照标准进行赋分，4 月赋分情况见表 6.13。结果表明，岳城水库调查 6 个水质站点的溶解氧状况都较好，赋分都达到 100 分，属于"理想状况"等级。

8 月赋分情况见表 6.14。结果表明，岳城水库调查 6 个水质站点的溶解氧状况都较好，赋分都达到 100 分，也均属于"理想状况"等级。

146

表 6.13各站 4 月溶解氧状况赋分表

站点名称	溶解氧/(mg/L)	溶解氧赋分	站点名称	溶解氧/(mg/L)	溶解氧赋分
岳库尾左	11.6	100	岳库心右	11.2	100
岳库尾右	11.4	100	岳坝前左	11.2	100
岳库心左	11.0	100	岳坝前右	10.7	100

表 6.14 各站 8 月溶解氧状况赋分表

站点名称	溶解氧/(mg/L)	溶解氧赋分	站点名称	溶解氧/(mg/L)	溶解氧赋分
岳库尾左	9.3	100	岳库心右	9.3	100
岳库尾右	9.5	100	岳坝前左	9.6	100
岳库心左	9.3	100	岳坝前右	9.4	100

两次赋分最小值情况见表 6.15。结果表明，岳城水库调查 6 个水质站点的溶解氧状况都较好，赋分均达 100 分，赋分较高。

表 6.15 各站两次溶解氧状况赋分表

站点名称	4 月溶解氧赋分	8 月溶解氧赋分	两次溶解氧赋分最小值
岳库尾左	100	100	100
岳库尾右	100	100	100
岳库心左	100	100	100
岳库心右	100	100	100
岳坝前左	100	100	100
岳坝前右	100	100	100

6.6.2 耗氧有机物污染状况

耗氧有机物是导致水体中溶解氧大幅下降的有机污染物，取高锰酸盐指数、五日生化需氧量、氨氮等 3 项，对湖泊耗氧污染状况进行评估。

首先分别计算各站汛期、非汛期高锰酸盐指数、五日生化需氧量、氨氮等 3 项数值，参照湖泊标准对耗氧有机污染物状况指标赋分标准进行赋分评估，见表 6.16、表 6.17。

表 6.16 岳城水库 4 月各站耗氧有机污染物状况指标赋分

站点名称	时间	氨氮/(mg/L)	赋分	高锰酸盐指数/(mg/L)	赋分	五日生化需氧量/(mg/L)	赋分	化学需氧量/(mg/L)	赋分	耗氧有机污染赋分
岳城水库库尾左	非汛期	0.02	100.00	1.80	100	2.0	100	10.0	100	100.0
岳城水库库尾右	非汛期	0.02	100.00	2.00	100	2.0	100	10.0	100	100.0
岳城水库库心左	非汛期	0.02	100.00	1.90	100	2.0	100	10.0	100	100.0
岳城水库库心右	非汛期	0.02	100.00	2.10	99	2.0	100	10.0	100	99.8
岳城水库坝前左	非汛期	0.03	100.00	1.90	100	2.0	100	10.0	100	100.0
岳城水库坝前右	非汛期	0.02	100.00	1.90	100	2.0	100	10.0	100	100.0

表6.17 岳城水库8月各站耗氧有机污染物状况指标赋分

站点名称	时间	氨氮/（mg/L）	赋分	高锰酸盐指数/（mg/L）	赋分	五日生化需氧量/（mg/L）	赋分	化学需氧量/（mg/L）	赋分	耗氧有机污染赋分
岳城水库库尾左	汛期	0.04	100.00	2.2	98	2.0	100	10.0	100	99.5
岳城水库库尾右	汛期	0.04	100.00	2.4	96	2.0	100	10.0	100	99.0
岳城水库库心左	汛期	0.05	100.00	2.1	99	2.0	100	10.0	100	99.8
岳城水库库心右	汛期	0.06	100.00	2.3	97	2.0	100	10.0	100	99.3
岳城水库坝前左	汛期	0.05	100.00	2.3	97	2.0	100	10.0	100	99.3
岳城水库坝前右	汛期	0.07	100.00	2.1	99	2.0	100	10.0	100	99.8

评估4个水质项目汛期和非汛期赋分，分别对其赋分，再取4个水质项目两次赋分的平均值作为耗氧有机污染物状况赋分。作为耗氧有机污染状况赋分，采用下式计算，即

$$OCP_r = \frac{CODMn_r + COD_r + BOD_r + NH_3N_r}{4}$$

式中：OCP_r、$CODMn_r$、COD_r、BOD_r 和 NH_3N_r 分别为耗氧有机污染物状况赋分值、高锰酸盐指数赋分值、化学需氧量赋分值、五日生化需氧量赋值、氨氮赋分值。

根据水质监测数据和耗氧有机污染物状况指标赋分标准，岳城水库4月各水质点位耗氧有机污染状况指标赋分情况见表6.16，8月见表6.17。

两次赋分最小值情况见表6.18。结果表明，岳城水库两次调查各个监测站点的耗氧有机污染物状况都较好，赋分均较高，均达99分以上。

表6.18 各站两次状况赋分表

站点名称	4月赋分	8月赋分	两次赋分最小值
岳库尾左	100.0	99.5	99.5
岳库尾右	100.0	99.0	99.0
岳库心左	100.0	99.8	99.8
岳库心右	99.8	99.3	99.3
岳坝前左	100.0	99.3	99.3
岳坝前右	100.0	99.8	99.8

由耗氧有机污染状况评价赋分结果可知，岳城水库耗氧有机污染总体上浓度较低。

6.6.3 富营养状况

湖泊从贫营养向富营养转变过程中，湖泊中营养盐浓度和与之相关联的生物生产量从低向高逐渐转变。营养状况评价一般从营养盐浓度、透明度、生产能力3个方面设置评价项目。本次评价项目包括总磷、总氮、叶绿素a、高锰酸盐指数和透明度。其中，叶绿素a为必评项目。

根据以上5项监测值，按照总营养状况指数计算公式，参照湖泊标准中湖泊营养状态评价标准及分级方法进行分级，确定EI值，根据湖泊营养化状况评价赋分标准表和岳城

水库各监测点位富营养化状况（EI 值）对汛期和非汛期富营养化状况（EU）进行评价赋分，然后取其两次最小值作为该监测点位富营养化指标赋分。岳城水库 4 月和 8 月各水质监测点位营养状态指数分别见表 6.19 和表 6.20。

表 6.19　　　　　　　　　岳城水库 4 月各水质监测点位营养状态指数表

监测点位	时间	总磷/(mg/L)	En	总氮/(mg/L)	En	叶绿素 a/(μg/L)	En	透明度/m	En	高锰酸盐指数/(mg/L)	En	富营养状态(EI)
岳库尾左	非汛期	0.02	36.67	3.92	74.80	0.0006	12.00	3.2	29	1.8	38	38.09
岳库尾右	非汛期	0.02	36.67	3.88	74.70	0.0007	14.00	3.1	29.5	2.0	40	38.97
岳库心左	非汛期	0.02	36.67	3.97	74.93	0.0006	12.00	5.5	19	1.9	39	36.32
岳库心右	非汛期	0.02	36.67	4.06	75.15	0.0005	10.00	5.4	19.2	2.1	40.5	36.30
岳坝前左	非汛期	0.02	36.67	3.99	74.98	0.0009	18.00	8.1	13.8	1.9	39	36.49
岳坝前右	非汛期	0.02	36.67	3.97	74.93	0.0006	12.00	8.5	13	1.9	39	35.12

表 6.20　　　　　　　　　岳城水库 8 月各水质监测点位营养状态指数表

监测点位	时间	总磷/(mg/L)	En	总氮/(mg/L)	En	叶绿素 a/(μg/L)	En	透明度/m	En	高锰酸盐指数/(mg/L)	En	富营养状态(EI)
岳库尾左	汛期	0.01	30.00	3.20	73.00	0.008	46.67	3.2	29	2.2	41	43.93
岳库尾右	汛期	0.01	30.00	2.97	72.43	0.006	43.33	3.1	29.5	2.4	42	43.45
岳库心左	汛期	0.01	30.00	3.16	72.90	0.006	43.33	5.5	19	2.1	40.5	41.15
岳库心右	汛期	0.01	30.00	2.95	72.38	0.008	46.67	5.4	19.2	2.3	41.5	41.95
岳坝前左	汛期	0.01	30.00	3.16	72.90	0.008	46.67	8.1	13.8	2.3	41.5	40.97
岳坝前右	汛期	0.01	30.00	3.24	73.10	0.008	46.67	8.5	13	2.1	40.5	40.65

根据赋分原则，4 月富营养化赋分（EU）情况详见表 6.21，8 月富营养化赋分（EU）情况详见表 6.22。

表 6.21　　　　岳城水库 4 月各监测点位富营养化状况指标（EU）赋分

监测点位名称	EI	EU 赋分	监测点位名称	EI	EU 赋分
岳库尾左	38.1	82.44	岳库心右	36.3	83.56
岳库尾右	39.0	81.89	岳坝前左	36.5	83.44
岳库心左	36.3	83.55	岳坝前右	35.1	84.30

表 6.22　　　　岳城水库 8 月各监测点位富营养化状况指标（EU）赋分

监测点位名称	EI	EU 赋分	监测点位名称	EI	EU 赋分
岳库尾左	43.93	73.56	岳库心右	41.95	80.03
岳库尾右	43.45	75.16	岳坝前左	40.97	80.64
岳库心左	41.15	80.53	岳坝前右	43.93	73.56

两次富营养化赋分（EU）情况最小值见表 6.23。根据赋分情况可以看出，岳城水库

赋分大部分都在 70 分以上，4 月赋分情况好于 8 月，岳城水库两次赋分情况均值均在 75 分以上，富营养化程度较低，水体富营养化污染较小。

表 6.23 岳城水库各监测点位两次状况赋分表

编号	点位名称	4月赋分	8月赋分	两次赋分最小值
1	岳库尾左	82.4	73.6	73.6
2	岳库尾右	81.9	75.2	75.2
3	岳库心左	83.6	80.5	80.5
4	岳库心右	83.6	80.0	80.0
5	岳坝前左	83.4	80.6	80.6
6	岳坝前右	84.3	80.8	80.8

6.6.4 水质准则层赋分

水质准则层包括 3 项赋分指标，根据相关规定，以 3 个评估指标中最小分值作为水质准则层赋分，用下式计算，即

$$WQ_r = \min(DO_r, OCP_r, EU_r)$$

另外，根据各监测点位面积权重，计算湖泊水质准则层赋分值。计算结果见表 6.24。

表 6.24 岳城水库各点位水质准则层赋分表

点位名称	溶解氧状况赋分	耗氧有机物状况赋分	富营养状况赋分	水质准则层赋分	面积权重	岳城水库水质准则层赋分
岳库尾左	100.0	99.5	73.6	73.6	0.14	
岳库尾右	100.0	99.0	75.2	75.2	0.14	
岳库心左	100.0	99.8	80.5	80.5	0.16	78.8
岳库心右	100.0	99.3	80.0	80.0	0.16	
岳坝前左	100.0	99.3	80.6	80.6	0.20	
岳坝前右	100.0	99.8	80.8	80.8	0.20	

从表 6.24 可以看出，岳城水库水质准则层赋分为 78.8 分，水质状况较好，坝前赋分最高，其次为库心，库尾赋分次之，总体赋分均较高。

6.7 生物

6.7.1 浮游植物

1. 种类组成

4 月岳城水库各监测点位进行了浮游植物调查，种类组成结果见表 6.25。结果表明，共检出浮游植物计 7 门 39 种，其中硅藻门种类最多，其次为绿藻门和蓝藻门，其他门类种数较少。

表6.25   岳城水库4月浮游植物各门种类数量

门　类	数量/种	门　类	数量/种
蓝藻门	3	硅藻门	23
隐藻门	1	裸藻门	1
金藻门	1	绿藻门	9
黄藻门	1	共计	39

8月岳城水库各监测点位浮游植物调查种类数量见表6.26，共布设6点位。共检出浮游植物计4门24种，其中绿藻门种类最多，其次为硅藻门和蓝藻门，甲藻门类种数最少。

表6.26   岳城水库8月浮游植物各门种类数量

门　类	数量/种	门　类	数量/种
蓝藻门	3	绿藻门	12
甲藻门	2	共计	24
硅藻门	7		

2. 细胞密度

4月漳河调查各监测点位浮游植物细胞密度见表6.27，藻细胞密度范围为（0.4～1.0)×10⁶个/L。总体来看，库尾藻细胞密度较高，坝前藻细胞密度较低。

表6.27   岳城水库4月各监测点位浮游植物细胞密度   单位：10^6 个/L

门类	岳库尾左	岳库尾右	岳库心左	岳库心右	岳坝前左	岳坝前右
蓝藻门	0.08	0			0.04	
隐藻门			0.02			
甲藻门						
金藻门			0.02		0.01	
黄藻门					0.04	
硅藻门	0.35	0.34	0.18	0.29	0.16	0.35
裸藻门	0.08	0.06	0.16	0.02		
绿藻门	0.47	0.08	0.28	0.24	0.08	0.08
求和	0.97	0.48	0.50	0.69	0.35	0.43

8月漳河调查各监测点位浮游植物细胞密度见表6.28，藻细胞密度范围为（23.4～49.9)×10⁶个/L。总体来看，库心藻细胞密度较高，坝前藻细胞密度稍低。

表6.28   岳城水库8月各监测点位浮游植物细胞密度   单位：10^6 个/L

门类	岳库尾左	岳库尾右	岳库心左	岳库心右	岳坝前左	岳坝前右
蓝藻门	7.60	14.04	35.36	12.00	18.56	10.72
隐藻门						
甲藻门	0.02			0.02	0.08	
金藻门						

门类	岳库尾左	岳库尾右	岳库心左	岳库心右	岳坝前左	岳坝前右
硅藻门	0.24	0.64	0.64	0.24		0.44
裸藻门						
绿藻门	19.10	10.26	13.94	17.14	12.20	12.24
共计	26.96	24.94	49.94	29.40	30.84	23.40

浮游植物优势种类为微囊藻，近两年来在岳城水库检测到微囊藻毒素（周绪申，2011），水环境问题应引起足够重视。

3. 浮游植物污生指数赋分

根据海河流域河湖健康评估指标赋分标准中的浮游植物赋分标准，对岳城水库 4 月浮游植物调查结果进行赋分，赋分值（PHP）见表 6.29 所示。

表 6.29　　　　　　岳城水库 4 月各监测点位浮游植物污生指数 S 及赋分

监测点位	污生指数 S	赋分	监测点位	污生指数 S	赋分
岳库尾左	2.35	71.37	岳库心右	2.50	25.00
岳库尾右	2.21	67.71	岳坝前左	2.14	66.07
岳库心左	2.52	25.60	岳坝前右	2.14	66.07

根据海河流域河湖健康评估指标赋分标准中的浮游植物赋分标准，对岳城水库 8 月浮游植物调查结果进行赋分，赋分值（PHP）见表 6.30。

表 6.30　　　　　　岳城水库 8 月各监测点位浮游植物污生指数 S 及赋分

监测点位	污生指数 S	赋分	监测点位	污生指数 S	赋分
岳库尾左	2.35	71.37	岳库心右	2.50	25.00
岳库尾右	2.21	67.71	岳坝前左	2.14	66.07
岳库心左	2.52	25.60	岳坝前右	2.14	66.07

两次浮游植物赋分情况均值见表 6.31。根据赋分情况可以看出，岳城水库赋分 4 个监测点位 60 分左右，2 个监测点位在 40 分左右。4 月赋分情况好于 8 月。

表 6.31　　　　　　岳城水库各监测点位两次状况赋分

点位名称	4 月赋分	8 月赋分	两次赋分均值
岳库尾左	71.4	55.2	63.3
岳库尾右	67.7	54.9	61.3
岳库心左	25.6	53.8	39.7
岳库心右	25.0	55.9	40.5
岳坝前左	66.1	52.7	59.4
岳坝前右	66.1	55.3	60.7

6.7.2 浮游动物

1. 浮游动物类群组成

2017年4月岳城水库浮游动物共鉴定出13种，其中原生动物1种，轮虫7种，枝角类0种，桡足类5种，见表6.32。

表 6.32　　　　　　　　岳城水库 4 月浮游动物类群统计

类 群	种 数	类 群	种 数
原生动物	1	桡足类	5
轮虫类	7	共计	13
枝角类	0		

2017年8月岳城水库浮游动物共鉴定出9种，其中原生动物2种，轮虫5种，枝角类5种，桡足类0种，见表6.33。

表 6.33　　　　　　　　岳城水库 8 月浮游动物类群统计

类 群	种 数	类 群	种 数
原生动物	2	桡足类	0
轮虫类	5	共计	9
枝角类	2		

2. 赋分计算

岳城水库浮游动物迄今为止未发现20世纪六七十年代相关研究文献资料，无相关历史资料可以进行对比分析，相关研究仅在近几年，其对比性相对意义较小，所以对岳城水库浮游动物采用生物多样性评价方法进行评价，采用 Shannon - Wiener 指数。4月各监测点位浮游动物 Shannon - Wiener 指数及赋分见表6.34。

表 6.34　　　岳城水库 4 月各监测点位浮游动物 Shannon - Wiener 指数及赋分

监测点位	$H'(S)$	赋分	监测点位	$H'(S)$	赋分
岳库尾左	1.7	56.7	岳库心右	1.7	56.0
岳库尾右	1.9	62.5	岳坝前左	1.7	56.9
岳库心左	1.1	35.4	岳坝前右	1.8	60.3

8月各监测点位浮游动物 Shannon - Wiener 指数及赋分见表6.35，两次赋分值均为库尾和坝前较高，而库心赋分较低。

表 6.35　　　岳城水库 8 月各监测点位浮游动物 Shannon - Wiener 指数及赋分

监测点位	$H'(S)$	赋分	监测点位	$H'(S)$	赋分
岳库尾左	2.2	72.0	岳库心右	1.5	50.4
岳库尾右	2.3	77.5	岳坝前左	1.8	58.4
岳库心左	0.9	30.7	岳坝前右	1.7	57.4

岳城水库两次浮游动物赋分情况均值见表 6.36。

表 6.36 岳城水库各监测点位两次状况赋分表

点位名称	4 月赋分	8 月赋分	两次赋分均值
岳库尾左	56.7	72.0	64.4
岳库尾右	62.5	77.5	70.0
岳库心左	35.4	30.7	33.1
岳库心右	56.0	50.4	53.2
岳坝前左	56.9	58.4	57.7
岳坝前右	60.3	57.4	58.9

6.7.3 大型水生植物

岳城水库库岸及浅水区水生植物为香蒲、芦苇、草芦、佛子草、稗、水葱、酸膜叶蓼、菹草、苦草、细叶眼子菜、马来眼子菜、角果藻、金鱼藻、黑藻、狐尾藻等，种类较丰富。

在库心及坝前区域，水体较深，透明度较浅，植被较少，生长情况一般。由于长期运用淤积，库区多为土黄色细泥，其中有少许黑色腐殖质，属中营养底泥（于伟东，2010）。

对各监测点位水生物植物盖度进行实际调查，采取直接赋分方法，岳城水库大型水生植物覆盖度及赋分见表 6.37。

表 6.37 湖岸带大型水生植物覆盖度及赋分

点位名称	大型水生植物覆盖度	赋　　分
岳库尾左	20	33.3
岳库尾右	20	33.3
岳库心左	15	29.1
岳库心右	35	45.8
岳坝前左	10	25
岳城水库坝前右	10	25

6.7.4 底栖动物

1. 种类组成

本次调查选择岳城水库水域 6 个点位于非汛期（4 月）和汛期（8 月）进行采集工作，基本可以代表岳城水库水域的整体特征。结果显示岳城水库底栖动物 12 种，其中水栖寡毛类 3 种，软体类 3 种，水生昆虫 6 种。结果显示，岳城水库底栖生物多样性较低。此外，对水质较为敏感的毛翅目、蜉蝣目等未曾采集到，可以认为这两类底栖动物在该区域没有分布。

岳城水库底栖动物种类组成见表 6.38，从底栖动物种类数在 6 个点位的分布来看，岳城水库水域整体底栖动物种类较少，多为耐污类群。

表 6.38　　　　　　　　　　　岳城水库底栖动物种类组成表　　　　　单位：ind./m³

种类	坝前左	坝前右	库心左	库心右	库尾左	库尾右
环节动物门						
霍甫水丝蚓	160	160	120	80		280
淡水单孔蚓	160	480	280	320	80	160
苏氏尾鳃蚓	160	240	160	80	80	120
软体动物门						
铜锈环棱螺					80	
凸旋螺					80	
狭萝卜螺					40	
节肢动物门						
花翅前突摇蚊	40			80		
双线环足摇蚊		80				
红裸须摇蚊	120		160			80
中华摇蚊	160	160				160
德永雕翅摇蚊			40		40	
台湾长跗摇蚊				40		
合计	800	1120	760	600	400	800

2. 底栖动物耐污值

基于 BI 指数的水质评价方法首先由 Hilsenhoff 提出并应用，杨莲芳等首次将耐污值（Tolerance Value）引入国内。目前，国内已建立和核定的底栖动物 370 余个分类单元的耐污值。本项目采集的底栖动物种类的耐污值见表 6.39。

表 6.39　　　　　　　　　　　　岳城水库底栖动物耐污值表

序号	种类	耐污值	序号	种类	耐污值
1	霍甫水丝蚓	9.4	7	花翅前突摇蚊	9.0
2	淡水单孔蚓	9.0	8	双线环足摇蚊	6.8
3	苏氏尾鳃蚓	8.5	9	红裸须摇蚊	8.0
4	铜锈环棱螺	4.3	10	中华摇蚊	6.1
5	凸旋螺	5.0	11	德永雕翅摇蚊	7.0
6	狭萝卜螺	8.0	12	台湾长跗摇蚊	4.7

3. 底栖动物 BI 指数赋分

经计算，得出岳城水库各站点的生物指数（BI）值。根据 BI 污染水平判断标准及各站点 BI 值计算结果，可以看出岳城水库主要为轻度污染水平。以 BI 值为 0 时赋分 100 分、BI 值为 10 时赋分为 0，采用内插法计算各站点分数，得出岳城水库底栖动物指标得分为 16.59 分，见表 6.40。

表 6.40　　　　　　　　　　　　　岳城水库底栖动物赋分情况

序号	站点	BI 值	赋分	整体得分
1	岳城水库库尾左	8.17	18.33	
2	岳城水库库尾右	8.30	17.00	
3	岳城水库库心左	8.64	13.58	16.59
4	岳城水库库心右	8.39	16.13	
5	岳城水库坝前左	8.17	18.33	
6	岳城水库坝前右	8.39	16.15	

6.7.5　鱼类

1. 种类组成

通过捕获、走访调查及参照河北动物志（鱼类）等文献资料，漳河水系调查获得现存鱼类种类，隶属于 8 目 14 科 43 种，其中 3 种为外来引入养殖种类，分别为革胡子鲶（*Clarias gariepinus*）、西伯利亚鲟（*Acipenser baeri*）和大银鱼（*Protosalanx hyalocranius*），根据鱼类损失指数计算现存种类应为 41 种，漳河水系鱼类组成情况见表 6.41。

表 6.41　　　　　　　　　　　　　漳河水系鱼类组成情况

种　　类	历史种类	现存种类	种　　类	历史种类	现存种类
鲤科（*Cyprinidae*）	30	18	塘鳢科（*Eleotridae*）	1	0
鳅科（*Cobitidae*）	4	3	丝足鲈科（*Osphronemidae*）	32	16
刺鳅科（*Mastacembelidae*）	1	0	银鱼科（*Salangidae*）	0	1
鲿科（*Bagridae*）	2	1	鲟科（*Acipenseridae*）	0	1
鲶科（*Siluridae*）	1	1	合鳃科（*Synbranchidae*）	1	0
胡子鲶科（*Clariidae*）	0	1	鳢科（*Ophiocephalidae*）	1	0
青鳉科（*Cyprinodontidae*）	1	0	合计	76	43
鰕虎鱼科（*Gobiidae*）	2	1			

2. 计算赋分

漳河水系鱼类历史调查数量为 76 种，其中 7 种未在历史数据中记录，应合并为历史种类，除去 3 种外来引入养殖种类，历史种类数据应为 81 种，鱼类损失指标计算式为

$$FOE = \frac{FO}{FE} = \frac{41}{81} = 0.506$$

漳河水系近似估算鱼类损失指数 FOE 为 0.506，指标赋分为 30.62 分。

6.7.6　生物准则层赋分

生物准则层赋分公式为

$$AL_r = PHP_r \cdot PHP_w + ZOE_r \cdot ZOE_w + MPH_r \cdot MPH_w + BMIBI_r \cdot BMIBI_w$$
$$+ FOE_r \cdot FOE_w$$

式中：AL_r 为生物准则层赋分，根据湖泊健康评估分级表，计算湖泊生物准则层赋分值。

经计算生物准则层赋分为 34.6 分，分值较低，见表 6.42。

表 6.42 生物准则层指标赋分表

湖泊指标层	浮游植物		浮游动物		大型水生植物		大型底栖动物		鱼类		生物准则层	湖泊生物准则层赋分
	污生指数	权重	多样性指数	权重	赋分	权重	BI 指数	权重	生物损失指数	权重	赋分	
	PHP_r	PHP_w	ZOE_r	ZOE_w	MPH_r	MPH_w	$BMIBI_r$	$BMIBI_w$	FOE_r	FOE_w	AL_r	
岳坝前左	63.3	0.15	64.4	0.15	33.3	0.2	18.33	0.25	30.62	0.25	38.1	34.6
岳坝前右	61.3	0.15	70.0	0.15	33.3	0.2	17.00	0.25	30.62	0.25	38.3	
岳库中左	39.7	0.15	33.1	0.15	29.1	0.2	13.58	0.25	30.62	0.25	27.8	
岳库中右	40.5	0.15	53.2	0.15	45.8	0.2	16.13	0.25	30.62	0.25	34.9	
岳库尾左	59.4	0.15	57.7	0.15	25.0	0.2	18.33	0.25	30.62	0.25	34.8	
岳库尾右	60.7	0.15	58.9	0.15	25.0	0.2	16.15	0.25	30.62	0.25	34.6	

6.8 社会服务功能

6.8.1 水功能区达标指标

根据海河流域水功能区划分，岳城水库属于水源地保护区。

根据 2016 年海河流域水资源质量公报，岳城水库天然入库水量水质较好，岳城水库在汛期与非汛期水质状况均达标，全年水质状况较好。

根据岳城水库水质准则层赋分结果显示，富营养化赋分 EI 在 45.2～56.1 之间，总体来看，总氮和高锰酸盐指数还较高。岳城水库水质准则层赋分为 65.2 分，水质状况较好，大部分样点处于"健康"水平。

根据以上结果计算水功能区水质达标情况，岳城水库水功能区水质达标率指标赋分为 85 分。

6.8.2 水资源开发利用指标

水资源开发利用率为湖泊流域总水资源开发利用率，反映湖泊流域水资源总量与湖泊流域水资源开发利用率的关系。

岳城水库属于漳卫河山区三级水资源分区，根据 2012 年海河流域水资源量情况，计算水资源开发利用率，漳卫河山区水资源总量为 28.47 亿 m³，总供水量为 15.95 亿 m³，水资源开发利用公式为

$$WRU_r = |a \cdot (WRU)^2 - b \cdot WRU|$$

式中：WRU_r 为水资源利用率指标赋分；WRU 为评估河段水资源利用率；a、b 为系数，分别为 $a=1111.11$、$b=666.67$，最终取绝对值。

157

$$WRU_r = \left| 1111.11 \times \frac{15.95^2}{28.47} - 666.67 \times \frac{15.95}{28.47} \right| = 24.75$$

岳城水库所在流域水资源开发利用率中等，根据《湖泊标准》计算，建议岳城水库该指标赋分为 90 分。

6.8.3 防洪指标

1. 防洪工程完好率

岳城水库是漳河上最大的一座以防洪为主，兼有灌溉、供水、发电等综合效益的大型控制性枢纽工程，该水库也是海河流域漳河干流上重要的大型蓄水工程。

岳城水库主体工程由大坝、泄洪洞、溢洪道、电站、引水渠首等建筑物组成，泄洪洞共 9 孔，底高程为 109m，第 9 孔为电站引水管道进口，岳城水库以下漳河河道长 119km。设计水位为 151.90m，校核水位为 154.80m，汛限水位为 132.00m，死水位为 125.00m。

拦河坝（主坝 1 座、副坝 4 座）为碾压式均质土坝，坝顶高程为 159.5m。主坝坝顶长 3603.3m，最大坝高 55.5m；大副坝位于漳河左岸，全长 1439.0m，最大坝高 32.5m；1~3 号小副坝均位于大副坝左侧，坝长分别为 352m、559m 和 344m，最大坝高分别为 8.5m、12.5m 和 6.0m。泄洪洞为坝下埋管，共 9 孔，其中 8 孔泄洪、1 孔发电。溢洪道位于主坝与大副坝之间，共 9 孔，单孔净宽 12.0m，堰顶高程为 143.0m。电站位于泄洪洞消力池右侧，装机 17MW。河北、河南灌渠渠首引水闸分别位于泄洪洞消力池左、右侧边墙上，最大引水流量各 100m³/s。

根据上述资料和数据，岳城水库坝体为土坝，工程经过多次修缮，总体满足设计要求，根据《湖泊标准》中防洪工程完好率指标赋分标准，防洪工程完好率应为 90%，则该指标赋分为 75。

2. 湖泊洪水调蓄能力

2009 年通过对岳城水库加固工程实施，水库现状设计洪水标准为千年一遇，校核洪水标准接近 2000 年一遇（1850 年一遇），超过 2000 年一遇洪水仍需采取爆破 2 号副坝的非常措施方案。岳城水库有实测资料的较大洪水有 1956 年、1963 年、1982 年、1996 年、2016 年洪水，发生时间均在 7 月下旬至 8 月上旬间，其中 1956 年、1982 年、1996 年、2016 年洪水均为热带气旋所致，特别是"63·8""96·8"以及 2016 年"7·21"等大洪水的考验，发挥了显著的防洪效益。

鉴于岳城水库建成以后的防洪情况，确定岳城水库洪水调蓄能力基本满足要求，指标赋分为 65 分。

3. 防洪指标赋分

根据《湖泊标准》，防洪工程完好率和洪水调蓄能力的权重分别为 0.3 和 0.7。因此，岳城水库防洪指标赋分计算为

$$FLD_r = 75 \times 0.3 + 65 \times 0.7 = 68$$

6.8.4 公众满意度指标

本次岳城水库公众满意度调查，共收集了 88 份有效问卷，18 份无效问卷。其中有效

问卷中，沿湖居民 16 份，平均赋分为 60 分；湖泊管理者 4 份，平均赋分为 68.8 分；湖泊周边从事生产活动 0 份；旅游经常来湖泊 3 份，平均赋分为 73.3 分；旅游偶尔来湖泊 5 份，平均赋分 84.0 分，如图 6.17 所示。

根据下面公式对岳城水库公众满意度调查结果进行赋分计算，即

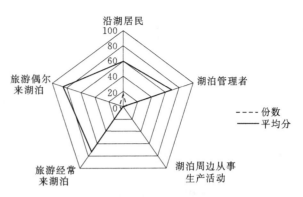

图 6.17　岳城水库公众满意度调查结果

$$PP_r = \frac{\sum_{n=1}^{NPS} PER_r \cdot PER_w}{\sum_{n=1}^{NPS} PER_w}$$

式中：PP_r 为公众满意度指标赋分；PER_r 为有效调查公众总体评估赋分；PER_w 为公众类型权重；NPS 为调查有效公众总人数。

其中：沿湖居民权重为 3，湖泊管理者权重为 2，湖泊周边从事生产活动为 1.5，旅游经常来湖泊权重为 1，旅游偶尔来湖泊权重为 0.5。

调查计算结果表明，岳城水库公众满意度调查赋分值为 62.8 分。

6.8.5　饮用水安全保障程度指标

饮用水安全保障程度为城乡居民饮水安全人口占总人口的比例。赋分表达式为

$$DWS_r = DWSP \times 100$$

式中：DWS_r 为饮用水安全保障程度指标赋分；$DWSP$ 为评估河湖城乡居民饮水安全人口占总人口的比例。

岳城水库分别是安阳市和邯郸市重要饮用水源地，供水占邯郸市的 70%～80%，占安阳市的 20%～30%。本研究结果认为，2015 年岳城水库对应的城乡饮水安全人口为 100%。根据该指标定义计算，该指标赋分为 100 分。饮用水安全保障程度赋分为 100 分。

6.8.6　社会服务功能准则层赋分

岳城水库社会服务功能准则层赋分包括 5 个指标，赋分计算公式为

$$\begin{aligned} SS_r &= WFZ_r \cdot WFZ_w + WRU_r \cdot WRU_w + FLD_r \cdot FLD_w + PP_r \cdot PP_w + DWS_r \cdot DWS_w \\ &= 82.0 \times 0.2 + 90.0 \times 0.2 + 92.5 \times 0.2 + 62.8 \times 0.2 + 100 \times 0.2 \\ &= 85.5 \end{aligned}$$

式中：SS_r、WFZ_r、WRU_r、FLD_r、PP_r、DWS_r 分别为社会服务功能准则层、水功能区达标指标、水资源开发利用指标、防洪指标、饮用水安全保障程度和公众满意度赋分；WFZ_w、WRU_w、FLD_w、PP_w、DWS_w 分别为水功能区达标指标、水资源开发利用指标、防洪指标、公众满意度、饮用水安全保障程度赋分权重。参考《湖泊标准》，5 个指标等权重设计，均为 0.2，见表 6.43。

岳城水库社会服务功能准则层赋分为 85.5 分。

表 6.43　　　　　　　岳城水库社会服务功能准则层中各指标权重

准则层	权重	指　标　层	权重
社会服务功能	1	水功能区达标指标	0.2
		水资源开发利用指标	
		防洪指标	
		公众满意度	
		饮用水安全保障程度	

6.9　岳城水库健康总体评估

岳城水库健康评估包括 5 个准则层，基于水文水资源、物理结构、水质和生物准则层评价湖泊生态完整性，综合湖泊生态完整性和湖泊社会功能准则层得到湖泊健康评估赋分。

6.9.1　各监测断面所代表的湖区生态完整性赋分

评价湖区生态完整性赋分按照以下公式计算各湖区 5 个准则层的赋分，即

$$LEI = HD_r \cdot HD_w + PF_r \cdot PF_w + WQ_r \cdot WQ_w + AL_r \cdot AR_w$$

式中：LEI、HD_r、HD_w、PF_r、PF_w、WQ_r、WQ_w、AL_r、AR_w 分别为湖区生态完整性状况赋分、水文水资源准则层赋分、水文水资源准则层权重、物理结构准则层赋分、物理结构准则层权重、水质准则层赋分、水质准则层权重、生物准则层赋分、生物准则层权重。参考《湖泊标准》，水文水资源、物理结构、水质和生物准则层的权重依次为 0.2、0.2、0.2 和 0.4。生态完整性状况赋分计算结果见表 6.44。

表 6.44　　　　　　　岳城水库各监测点位生态完整性状况赋分表

监测点位	水文水资源	权重	物理结构	权重	水质	权重	生物	权重	生态完整性状况赋分
岳库尾左	77.2	0.2	66.5	0.2	73.6	0.2	38.1	0.4	58.7
岳库尾右	77.2	0.2	66.5	0.2	75.2	0.2	38.3	0.4	59.1
岳库心左	77.2	0.2	71.3	0.2	80.5	0.2	27.8	0.4	56.9
岳库心右	77.2	0.2	71.3	0.2	80.0	0.2	34.9	0.4	59.7
岳坝前左	77.2	0.2	69.5	0.2	80.6	0.2	34.8	0.4	59.4
岳坝前右	77.2	0.2	69.5	0.2	80.8	0.2	34.6	0.4	59.3

6.9.2　湖泊生态完整性评估赋分

湖泊生态完整性评估赋分采用以下计算公式计算，即

$$LEI = \sum_{n=1}^{N_{sects}} \left(\frac{LEI_n \cdot A_n}{A} \right)$$

式中：LEI 为评估湖泊生态完整性赋分；LEI_n 为评估湖区赋分；A_n 为评估湖区水面面

积，km²；A 为评估湖泊水面面积，km²。

参考岳城水库监测点位的位置以及岳城水库湖面积的大小、水深等因素，得到本次调查各监测点位代表的库区面积权重，通过算术平均的方法，计算评估库区生态完整性赋分，详见表 6.45。

表 6.45　　　　　　　　　　　　岳城水库生态完整性状况赋分表

样点	各湖区生态完整性状况赋分	面积权重	得分
岳库尾左	58.7	0.14	
岳库尾右	59.1	0.14	
岳库心左	56.9	0.16	58.9
岳库心右	59.7	0.16	
岳坝前左	59.4	0.20	
岳坝前右	59.3	0.20	

湖泊生态完整性评估赋分经计算，数值为 58.9 分。

$$LEI = \sum_{n=1}^{N sects} \left(\frac{LEI_n \cdot A_n}{A} \right) = 58.9$$

6.9.3　湖泊健康评估赋分

根据以下公式，综合湖泊生态完整性评估指标赋分和社会服务功能指标评估赋分结果，计算岳城水库健康赋分。

$$LHI = LEI \cdot LEI_w + SSI \cdot SS_w$$
$$= 58.9 \times 0.7 + 85.5 \times 0.3$$
$$= 66.9$$

式中：LHI、LEI、LEI_w、SSI、SS_w 分别为湖泊健康目标处赋分、生态完整性状况赋分、生态完整性状况赋分权重、社会服务功能赋分、社会服务功能赋分权重。参考《湖泊标准》，生态完整性状况赋分和社会服务功能赋分权重分别为 0.7 和 0.3。岳城水库健康评估赋分为 66.9 分，为"健康"状态。

6.9.4　岳城水库健康整体特征

岳城水库健康评估通过对岳城水库 6 个评估监测点位的 5 个准则层 18 个指标层调查评估结果进行逐级加权、综合评分，计算得到漳河健康赋分为 66.9 分。根据湖泊健康分级原则，岳城水库评估年健康状况结果处于"健康"等级。从岳城水库 5 个准则层的评估结果来看，目前岳城水库生物准则层健康状况很差，均处于"不健康"等级，主要由于鱼类损失指数赋分较低、浮游生物多样性降低造成；其次由于物理结构准则层河流阻隔状况指标赋分较低；再次为上游来水量减少，并且河流取水量不断增加，导致实测径流量小于天然径流量，详见表 6.46 和图 6.18。

表 6.46   各准则层健康赋分及等级

准则层及目标层	赋　　分	健　康　等　级
水文水资源	77.2	健康
物理结构	69.2	健康
水质	78.8	健康
生物	34.6	不健康
社会服务功能	85.5	理想状态
漳河整体健康	66.9	健康

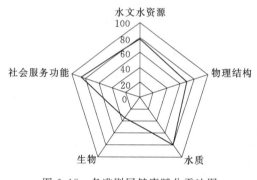

图 6.18　各准则层健康赋分雷达图

　　本年度岳城水库健康评估结果与 2015 年度评估结果相比，岳城水库整体健康状况稍差，2015 年赋分为 69.2 分，从赋分上相比要低于 2015 年度。从各准则层来看，生物准则层较 2015 年度赋分低，水文水资源和水质准则层赋分准则层赋分稍高，物理结构赋分相比略有下降，社会服务功能准则层与 2015 年度评估结果相比分值差别不大。

第7章

卫 运 河 健 康 评 估

7.1 卫运河流域概况

漳卫河古为清河段。隋开凿运河，为永济渠，唐宋称御河，后改称卫河。曾为京杭大运河的一部分。中华人民共和国成立后，因此河为漳河、卫河合流而成，而命名为漳卫河。20世纪六七十年代，对该河进行多次治理。修有恩县洼滞洪工程；对河道裁弯取直，展宽河道，加固堤防；沿河建有西郑、祝官屯、土龙头、入卫、王庄等水闸和船闸。

卫运河是由漳、卫河于徐万仓汇流后至四女寺一段河道。河道长157km，两岸堤防总长320.5km，是冀、鲁两省边界河道。左岸途径河北省馆陶县、临西县、清河县、故城县；右岸途径山东省冠县、临清市、夏津县、武城县。到四女寺枢纽分流入漳卫新河和南运河，如图7.1所示。

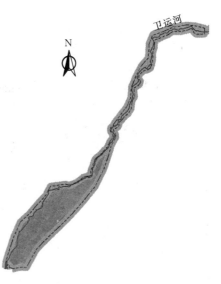

图 7.1　卫运河示意图

7.2 卫运河流域健康评估体系

根据海河流域河湖健康评估一期试点和二期试点工作情况，卫运河水生态监测和健康评估指标体系设置按照《河流健康评估指标、标准与方法（试点工作用）》及海河流域重要河湖健康评估体系，包括1个目标层、2个目标亚层、5个准则层、14个评估指标，详见表7.1。

表 7.1　　　　　　　　　　卫运河健康评估指标体系

目标层	亚层	准则层	指标层	代码	权重
漳卫南运河	生态完整性	水文水资源	流量过程变异程度	*FD*	0.3
			生态流量保障程度	*EF*	0.7
		物理结构	河岸带状况	*RS*	0.6
			河流连通阻隔状况	*RC*	0.4

目标层	亚层	准则层	指标层	代码	权重
漳卫南运河	生态完整性	水质	溶解氧水质状况	DO	最小值
			耗氧有机污染状况	HMP	
			重金属污染状况	PHP	
		生物	浮游植物污生指数	PSI	最小值
			底栖动物 BI 指数	BI	
			鱼类生物损失指数	FOE	
	社会服务	社会服务功能	水功能区达标指标	WFZ	0.25
			水资源开发利用指标	WRU	0.25
			防洪指标	FLD	0.25
			公众满意度	PP	0.25

7.3 卫运河流域健康评估监测方案

7.3.1 评估指标获取方法

在数据获取方式上,将卫运河流域河流健康评估指标数据获取可以分成两类:第一类指标是历史监测数据,数据获得以收集资料为主;第二类以现场调查实测为主,见表7.2。

表 7.2 卫运河健康评估指标获取方法

目标层	准则层	指标层	获取方法/渠道
河流健康	水文水资源	流量过程变异程度	水文站
		生态流量保障程度	水文站
	物理结构	河岸带状况	现场实测
		河流连通阻隔状况	调查
	水质	耗氧有机污染状况	现场实测
		溶解氧水质状况	现场实测
		重金属污染状况	现场实测
	生物	浮游植物污生指数	现场实测
		大型无脊椎动物 BI 指数	现场实测
		鱼类生物损失指数	调查法与现场实测
	社会服务功能	水功能区达标率	水质站
		水资源开发利用指标	调查
		防洪指标	调查
		公众满意度指标	现场调查

7.3.2 调查点位布设

根据卫运河的水功能区、省界水质监测点位布设，以及该河系水文站点分布状况，对卫运河进行点位布设。

卫运河共布设监测点位 5 个，分别为徐万仓、临清大桥、祝官屯、西郑庄和四女寺，监测点位所代表的水功能区见表 7.3 和图 7.2。

表 7.3 卫运河健康评估监测点位设置

河系分段	序号	监测点位	重要水功能区
卫运河	1	徐万仓	卫运河冀鲁缓冲区
	2	临清大桥	卫运河冀鲁缓冲区
	3	祝官屯	卫运河冀鲁缓冲区
	4	西郑庄	卫运河冀鲁缓冲区
	5	四女寺	卫运河冀鲁缓冲区

图 7.2 卫运河评估监测点位示意图

各监测点位所代表的河长、详细经纬度等见表 7.4。

表 7.4 卫运河各监测点位经纬度及起止断面

河系分段	代表站点	水功能区	河长/km	代表站点坐标		起始断面			终止断面		
				东经	北纬	站点	东经	北纬	站点	东经	北纬
卫运河	徐万仓	卫运河冀鲁缓冲区	7.2	115°16′59.88″	36°28′37.20″	徐万仓	115°16′59.88″	36°28′37.20″	馆陶	115°17′60.00″	36°31′59.88″
	临清大桥	卫运河冀鲁缓冲区	58.7	115°42′04.32″	36°51′42.84″	馆陶	115°17′60.00″	36°31′59.88″	临清大桥	115°42′04.32″	36°51′42.84″
	祝官屯	卫运河冀鲁缓冲区	59.0	115°54′21.60″	37°10′06.24″	临清大桥	115°42′04.32″	36°51′42.84″	赵行	115°58′27.12″	37°16′07.68″
	西郑庄	卫运河冀鲁缓冲区	23.9	116°02′11.76″	37°21′28.08″	赵行	115°58′27.12″	37°16′07.68″	故城	116°07′43.32″	37°22′27.48″
	四女寺	卫运河冀鲁缓冲区	10.7	116°14′02.40″	37°21′42.84″	故城	116°07′43.32″	37°22′27.48″	四女寺	116°14′02.40″	37°21′42.84″

7.3.3 第一次调查各点位基本情况

4月17—21日完成第一次水生态野外监测，调查各点位基本情况如下。

1. 徐万仓（图7.3）

（1）底质类型：底质以淤泥为主。

（2）堤岸稳定性：堤岸较不稳定，有少许地方发生侵蚀。

（3）河道变化：河道比较宽阔、稳定。

（4）河水水量状况：水量较大，且流速较为缓慢。

（5）河岸带植被多样性：河岸周围植被种类较多，多为草木和树木。

（6）水质状况：水体较为浑浊，有少许异味。

（7）人类活动强度：受人类活动干扰大，附近有村庄、公路，河岸带周围有农田，放牧。

图7.3　徐万仓4月实拍图片

2. 临清大桥（图7.4）

（1）底质类型：以淤泥为主，且淤泥较厚，有少量的水生植物。

（2）堤岸稳定性：堤岸较不稳定，有少许地方发生侵蚀。

（3）河道变化：河道比较稳定、宽阔，河道维持正常模式。

（4）河水水量状况：水量较大，且流速较为缓慢。

图7.4　临清大桥4月实拍图片

（5）河岸带植被多样性：河岸周围植被种类较多，多为草木，分布有少量乔木。

（6）水质状况：水体较为浑浊，水体呈黑色，有少许异味和沉积物。

（7）人类活动强度：受人类活动干扰强度较大，离河道30m内有村庄和公路。

3. 祝官屯（图7.5）

（1）底质类型：以沙子和淤泥为主。

（2）堤岸稳定性：堤岸周围被混凝土硬化，无水土流失现象和潜在因素。

（3）河道变化：河道比较稳定，河道维持正常模式。

（4）河水水量状况：水量较小，流速较慢。

（5）河岸带植被多样性：多以草木为主，有少量树木。

（6）水质状况：水体较为浑浊，无明显异味。

（7）人类活动强度：受人类活动干扰强度较大，附近有闸坝、村庄和公路。

图7.5 祝官屯4月实拍图片

4. 西郑庄（图7.6）

（1）底质类型：以沙子和淤泥为主。

（2）堤岸稳定性：堤岸稳定性较差，有少许地方发生了侵蚀。

（3）河道变化：河道比较宽，有桥梁出现。

（4）河水水量状况：河道干涸断流。

（5）河岸带植被多样性：植被种类少，多以草木居多。

（6）水质状况：干涸断流，水质体现不出。

（7）人类活动强度：受人类活动干扰强度比较大，河道有采砂现象。

图7.6 西郑庄4月实拍图片

5. 四女寺（图 7.7）

（1）底质类型：底质以淤泥为主。

（2）堤岸稳定性：堤岸周围被混凝土硬化，无水土流失现象和潜在因素。

（3）河道变化：河道比较宽阔、稳定。

（4）河水水量状况：水量较小，且流速较慢。

（5）河岸带植被多样性：河岸周围植被种类较多，多为草木和树木。

（6）水质状况：水体较为浑浊，无异味。

（7）人类活动强度：受人类活动干扰大，附近有闸坝、村庄、公路。

图 7.7　四女寺 4 月实拍图片

7.3.4　第二次调查各点位基本情况

8 月 21—25 日完成了第二次水生态野外监测，调查各点位基本情况如下。

1. 徐万仓（图 7.8）

（1）底质类型：底质以淤泥为主。

（2）堤岸稳定性：堤岸较不稳定，有少许地方发生侵蚀。

（3）河道变化：河道比较宽阔、稳定。

（4）河水水量状况：水量较大，且流速较为缓慢。

图 7.8　徐万仓 8 月实拍图片

（5）河岸带植被多样性：河岸周围植被种类较多，多为草木和树木，大堤以下有玉米种植。

（6）水质状况：水体较为浑浊，含沙量大，无异味。

（7）人类活动强度：受人类活动干扰大，附近有村庄、公路，河岸带周围有农田。

2. 临清大桥（图 7.9）

（1）底质类型：以淤泥为主，且淤泥较厚，有少量的水生植物。

（2）堤岸稳定性：堤岸较不稳定，有少许地方发生侵蚀。

（3）河道变化：河道比较稳定、宽阔，河道维持正常模式。

（4）河水水量状况：水量较大，且流速较为缓慢。

（5）河岸带植被多样性：河岸周围植被种类较多，多为草木，分布有许少乔木。

（6）水质状况：水体较为浑浊，泥沙含量大，无异味。

（7）人类活动强度：受人类活动干扰强度较大，离河道 30m 内有村庄和公路，临清大桥穿过河道。

图 7.9　临清大桥 8 月实拍图片

3. 祝官屯（图 7.10）

（1）底质类型：以沙子和淤泥为主。

（2）堤岸稳定性：堤岸周围被混凝土硬化，无水土流失现象和潜在因素。

（3）河道变化：河道比较稳定，河道维持正常模式。

（4）河水水量状况：水量较小，流速较慢。

（5）河岸带植被多样性：多以草木为主，有少量树木。

（6）水质状况：水体较为浑浊，无明显异味。

（7）人类活动强度：受人类活动干扰强度较大，附近有闸坝、村庄和公路。

4. 西郑庄（图 7.11）

（1）底质类型：以沙子和淤泥为主。

（2）堤岸稳定性：堤岸稳定性较差，有少许地方发生了侵蚀。

（3）河道变化：河道比较宽，有桥梁出现。

图 7.10　祝官屯 8 月实拍图片

图 7.11　西郑庄 8 月实拍图片

（4）河水水量状况：河道干涸断流。

（5）河岸带植被多样性：植被种类少，多以草木居多。

（6）水质状况：水体比较清澈。

（7）人类活动强度：受人类活动干扰强度较大，农业种植较多，河堤内为玉米地。

5．四女寺（图 7.12）

（1）底质类型：底质以淤泥为主。

（2）堤岸稳定性：堤岸周围被混凝土硬化，无水土流失现象和潜在因素。

（3）河道变化：河道比较宽阔、稳定。

（4）河水水量状况：水量较小，且流速较慢。

（5）河岸带植被多样性：河岸周围植被种类较多，多为草木和树木。

（6）水质状况：水体较为浑浊，有少许异味。

170

（7）人类活动强度：受人类活动干扰大，附近有四女寺水利枢纽、村庄、公路。

图 7.12　四女寺 8 月实拍图片

7.4　水文水资源

水文水资源准则层根据流量过程变异程度、生态流量保障程度两个指标进行计算。

7.4.1　流量过程变异程度

流量过程变异程度由评估年逐月实测径流量与天然月径流量的平均偏离程度表达。

根据评估标准，全国重点水文站 1956—2000 年天然径流量漳卫河代表站有刘家庄、匡门口、石梁、侯壁、观台水文站。因此，流量过程变异程度也结合上述水文站进行评估计算。还原数据仅为年份天然径流量，未给出逐月天然径流量，因此本研究以年份进行评估计算。

1. 逐年实测与天然径流量

根据评估标准，全国重点水文站 1956—2000 年天然径流量漳卫河代表站，根据《海河流域代表站径流系列延长报告》（中水北方勘测设计研究有限责任公司，2016），1956—2000 年已完成天然径流还原，并进行 2001—2012 年系列延长，漳卫南河系最下游径流系列延长代表站有观台、元村集水文站，而在卫运河、南运河和漳卫新河河段未有代表性站点的天然径流量还原计算。

根据 2016 年水资源公报，2016 年南运河系代表站月、年径流量统计见表 7.5，2016 年海河流域分区耗水量统计见表 7.6 和表 7.7。

南陶站点数值代表卫运河年径流量（表 7.8），庆云闸站点数值代表漳卫新河年径流量，九宣闸站点数值代表南运河年径流量。卫运河天然年径流量以漳卫河山区、漳卫河平原、实测年径流量数值进行还原。而四女寺以下河系进行分支，天然径流量还原数值对漳卫新河及南运河意义不大，因此本研究主要针对卫运河流量变异程度进行计算。

表 7.5　　　　　　　　　　2016 年南运河系代表站月、年径流量统计表

站名	河名	所在省市	集水面积/km²	项目	各月实测径流量/亿 m³												实测年径流量/亿 m³	天然年径流量/亿 m³
					1月	2月	3月	4月	5月	6月	7月	8月	9月	10月	11月	12月		
南陶	卫河	山东省	37200	当年						0.10	3.88	3.19	0.95				8.13	
				多年平均	0.91	0.61	0.34	0.28	0.32	0.28	1.58	3.11	1.58	2.43	1.35	0.85	13.66	
庆云	漳卫新河	山东省		当年	0	0	0	0	0.06	0	1.47	1.20	0.16	0	0.25	0.71	3.84	
				多年平均	0.02	0	0.01	0	0	0	0.35	1.06	0.11	0.13	0.21	0.06	1.95	
九宣闸	南运河	天津市	37200	当年	0	0	0	0	0	0	0	0	0	0	0	0	0	
				多年平均	0.09	0.13	0.20	0.26	0.29	0.60	1.11	1.47	0.76	0.33	0.28	0.15	5.67	

表 7.6　　　　　　　　　　2016 年海河流域分区耗水量统计表

分区	农田灌溉耗水量						林牧渔畜耗水量				工业耗水量				
	水田		水浇地		菜田		林牧渔灌溉及补水		牲畜		火（核）电			一般工业	
	耗水率/%	耗水量/亿 m³	耗水率/%	耗水量/亿 m³	耗水率/%	耗水量/亿 m³	耗水率/%	耗水量/亿 m³	耗水率/%	耗水量/亿 m³	直流式耗水率/%	耗水量/亿 m³	循环式耗水率/%	耗水量/亿 m³	耗水率/%	耗水量/亿 m³
漳卫河山区	77.7	0.03	77.2	4.88	85.2	0.63	64.1	0.20	100	0.24	0		79.6	0.57	56.2	1.37
漳卫河平原	50.0	0.09	79.8	9.89	83.5	2.74	58.7	0.40	100	0.36	0		70.0	0.34	22.4	0.82

表 7.7　　　　　　　　　　2016 年海河流域分区耗水量统计表

分区	城镇公共耗水量				居民生活耗水量				生态环境耗水量				总耗水量	
	建筑业		服务业		城镇		农村		城镇环境		农村生态			
	耗水率/%	耗水量/亿 m³	耗水率/%	耗水量/亿 m³	耗水率/%	耗水量/亿 m³	耗水率/%	耗水量/亿 m³	耗水率/%	耗水量/亿 m³	耗水率/%	耗水量/亿 m³	耗水率/%	耗水量/亿 m³
漳卫河山区	73.5	0.08	28.1	0.10	29.2	0.42	100	0.77	72.6	0.38	79.9	0.12	69.1	9.78
漳卫河平原	68.1	0.14	19.5	0.07	21.6	0.45	100	0.88	42.5	0.59	27.1	0.01	64.6	16.77

表 7.8　　　　　　　　2016 年各站点实测流量与天然流量统计　　　　　　　单位：亿 m³

站　点	实　测	天　然
南陶	8.13	34.68

2. 流量过程变异程度计算

流量过程变异程度由评估年实测径流量与天然年径流量的平均偏离程度表达，因此计算公式为

$$FD = \left\{ \sum_{m=1}^{N} \left[\frac{q_m - Q_m}{\overline{Q_m}} \right]^2 \right\}^{\frac{1}{2}}$$

172

$$\overline{Q_m} = \frac{1}{N}\sum_{m=1}^{N}Q_m$$

式中：m 为评估年；N 为评估总年数；q_m 为评估年实测年径流量；Q_m 为评估年天然年径流量；$\overline{Q_m}$ 为评估年天然年径流量年均值。

根据年实测与天然径流量进行流量过程变异程度计算，并根据赋分标准进行赋分，因九宣闸实测径流量为 0，根据赋分标准赋分为 0 分，结果见表 7.9。

表 7.9　　　　　　　　　　卫运河年流量过程变异程度结果及赋分

参　数	南　陶	参　数	南　陶
FD	0.76	赋分	40.4

根据各水文站代表的河段，各站点流量过程变异程度见表 7.10。

表 7.10　　　　　　　　　　各站点年流量过程变异程度赋分

监测点位	流量过程变异程度赋分	监测点位	流量过程变异程度赋分
徐万仓	40.4	西郑庄	40.4
临清大桥	40.4	四女寺	40.4
祝官屯	40.4		

7.4.2　生态流量保障程度

生态流量保障程度上根据多年平均径流量进行推算，并不少于 30 年系列数据，根据《海河流域综合规划（2012—2030）》（国函〔2013〕36 号）成果，区分山区河段、平原河段、河口等河段的不同计算方法，进行计算评估和赋分。

1. 河流生态需水量

对于水体连通和生境维持功能的河段，要保障一定的生态基流，原则上采用 Tennant 法计算，取多年平均天然径流量的 10%～30% 作为生态水量，平原河流取 10%～20%；对于水质净化功能的河流，同于水体连通功能河段，不考虑增加对污染物稀释水量；对景观环境功能的河段，采用草被的灌水量或所维持的水面部分用槽蓄法计算蒸发渗漏量；有出境水量规划的河流，生态水量与出境水量方案相协调。

河流生态水量在各河段分别定为 15%～20%。

河口生态水量采用入海水量，不计算河口冲淤及近海生物需水量。在此基础上，以河系为单元进行整合，扣除河流上下段之间、山区河流与平原河流之间、河流与湿地及入海的重复量。2020 年和 2030 年河流生态水量采用同一标准。河流水质要达到水资源保护规划中确定的水质标准。

平原河流各河段规划生态水量见表 7.11。漳河岳城水库以下河段按维持河滩植被考虑生态水量 0.32 亿 m^3。漳卫新河基本保持河流常年有水，有水面长度不少于 150km，生态水量 1.20 亿 m^3。

表 7.11　　　　　　　　　　卫运河平原河流规划生态水量　　　　　　　　单位：亿 m^3/a

河系	河流名称	规划河段	最小生态水量	自然耗损量
漳卫河	卫运河	徐万仓—四女寺	2.07	1.06

2. 各站点年径流量

根据2013—2016年海河流域水文年鉴，2013—2016年临清、四女寺（减）（闸下游）、四女寺（漳）（闸下游）水文站点的实测径流量见表7.12。

表7.12 卫运河各水文站实测径流量

站 点	实测年径流量/(亿 m³/a)			
	2013 年	2014 年	2015 年	2016 年
临清	6.496	3.499	1.728	10.97
四女寺（减）（闸下游）	2.814	0.6926	0.1386	
四女寺（漳）（闸下游）	1.399	0	0	

3. 生态流量保障程度

生态流量保障程度 EF 指标表达式为

$$EF = \min\left[\frac{q_d}{\overline{Q}}\right]_{m=1}^{N}$$

式中：m 为评估年份；N 为评估年份数量；q_d 为评估年实测年径流量；$\overline{Q}$ 为规划生态需水量；EF 为评估年实测占规划生态需水量的最低百分比。

生态流量保障程度根据2013—2016年各水文站点的实测径流量及规划生态需水量进行计算，并根据鱼类产卵期标准进行赋分，取其中最小值年份为赋分结果，结果见表7.13。

表7.13 卫运河各水文站生态流量保障程度赋分

测 站	规划生态水量/(亿 m³/a)	赋分指标计算值				指标取值	指标赋分
		2013 年	2014 年	2015 年	2016 年		
临清	2.07	313.8	169.0	83.5	530.0	83.5	100.0
四女寺（减）（闸下游）	1.2	234.5	24.6	20.0		20.0	30.0
四女寺（漳）（闸下游）	1.2	116.6	0	0		0	0

根据各水文站代表的河段，卫运河各站点生态流量保障程度见表7.14。生态流量保障指标赋分为100.0分。

表7.14 卫运河各站点生态流量保障程度赋分

监测点位	生态流量保障程度赋分	监测点位	生态流量保障程度赋分
徐万仓	100.0	西郑庄	100.0
临清大桥	100.0	四女寺	100.0
祝官屯	100.0		

7.4.3 水文水资源准则层赋分

卫运河水文水资源准则层赋分计算见表7.15。从表中可以看出，卫运河干流评估河段的水文水资源准则层赋分为82.1分。

表 7.15			卫运河评估河段水文水资源准则层赋分计算表				
监测点位	流量过程变异程度赋分	权重	生态流量满足程度赋分	权重	赋分	代表河长/km	河流赋分
徐万仓	40.4	0.3	100.0	0.7	82.1	7.2	
临清大桥	40.4	0.3	100.0	0.7	82.1	58.7	
祝官屯	40.4	0.3	100.0	0.7	82.1	59.0	82.1
西郑庄	40.4	0.3	100.0	0.7	82.1	23.9	
四女寺	40.4	0.3	100.0	0.7	82.1	10.7	

根据水文水资源准则层赋分，卫运河水文水资源准则层赋分为 82.1 分，综合评估为"理想状态"。

7.5 物理结构

卫运河健康评价物理结构准则层根据河岸带状况、河流阻隔状况两个指标进行评估计算。

7.5.1 河岸带状况

根据 2017 年 4 月和 8 月现场调查数据进行河岸带状况评价。调查了监测点位左、右两岸岸坡稳定性、植被覆盖度和人工干扰程度。

1. 岸坡稳定性

根据以下公式进行计算，岸坡稳定性赋分见表 7.16。

$$BKS_r = \frac{SA_r + SC_r + SH_r + SM_r + ST_r}{5}$$

式中：BKS_r 为岸坡稳定性指标赋分；SA_r 为岸坡倾角赋分；SC_r 为岸坡覆盖度赋分；SH_r 为岸坡高度赋分；SM_r 为河岸基质赋分；ST_r 为坡脚冲刷强度赋分。

表 7.16			卫运河岸坡稳定性赋分			
监测点位	岸坡倾角赋分	坡脚冲刷强度赋分	岸坡高度赋分	河岸基质赋分	岸坡覆盖度赋分	河岸稳定性赋分
徐万仓	75.0	75.0	75.0	25.0	25.0	55.0
临清大桥	25.0	75.0	75.0	25.0	25.0	45.0
祝官屯	25.0	90.0	25.0	90.0	10.0	48.0
西郑庄	75.0	25.0	75.0	25.0	25.0	45.0
四女寺	25.0	90.0	75.0	90.0	25.0	61.0

总体来说，卫运河调查点位岸坡倾角较低，岸坡覆盖度较好，河岸基质基本稳定，岸坡高度较低，但是河流坡脚冲刷比较严重，赋分值中等。

2. 河岸带植被覆盖度

采用 2013 年 Landsat 8 TM 影像为数据源进行 NDVI 值计算，计算范围为河道两

175

边 3km。

卫河河段面积为 958km²，植被覆盖率为 99%。无植被覆盖面积为 8km²，植被低度覆盖面积为 97km²，植被中度覆盖面积为 500km²，植被高度覆盖面积为 354km²。卫河河段植被为林草和农田混合。

根据河岸带植被覆盖度指标直接评估赋分标准，卫运河及漳卫新河河段植被覆盖率为 90%，赋分为 100.0 分，见表 7.17。

表 7.17　卫运河河岸带植被覆盖度赋分表

监测点位	植被覆盖度/%	赋分	监测点位	植被覆盖度/%	赋分
徐万仓	99	100.0	西郑庄	99	100.0
临清大桥	99	100.0	四女寺	99	100.0
祝官屯	99	100.0			

3. 人工干扰程度

重点调查评估在河岸带及其邻近陆域进行的几类人类活动，包括河岸硬性砌护、采砂、沿岸建筑物（房屋）、公路（或铁路）、垃圾填埋场或垃圾堆放、河滨公园、管道、采矿、农业耕种、畜牧养殖等，各站点赋分情况具体见表 7.18。

表 7.18　卫运河人工干扰程度赋分表

监测点位	人工干扰程度	人工干扰程度赋分	监测点位	人工干扰程度	人工干扰程度赋分
徐万仓	−30	70	西郑庄	0	100.0
临清大桥	−10	90	四女寺	−100	0
祝官屯	−100	0			

4. 河岸带状况赋分

汛期和非汛期分别调查了监测断面左、右两岸岸坡稳定性和人工干扰程度，植被覆盖度根据遥感解译赋分，根据以下公式计算了河岸带状况，结果详见表 7.19。

$$RS_r = BKS_r \cdot BKS_w + BVC_r \cdot BVC_w + RD_r \cdot RD_w$$

式中：RS_r 为河岸带状况赋分；BKS_r 和 BKS_w 分别为岸坡稳定性的赋分和权重；BVC_r 和 BVC_w 分别为河岸植被覆盖度的赋分和权重；RD_r、RD_w 分别为河岸带人工干扰程度的赋分和权重。权重主要参考《河流标准》。其中 $BKS_w = 0.25$、$BVC_w = 0.5$、$RD_w = 0.25$。

表 7.19　卫运河河岸带状况赋分表

监测点位	岸坡稳定性	权重	植被覆盖度	权重	人工干扰程度	权重	河岸带状况赋分
徐万仓	55.0	0.25	100.0	0.5	70.0	0.25	81.3
临清大桥	45.0	0.25	100.0	0.5	90.0	0.25	83.8
祝官屯	48.0	0.25	100.0	0.5	0	0.25	62.0
西郑庄	45.0	0.25	100.0	0.5	100.0	0.25	86.3
四女寺	61.0	0.25	100.0	0.5	0	0.25	65.3

7.5.2 河流阻隔状况

通过搜集资料和现场勘查，调查了卫运河及下游的闸坝情况，具体大型水利闸坝情况如下。

四女寺闸、辛集闸只在上游来水较大、泄洪或调水的时段打开，其他时间基本处于关闭状态，导致河流上、下游连通不畅，对下游阻隔严重，且无鱼道，鱼类正常的洄游、产卵被干扰，根据闸坝阻隔赋分标准，赋分为－100分。

综上，河流连通阻隔计算公式为

$$RC_r = 100 + \min[(DAM_r)_i, (DAM_r)_j]$$
$$= 100 + (-100)$$
$$= 0$$

式中：RC_r 为河流连通阻隔状况赋分；$(DAM_r)_i$ 为评估断面下游河段大坝阻隔赋分（$i=1,2,\cdots,NDam$），$NDam$ 为下游大坝座数；$(DAM_r)_j$ 为评估断面下游河段水闸阻隔赋分（$j=1,2,\cdots,NGate$），$NGate$ 为下游水闸座数。

根据调查结果，闸坝对河流造成的阻隔较严重，河流连通性差，卫运河闸坝阻隔状况赋分为0分。

7.5.3 物理结构准则层赋分

物理结构准则层赋分包括3个指标，其赋分采用下式计算，即

$$PR_r = RS_r \cdot RS_w + RC_r \cdot RC_w + RW_r$$

式中：PS_r 为物理结构准则层赋分；RS_r 和 RS_w 分别为河岸带状况的赋分和权重；RC_r 和 RC_w 分别为河流连通阻隔状况的赋分和权重；RW_r 为物理结构赋分。

根据各个监测点位长度计算，卫运河物理结构准则层的得分为44.8分，处于"亚健康"状态，见表7.20。

表7.20 卫运河各监测站点物理结构准则层赋分表

监测点位	河岸带状况赋分	权重	河流阻隔状态赋分	权重	物理结构赋分	代表河长/km	河流赋分
徐万仓	88.6	0.6	0	0.4	53.1	7.2	
临清大桥	86.1	0.6	0	0.4	51.6	58.7	
祝官屯	61.8	0.6	0	0.4	37.1	59.0	44.8
西郑庄	86.1	0.6	0	0.4	51.6	23.9	
四女寺	65.1	0.6	0	0.4	39.0	10.7	

7.6 水质

7.6.1 溶解氧状况

溶解氧为水中溶解氧浓度，其对水生动植物十分重要，过高或过低都会对水生物造成

危害，适宜浓度为 $4\sim12\text{mg/L}$。

首先将单站监测数据进行计算，参照溶解氧状况指标赋分标准进行赋分评估，根据各站溶解氧值，参照标准进行赋分，4 月赋分情况见表 7.21，结果表明卫运河调查水质站点的溶解氧状况除西郑庄样点干涸外，其他样点均都较好，赋分都达到 100.0 分。

表 7.21　　　　　　　　　各点位 4 月溶解氧状况赋分表

点位名称	溶解氧/(mg/L)	溶解氧赋分	点位名称	溶解氧/(mg/L)	溶解氧赋分
徐万仓	11.4	100.0	西郑庄	—	0
临清大桥	11.4	100.0	四女寺	15.7	100.0
祝官屯	10.1	100.0			

7.6.2　耗氧有机污染状况

耗氧有机物是指导致水体中溶解氧大幅下降的有机污染物，取高锰酸盐指数、化学需氧量、五日生化需氧量、氨氮等四项，对河流耗氧污染状况进行评估。

根据各站高锰酸盐指数、化学需氧量、五日生化需氧量、氨氮的赋值，参照耗氧有机污染状况指标赋分标准进行赋分评估，分别评估 4 个水质项目的平均值作为耗氧有机污染物状况赋分。作为耗氧有机污染状况赋分，采用下式计算，即

$$OCP_r=\frac{CODMn_r+COD_r+BOD_r+NH_3N_r}{4}$$

4 月赋分见表 7.22，卫运河耗氧有机污染指标总体上看，上游赋分好于下游。

表 7.22　　　　　　卫运河 4 月各监测点位耗氧有机污染状况指标赋分

点位名称	时间	氨氮/(mg/L)	赋分	高锰酸盐指数/(mg/L)	赋分	五日生化需氧量/(mg/L)	赋分	化学需氧量/(mg/L)	赋分	耗氧有机污染赋分
徐万仓	非汛期	<0.01	100.0	4.9	71.0	<2.0	100.0	17.3	81.6	88.2
临清大桥	非汛期	<0.01	100.0	5.0	70.0	<2.0	100.0	19.6	63.2	83.3
祝官屯	非汛期	0.82	67.2	5.8	62.0	<2.0	100.0	21.7	54.9	71.0
西郑庄	非汛期	—	0	—	0	—	0	—	0	0
四女寺	非汛期	1.07	55.8	9.2	36.0	<2.0	100.0	39.8	0.6	48.1

7.6.3　重金属污染状况

重金属污染是指含有汞、镉、铬（6 价）、铅及砷等生物毒性显著的重金属元素及其化合物对水的污染。取 5 个重金属参数的最小值赋分为重金属污染状况赋分。

各监测点位 4 月重金属指标赋分结果见表 7.23。结果表明，各个水质站点的重金属状况都较好（除干涸站点外），赋分都达到 100.0 分，说明卫运河重金属污染物浓度较低，重金属污染程度较轻。

表 7.23　　　　　　　　**卫运河 4 月各监测点位重金属状况指标赋分**

点位名称	时间	砷/(mg/L)	赋分	汞/(mg/L)	赋分	镉/(mg/L)	赋分	铬(6 价)/(mg/L)	赋分	铅/(mg/L)	赋分	重金属赋分
徐万仓	非汛期	<0.0003	100.0	<0.00004	100.0	0.00010	100.0	0.004	100.0	<0.00009	100.0	100.0
临清大桥	非汛期	<0.0003	100.0	<0.00004	100.0	0.00006	100.0	<0.004	100.0	<0.00009	100.0	100.0
祝官屯	非汛期	0.0004	100.0	<0.00004	100.0	<0.00005	100.0	0.005	100.0	<0.00009	100.0	100.0
西郑庄	非汛期	—	0	—	0	—	0	—	0	—	0	0
四女寺	非汛期	0.0011	100.0	<0.00004	100.0	<0.00005	100.0	0.008	100.0	<0.00009	100.0	100.0

7.6.4　水质准则层赋分

水质准则层包括 3 项赋分指标，根据相关规定，以 3 个评估指标中最小分值作为水质准则层赋分。另外，根据监测点位代表河长长度，计算河流水质准则层赋分值，计算结果见 7.24。

$$WQ_r = \min(DO_r, OCP_r, HMP_r)$$

表 7.24　　　　　　　　**卫运河各监测点位水质准则层赋分**

点位名称	DO	OCP	HMP	水质准则层赋分	代表河长/km	河流赋分
徐万仓	100.0	88.2	100.0	88.2	7.2	
临清大桥	100.0	83.3	100.0	83.3	58.7	
祝官屯	100.0	71.0	100.0	71.0	59.0	64.1
西郑庄	0	0	0	0	23.9	
四女寺	100.0	48.1	100.0	48.1	10.7	

从表 7.24 可以看出，各监测点位水质准则层赋分为 64.1 分，为"健康"状态。

7.7　生物

7.7.1　浮游植物

1. 种类组成

在 2017 年 4 月对各监测点位进行浮游植物调查，各门数量见表 7.25，经显微镜共检查出浮游植物计 4 门 18 种，其中绿藻门种类最多，其次为硅藻门和蓝藻门，其他门类种数较少。

表 7.25　　　　　　　　**卫运河 4 月浮游植物各门种类数量**

门　　类	数量/种	门　　类	数量/种
蓝藻门	4	绿藻门	7
硅藻门	5	共计	18
裸藻门	2		

2. 细胞密度

4月各监测点藻细胞密度见表7.26，藻细胞密度范围为（0.12～105.91）×10⁶ 个/L。从总体来看，上游藻细胞密度较低，下游藻细胞密度较高。

表 7.26　　　　　　　卫运河 4 月各监测点位浮游植物细胞密度　　　　　　单位：10^6 个/L

门类	徐万仓	临清大桥	祝官屯	西郑庄	四女寺
蓝藻门	555.63	453.77	629.51	0	430.16
硅藻门	54.64	50.71	73.44	0	98.80
裸藻门	7.43	2.19	6.99	0	15.30
绿藻门	91.80	294.64	237.81	0	243.06
共计	709.51	801.31	947.76	0	787.32

3. 浮游植物污生指数赋分

根据卫运河健康评估指标赋分标准中的浮游植物赋分标准，对 4 月卫运河浮游植物调查结果进行赋分，赋分值（PHS）见表7.27。

表 7.27　　　　　　卫运河 4 月各监测点位浮游植物污生指数 S 及赋分

点位	污生指数 S	赋分	点位	污生指数 S	赋分
徐万仓	2.48	50.43	西郑庄	0	0
临清大桥	2.53	49.31	四女寺	2.44	51.39
祝官屯	2.51	49.66			

7.7.2 底栖动物

1. 种类组成

结果显示，所调查站点底栖动物多样性变化较大，一般上游河段物种多样性较高，主要为水生昆虫类群；其次为环节动物寡毛类，耐污种类出现频度较多；对水质敏感的水生昆虫 EPT 类群（蜉蝣目、毛翅目和襀翅目）在一些站点也有出现。

卫运河底栖动物调查结果见表7.28，表明卫运河底栖动物种类不够丰富，且生物多样性较低，节肢动物门以水生昆虫为主要类群，多为耐污类群，可以看出卫运河水体整体质量不高。

表 7.28　　　　　　　　卫运河底栖动物采样种类组成表　　　　　　　单位：ind./m³

种类	徐万仓	临清大桥	祝官屯	四女寺
苏氏尾鳃蚓	10	10		17
霍甫水丝蚓	107			7
铜锈环棱螺	20	3		3
凸旋螺				3
纹沼螺			13	
椭圆萝卜螺				

种类	徐万仓	临清大桥	祝官屯	四女寺
中华新米虾				
中华小长臂虾				
日本新糠虾				
日本沼虾		3		
林间环足摇蚊		10		
红裸须摇蚊			3	
双线环足摇蚊				17
德永雕翅摇蚊				
中华摇蚊				7
步行多足摇蚊	10			7
赤卒				3
中华米虾				26
合计	147	26	16	90

2. 结果及评价

本项目采集的底栖动物种类的耐污值见表7.29。

表7.29　　　　　　　　　卫运河底栖动物耐污值表

序号	种类	耐污值	序号	种类	耐污值
1	霍甫水丝蚓	9.4	18	瑞斯萨摇蚊	5.0
2	苏氏尾鳃蚓	8.5	19	台湾长跗摇蚊	4.7
3	扁蛭	6.0	20	亚洲瘦蟌	4.5
4	河蚬	8.0	21	蓝纹蟌	5.0
5	方格短沟螺	4.5	22	赤卒	6.0
6	铜锈环棱螺	4.3	23	混合蜓	2.3
7	凸旋螺	5.0	24	蜉蝣	2.4
8	狭萝卜螺	8.0	25	扁蜉	3.6
9	项圈无突摇蚊	5.0	26	纹石蛾	6.0
10	微刺菱跗摇蚊	8.0	27	牙甲	6.6
11	花翅前突摇蚊	9.0	28	小划蝽	7.0
12	双线环足摇蚊	6.8	29	朝大蚊属	1.5
13	红裸须摇蚊	8.0	30	须螺	6.2
14	中华摇蚊	6.1	31	水虻	7.0
15	德永雕翅摇蚊	7.0	32	淡水钩虾	2.5
16	步行多足摇蚊	6.0	33	中华米虾	5.0
17	小云多足摇蚊	6.0			

经计算，得出卫运河各站点的生物指数（BI）值。根据BI污染水平判断标准及各站

点 BI 值计算结果。以 BI 值为 0 时赋分 100、BI 值为 10 时赋分为 0 分，采用内插法得出各站点分数，根据各站点代表河长，得出卫运河底栖动物指标得分为 29.6 分，见表 7.30。

表 7.30 卫运河底栖动物赋分情况

站点	BI 值	赋分	代表河长/km	整体得分
徐万仓	8.89	11.10	7.2	
临清大桥	7.15	28.46	58.7	
祝官屯	6.56	44.38	59	29.6
西郑庄（河干）	0	0	23.9	
四女寺	6.65	33.52	10.7	

7.7.3 鱼类

1. 种类组成

本研究采用漳河水系资料，通过捕获、走访调查及参照《河北动物志·鱼类》等文献资料，漳河水系调查获得现存鱼类种类，隶属于 8 目 14 科 43 种，其中 3 种为外来引入养殖种类，分别为革胡子鲶（*Clarias gariepinus*）、西伯利亚鲟（*Acipenser baeri*）和大银鱼（*Protosalanx hyalocranius*），根据鱼类损失指数计算现存种类应为 41 种，漳河水系鱼类组成情况见表 7.31。

表 7.31 漳河水系鱼类组成情况

种 类	历史种类	现存种类	种 类	历史种类	现存种类
鲤科（*Cyprinidae*）	30	18	塘鳢科（*Eleotridae*）	1	0
鳅科（*Cobitidae*）	4	3	丝足鲈科（*Osphronemidae*）	32	16
刺鳅科（*Mastacembelidae*）	1	0	银鱼科（*Salangidae*）	0	1
鲿科（*Bagridae*）	2	1	鲟科（*Acipenseridae*）	0	1
鲶科（*Siluridae*）	1	1	合鳃科（*Synbranchidae*）	1	0
胡子鲶科（*Clariidae*）	0	1	鳢科（*Ophiocephalidae*）	1	0
青鳉科（*Cyprinodontidae*）	1	0	合计	76	43
鰕虎鱼科（*Gobiidae*）	2	1			

2. 计算赋分

鱼类历史调查数量为 76 种，其中 7 种未在历史数据中记录，应合并为历史种类，除去 3 种外来引入养殖种类，历史种类数据应为 81 种，鱼类损失指标计算式为

$$FOE = \frac{FO}{FE} = \frac{41}{81} = 0.506$$

近似估算鱼类损失指数 FOE 为 0.506，指标赋分为 30.62 分。

7.7.4 生物准则层赋分

卫运河生物准则层评估调查包括 3 个指标，以 3 个评估指标的最小分值作为生物准则

层赋分。

$$AL_r = \min(PHP_r, BI_r, FOE_r)$$

式中：AL_r 为生物准则层赋分；PHP_r 为浮游植物指标赋分；BI_r 为大型底栖动物完整性指标赋分；FOE_r 为鱼类生物损失指标赋分。

根据公式计算得知，卫运河各监测点位生物准则层赋分详细情况见表 7.32。卫运河生物准则层总体赋分最低值为 30.6 分，准则层赋分值也为 24.3 分。

表 7.32　　　　　　　　　　　生物准则层指标赋分表

样点	浮游植物	大型底栖动物	鱼类	赋分	代表河长	河流赋分
	PHP_r	BI_r	FOE_r	AL_r	/km	
徐万仓	50.43	11.10	30.6	11.10	7.2	
临清大桥	49.31	28.46	30.6	28.46	58.7	
祝官屯	49.66	44.38	30.6	30.60	59.0	24.3
西郑庄（河干）	0	0	30.6	0	23.9	
四女寺	51.39	33.52	30.6	30.60	10.7	

7.8　社会服务功能

7.8.1　水功能区达标指标

卫运河流域列入《全国重要江河湖泊水功能区划（2011—2030 年）》目录的重要水功能区共有一个，具体见表 7.33。2018 年全年参加评价的一个水功能区均为缓冲区。水质目标为Ⅲ类，为漳卫新河鲁冀缓冲区的一段河段。

表 7.33　　　　　　　　　　　卫运河水功能区达标情况表

序号	行政区	水功能区名称	监测断面	水质目标	全指标评价					双指标评价					超标项目
					年度水质类别	年评价次数	年达标次数	达标率/%	达标评价结论	年度水质类别	年评价次数	年达标次数	达标率/%	达标评价结论	
1	冀、鲁	卫运河冀鲁缓冲区	秤钩湾、临清大桥	Ⅲ	劣Ⅴ	12	0	0	不达标	劣Ⅴ	12	2	16.67	不达标	化学需氧量、氨氮、五日生化需氧量

其中水功能区全指标达标评估采用水质全指标评价，年度监测次数低于 6 次的水功能区采用均值法，年度监测次数不少于 6 次的水功能区采用频次法，没有水质目标的排污控制区不参加评价，评价指标采用全年实测资料的平均值进行评价，其中水温、总氮、粪大肠菌群不参评；双指标达标评估采用高锰酸盐指数（COD＞30mg/L 时，采用 COD 评价）和氨氮进行双指标评价分析，年度监测次数低于 6 次的水功能区采用均值法，年度监测次数不少于 6 次的水功能区采用频次法，没有水质目标的排污控制区不参加评价。依据《地表水环境质量标准》（GB 3838—2002）进行水质评价。

从全指标及双指标评价结果来看，水功能区的水质状况均较差，水功能区水质达标率均为0%。因此，卫运河水功能区水质达标率指标赋分为0分。

7.8.2 水资源开发利用指标

根据2016年漳卫河平原分区水资源量统计结果（表7.34和表7.35），2016年漳卫河平原分区地表水水资源量为16.74亿m³，总供水量为25.98亿m³，其中黄河、长江流域调入4.20亿m³，地下水源供水量16.71亿m³，其他水源供水量0.11亿m³。

水资源开发利用率为

$$WRU = \frac{WU}{WR}$$

$$= \frac{25.98}{16.74} \times 100\%$$

$$= 155.19\%$$

赋分计算为

$$WRU_r = -a \cdot (WRU)^2 + b \cdot WRU$$

$$= -1111.11 \times 1.55^2 + 666.67 \times 1.55$$

$$= -1636.10$$

式中：WRU_r 为水资源利用率指标赋分；WRU 为评估河流水资源利用率；a、b 为系数，分别为 $a = 1111.11$、$b = 666.67$。

根据《河流标准》计算，水资源开发利用率为155.19%，水资源开发利用率过高，根据赋分标准过高（超过60%）和过低（0）开发利用率均赋分为0分，而概念模型计算出的结果也不符合实际情况，因此水资源开发利用率赋分为0分。

表7.34　　　　　　　　　　漳卫河平原分区水资源量统计表

分区	计算面积/km²	天然年径流量/亿m³	山丘区地下水资源量/亿m³	山丘区河川基流量/亿m³	平原区降水入渗补给量/亿m³	平原区降水入渗补给形成的河道排泄量/亿m³	地下水资源与地表水资源不重复量/亿m³	分区水资源总量/亿m³	上年分区水资源总量/亿m³	多年平均水资源总量/亿m³	与上年比较/±%	与多年平均比较/±%
漳卫河平原	9536	4.31	0	0	12.43	0	12.43	16.74	10.04	12.80	66.7	30.7

表7.35　　　　　　　　　　漳卫河平原分区供水量统计表　　　　　　　　　单位：亿m³

分区	地表水源供水量						地下水源供水量				其他水源供水量				总供水量	海水直接利用量
	蓄水	引水	提水	跨流域调水		人工载运水量	小计	浅层水	深层水	微咸水	小计	污水处理回用	雨水利用	海水淡化	小计	
				调入量	调出流域名称												
漳卫河平原	2.42	1.36	1.17	4.20	黄河、长江	0	9.16	16.28	0.43	0	16.71	0	0.11	0	0.11	25.98	0

7.8.3　防洪指标

根据《海河流域防洪规划》（2007 年）中《漳卫河系防洪规划》第五章"总体布局"中的要求，漳卫河防洪标准为 50 年一遇。

根据《海河流域综合规划》（2010 年）中的防洪规划，漳、卫两河至徐万仓合计下泄 4000m³/s，由卫运河承泄至四女寺枢纽。卫运河堤防级别为 2 级。南运河承泄 150m³/s。漳卫新河按设计流量 3650m³/s 扩大治理，当上游来洪大于 3800m³/s 时，漳卫新河强迫行洪，若发生险情，则向恩县洼分洪。漳卫新河堤防工程级别为 2 级。

主要河道现状防洪标准见表 7.36。

表 7.36　　　　　　　　　主要河道防洪标准现状（行洪能力）

河道名称	控制断面	原设计流量/(m³/s)	现状行洪流量/(m³/s)
卫运河	徐万仓—油坊镇	4000	4000
	油坊镇—甲马营	4000	3600
	甲马营—四女寺	4000	3200

主要河道现状防洪赋值见表 7.37。

表 7.37　　　　　　　　　　主要河道现状防洪赋值表

河系	序号	河系分段	代表站点	是否满足规划 $RIVB_n$	长度 /km	河段规划防洪标准重现期/a $RIVWF_n$
漳卫南运河	1	卫运河	徐万仓	1	7.2	50
	2		临清大桥	1	58.7	50
	3		祝官屯	0	59.0	50
	4		西郑庄	0	23.9	50
	5		四女寺	0	10.7	50

河流防洪工程完好率指标计算为

$$FLD = \frac{\sum_{n=1}^{N_s}(RIVL_n \cdot RIVWF_n \cdot RIVB_n)}{\sum_{n=1}^{N_s}(RIVL_n \cdot RIVWF_n)}$$

$$=0.41$$

式中：FLD 为河流防洪指标；$RIVL_n$ 为河段 n 的长度，评估河流根据防洪规划划分的河段数量；$RIVB_n$ 根据河段防洪工程是否满足规划要求进行赋值，达标则 $RIVB_n=1$，不达标则 $RIVB_n=0$；$RIVWF_n$ 为河段规划防洪标准重现期。

经计算河流防洪工程完好率为 1.3%，根据赋分标准小于 50%，赋分为 0 分。

7.8.4 公众满意度指标

1. 各站点调查及评估结果

（1）徐万仓。徐万仓对公众的生活有很重要的作用，河道景观一般，附近相关的文物古迹不被所有人熟知，也没有保护，附近的居民经常来河边游玩，近水容易且安全，现在的河流水量还可以，水质一般，沿岸树草分布太少，无垃圾堆放，河里的鱼比以前可能增多，大鱼根据情况体重比以前有增有减，常见鱼类几乎没有变化。调查结果显示，公众希望水多点，清理河流中垃圾，使其更清洁。

（2）临清大桥。河流对公众的生活有很重要的作用，河水水量偏少，水体水质一般，河岸植被覆盖偏少，有垃圾堆放，鱼类数量没有变化，大鱼体重没有变化，河道景观较美观，有与之相关的文物古迹且对外开放，公众希望治理使用药品与电船进行捕鱼的活动。

（3）祝官屯。祝官屯对公众的作用说法不一，河流水量太少，河流水质一般，鱼类种类没有变化，河滩地树草还可以，没有垃圾堆放，周围景观偏优美，不适宜近水，公众希望水量再多点。

（4）西郑庄。河流对公众的生活不重要，河水水量比以前少了很多，水量太少，河水太脏，植被还可以，河里的鱼少了很多，也小了很多，以前有的鱼类现在没有了，河道景观一般，近水不容易，安全，不适宜散步与娱乐休闲活动，没有相关的保护，公众希望水量大些。

（5）四女寺。河流对公众的作用很重要，河流水量偏少，水质略脏，河岸两边树草状况还可以，有垃圾堆放，鱼类偏少，河道景观一般，有与之相关的文物古迹存在且对外开放，近水比较容易，适宜散步与娱乐休闲活动。公众希望希望加强排污监管，提升水质状况。

2. 计算赋分

本研究采用公众满意度调查结果，共收集了 55 份有效公众满意度调查表，见表 7.38。

表 7.38　　　　　　　　　　代表性断面公众满意度调查统计

断面名称	被访问者	平均得分	调查份数
徐万仓	农民和水利	57.78	9
临清大桥	工人	70.00	2
祝官屯	工人	80.00	2
西郑庄	职工	80.00	1
四女寺	农民和水利	85.00	4
袁桥闸	职工	100.00	1
田龙庄村	职工	60.00	1
王营盘	农民	80.00	1
庆云闸	职工	60.00	1
辛集闸	农民和水利	50.00	2
埕口镇	职工	30.00	1
大口河	职工	100.00	1
第三店	职工	80.00	1

根据公式对河流公众满意度调查综合赋分进行计算，即

$$PP_r = \frac{\sum\limits_{n=1}^{NPS}(PER_r \cdot PER_w)}{\sum\limits_{n=1}^{NPS}PER_w}$$

$$= 65.1$$

式中：PP_r 为公众满意度指标赋分；PER_r 为不同公众类型有效调查评估赋分；PER_w 为公众类型权重。其中，沿河居民权重为3，河道管理者权重为2，河道周边从事生产活动者为1.5，经常来河道旅游者为1，偶尔来河道旅游者为0.5。

调查计算结果见表7.39和图7.13，河流公众满意度调查赋分值为65.1分。

表 7.39　　　　　　　卫河流域代表性断面公众满意度调查结果

人员	份数	权重	平均分	最终赋分
沿湖居民	11	3	62.7	
湖泊管理者	3	2	71.7	
湖泊周边从事生产活动者	0	1.5		65.1
经常来湖泊旅游者	0	1		
偶尔来湖泊旅游者	10	0.5	73.0	
合计	24			

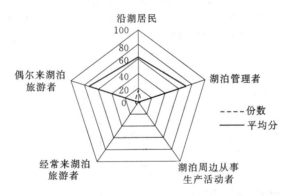

图 7.13　卫运河公众满意度调查结果

7.8.5　社会服务功能准则层赋分

卫运河社会服务功能准则层赋分包括4个指标，赋分计算公式为

$$SS_r = WFZ_r \cdot WFZ_w + WRU_r \cdot WRU_w + FLD_r \cdot FLD_w + PP_r \cdot PP_w$$

$$= 0 \times 0.25 + 0 \times 0.25 + 0 \times 0.25 + 65.1 \times 0.25$$

$$= 16.3$$

式中：SS_r、WFZ_r、WRU_r、FLD_r、PP_r 分别为社会服务功能准则层、水功能区达标指标、水资源开发利用指标、防洪指标和公众满意度赋分；WFZ_w、WRU_w、FLD_w、PP_w 分别为水功能区达标指标、水资源开发利用指标、防洪指标和公众满意度赋分权重，参考

187

《河流标准》，4 个指标等权重设计均为 0.25。

7.9　卫运河健康总体评估

卫运河健康评估包括 5 个准则层，基于水文水资源、物理结构、水质和生物准则层评价河流生态完整性，综合河流生态完整性和河流社会功能准则层得到河流健康评估赋分。

7.9.1　各监测断面所代表的河长生态完整性赋分

评价各段河长生态完整性赋分按照以下公式计算各河段 4 个准则层的赋分，即

$$REI = HD_r \cdot HD_w + PH_r \cdot PH_w + WQ_r \cdot WQ_w + AF_r \cdot AF_w$$

式中：REI、HD_r、HD_w、PH_r、PH_w、WQ_r、WQ_w、AF_r、AF_w 分别为河段生态完整性状况赋分、水文水资源准则层赋分、水文水资源准则层权重、物理结构准则层赋分、物理结构准则层权重、水质准则层赋分、水质准则层权重、生物准则层赋分、生物准则层权重。参考《河流标准》，水文水资源、物理结构、水质和生物准则层的权重依次为 0.2、0.2、0.2 和 0.4。

根据生态完整性 4 个准则层评价结果进行综合评价，河湖健康调查的生态完整性状况赋分计算结果见表 7.40。

表 7.40　　　　　　卫运河各监测点位生态完整性状况赋分表

监测点位	水文水资源	权重	物理结构	权重	水质	权重	生物	权重	生态完整性状况赋分
徐万仓	82.1	0.2	48.8	0.2	88.2	0.2	11.1	0.4	48.3
临清大桥	82.1	0.2	50.3	0.2	83.3	0.2	28.5	0.4	54.5
祝官屯	82.1	0.2	37.2	0.2	71.0	0.2	30.6	0.4	50.3
西郑庄	82.1	0.2	51.8	0.2	0	0.2	0	0.4	26.8
四女寺	82.1	0.2	39.2	0.2	48.1	0.2	30.6	0.4	46.1

7.9.2　河流生态完整性评估赋分

各监测点位生态完整性状况赋分见表 7.41，根据河段长度及各监测点位生态完整性状况赋分，计算评估河流生态完整性总赋分为 47.96。

表 7.41　　　　　　卫运河生态完整性状况赋分

监测点位	生态完整性状况赋分	长度/km	总得分
徐万仓	48.25	7.2	
临清大桥	54.52	58.7	
祝官屯	50.30	59.0	47.96
西郑庄	26.77	23.9	
四女寺	46.11	10.7	

7.9.3 河流健康评估赋分

根据以下公式，综合河流生态完整性评估指标赋分和社会服务功能指标评估赋分结果，即

$$RHI = REI \cdot RE_w + SSI \cdot SS_w$$
$$= 47.96 \times 0.7 + 16.28 \times 0.3$$
$$= 38.45$$

式中：RHI、REI、RE_w、SSI、SS_w 分别为河流健康目标处赋分、生态完整性状况赋分、生态完整性状况赋分权重、社会服务功能赋分、社会服务功能赋分权重。参考《河流标准》，生态完整性状况赋分和社会服务功能赋分权重分别为 0.7 和 0.3。经计算，河流健康评估赋分为 38.45 分，总体为"不健康"状态。

7.9.4 卫运河健康整体特征

卫运河健康评估通过对 5 个实际评估监测点位的 5 个准则层 14 个指标层调查评估结果进行逐级加权、综合评分，计算得到卫运河健康赋分为 38.45 分。根据河流健康分级原则，评估年健康状况结果处于"不健康"等级。从 5 个准则层的评估结果来看，水文水资源准则层赋分相对较高，处于"理想状态"等级，虽然流量过程变异程度赋分较高，但生态流量保障程度赋分较高；物理结构准则层处于"亚健康"等级，主要是河流阻隔状况指标赋分较低所致；生物准则层健康状况也较差，处于"不健康"等级，主要是由于鱼类损失指数造成，而其他两个指标也赋分较低；社会服务准则层赋分最低，处于"病态"等级，详见表 7.42 和图 7.14。

表 7.42 各准则层健康赋分及等级

准则层及目标层	赋分	健康等级	准则层及目标层	赋分	健康等级
水文水资源	82.12	理想状态	生物	24.35	不健康
物理结构	44.84	亚健康	社会服务功能	16.28	病态
水质	64.13	健康	整体健康	38.45	不健康

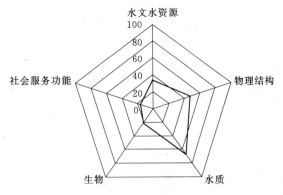

图 7.14 各准则层健康赋分雷达图

第8章

漳卫新河健康评估

8.1 漳卫新河流域概况

漳卫新河从山东省德州市四女寺村起，沿冀、鲁边界，途经山东省武城县、德州市、宁津县、乐陵市、庆云县、无棣县，河北省吴桥县、东光县、南皮县、盐山县、海兴县，在无棣县大口河入海。全长257km，为山东、河北两省界河，河宽100～150m，河深6～7m。主要支流有长顺河、六五河、利民河等，属平原型河道。流域地区地势平坦，坡降0.1‰左右，如图8.1所示。

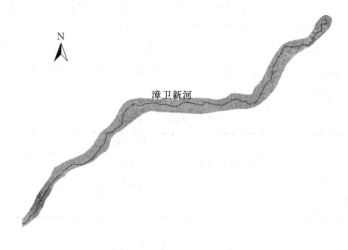

图8.1　漳卫新河示意图

8.2 漳卫新河流域健康评估体系

根据海河流域河湖健康评估一期试点和二期试点工作情况，漳卫新河水生态监测和健康评估指标体系设置按照《河流健康评估指标、标准与方法（试点工作用）》及海河流域重要河湖健康评估体系，包括1个目标层、2个目标亚层、5个准则层、13个评估指标，详见表8.1。

190

表 8.1 漳卫新河健康评估指标体系

目标层	目标亚层	准则层	指 标 层	代码	权重
健康状况	生态完整性	水文水资源	生态流量保障程度	EF	1
		物理结构	河岸带状况	RS	0.6
			河流连通阻隔状况	RC	0.4
		水质	溶解氧水质状况	DO	最小值
			耗氧有机污染状况	HMP	
			重金属污染状况	PHP	
		生物	浮游植物污生指数	PSI	最小值
			底栖动物 BI 指数	BI	
			鱼类生物损失指数	FOE	
	社会服务	社会服务功能	水功能区达标指标	WFZ	0.25
			水资源开发利用指标	WRU	0.25
			防洪指标	FLD	0.25
			公众满意度	PP	0.25

8.3 漳卫新河流域健康评估监测方案

8.3.1 评估指标获取方法

在数据获取方式上，将漳卫新河健康评估指标数据获取可以分成两类：第一类指标历史监测数据，数据获得以收集资料为主；第二类以现场调查实测为主，见表8.2。

表 8.2 漳卫新河健康评估指标获取方法

目标层	准 则 层	指 标 层	获取方法/渠道
河流健康	水文水资源	生态流量保障程度	水文站
	物理结构	河岸带状况	现场实测
		河流连通阻隔状况	调查
	水质	耗氧有机污染状况	现场实测
		溶解氧水质状况	现场实测
		重金属污染状况	现场实测
	生物	浮游植物污生指数	现场实测
		底栖动物 BI 指数	现场实测
		鱼类生物损失指数	调查法与现场实测
	社会服务功能	水功能区达标率	水质站
		水资源开发利用指标	调查
		防洪指标	调查
		公众满意度指标	现场调查

8.3.2 调查点位布设

根据漳卫新河的水功能区、省界水质监测点位布设，以及该河系水文站点分布状况，对漳卫新河进行点位布设。

漳卫新河共布设监测点位 7 个，监测点位所代表的水功能区见表8.3。

各监测点位所代表的河长、详细经纬度、起止断面名称及经纬度详见图8.2。

表 8.3　　　　　　　　　　　　漳卫新河健康评估监测点位设置

河系分段	序号	监测点位	重 要 水 功 能 区
漳卫新河	1	田龙庄桥	漳卫新河鲁冀缓冲区
	2	袁桥闸	漳卫新河鲁冀缓冲区
	3	王营盘	漳卫新河鲁冀缓冲区
	4	庆云闸	漳卫新河鲁冀缓冲区
	5	辛集闸	漳卫新河鲁冀缓冲区
	6	埕口镇	漳卫新河鲁冀缓冲区
	7	大口河	漳卫新河鲁冀缓冲区

表 8.4　　　　　　　　　　漳卫新河各监测点位经纬度及起止断面

序号	河系分段	代表站点	水功能区	河长/km	代表站点坐标 东经	代表站点坐标 北纬	起始断面 站点	起始断面 东经	起始断面 北纬	终止断面 站点	终止断面 东经	终止断面 北纬
1	漳卫新河	田龙庄桥	漳卫新河鲁冀缓冲区	43.2	116°14′02.40″	37°21′42.84″	四女寺	116°14′02.40″	37°21′42.84″	玉泉庄桥	—	37°36′11.16″
2		袁桥闸	漳卫新河鲁冀缓冲区	52.7	116°14′02.40″	37°21′42.84″	四女寺	116°14′02.40″	37°21′42.84″	玉泉庄桥	116°33′22.68″	37°36′11.16″
3		王营盘	漳卫新河鲁冀缓冲区	46	116°33′22.68″	37°36′11.16″	玉泉庄桥	116°33′22.68″	37°36′11.16″	寨子	116°56′21.12″	37°51′05.04″
4		庆云闸	漳卫新河鲁冀缓冲区	42.5	116°56′05.04″	37°51′05.04″	寨子	116°56′21.12″	37°51′05.04″	庆云闸	117°23′19.32″	37°51′01.80″
5		辛集闸	漳卫新河鲁冀缓冲区	34.8	117°23′19.32″	37°51′01.80″	庆云闸	117°23′19.32″	37°51′01.80″	辛集闸	117°35′19.68″	38°04′13.08″
6		埕口镇	漳卫新河鲁冀缓冲区	14.6	117°35′19.68″	38°04′13.08″	辛集闸	117°35′19.68″	38°04′13.08″	埕口镇	117°43′49.44″	38°06′32.04″
7		大口河	漳卫新河鲁冀缓冲区	24.3	117°43′49.44″	38°06′32.04″	埕口镇	117°43′49.44″	38°06′32.04″	大口河	117°51′40.32″	38°15′59.04″

8.3.3 第一次调查各点位基本情况

4月17—21日完成了第一次水生态野外监测，调查各点位基本情况如下。

1. 田龙庄桥（图8.3）

（1）底质类型：底质以淤泥为主。

（2）堤岸稳定性：堤岸为土质，有水土流失潜在因素。

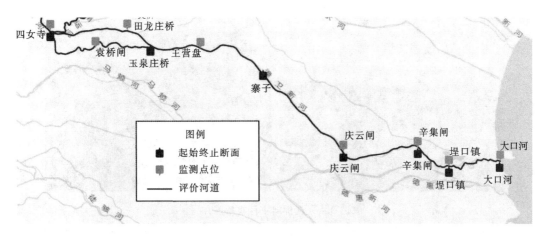

图 8.2 漳卫新河评估监测点位示意图

图 8.3 田龙庄桥 4 月实拍图片

（3）河道变化：河道比较稳定。

（4）河水水量状况：水量较小，且流速较慢。

（5）河岸带植被多样性：河岸周围植被种类较多，多为草木，少量树木。

（6）水质状况：水体较为清澈，无异味。

（7）人类活动强度：受人类活动干扰大，附近有农田、公路和桥梁。

2. 袁桥闸（图 8.4）

（1）底质类型：底质以淤泥为主。

（2）堤岸稳定性：堤岸土质，有水土流失潜在因素。

（3）河道变化：河道比较宽阔、稳定。

（4）河水水量状况：水量中等，且流速较慢。

（5）河岸带植被多样性：河岸周围植被种类较多，多为草木和树木。

（6）水质状况：水体较为浑浊，无异味。

（7）人类活动强度：受人类活动干扰大，附近有闸坝、村庄、桥梁。

3. 王营盘（图 8.5）

（1）底质类型：底质以淤泥为主。

图 8.4　袁桥闸 4 月实拍图片

图 8.5　王营盘 4 月实拍图片

（2）堤岸稳定性：堤岸土质，较为稳定，有少许地方发生侵蚀。

（3）河道变化：河道比较宽阔、稳定。

（4）河水水量状况：水量较小，且流速较快。

（5）河岸带植被多样性：河岸周围植被种类较多，且多为草木和灌木，河堤为乔木。

（6）水质状况：水体较清，无异味。

（7）人类活动强度：受人类活动干扰大，附近有闸坝、农田。

4．庆云闸（图 8.6）

（1）底质类型：底质以淤泥为主。

（2）堤岸稳定性：堤岸土质，较为稳定，有少许地方发生侵蚀。

（3）河道变化：河道比较宽阔、稳定。

（4）河水水量状况：水量较小，且流速较快。

（5）河岸带植被多样性：河岸周围植被种类较少，多为石块。

（6）水质状况：水体清澈，无异味。

（7）人类活动强度：受人类活动干扰大，附近有闸坝桥梁、公路、村庄，河道内有垃圾堆放，河岸带附近有农田。

5．辛集闸（图 8.7）

（1）底质类型：底质以淤泥为主。

图 8.6　庆云闸 4 月实拍图片

图 8.7　辛集闸 4 月实拍图片

（2）堤岸稳定性：堤岸较为稳定，有少许地方发生侵蚀。

（3）河道变化：河道比较宽阔、稳定。

（4）河水水量状况：水量中等，且流速较快。

（5）河岸带植被多样性：河岸周围植被种类较多，多为草木和灌木。

（6）水质状况：水体较为浑浊，无异味。

（7）人类活动强度：受人类活动干扰大，附近有村庄、公路。

6. 埕口镇（图 8.8）

（1）底质类型：底质以淤泥为主。

（2）堤岸稳定性：堤岸为土质，有少许地方发生侵蚀。

图 8.8　埕口镇 4 月实拍图片

（3）河道变化：河道比较宽阔、河堤较低，易发生改变。

（4）河水水量状况：水量中等，且流速较为缓慢。

（5）河岸带植被多样性：河岸周围植被类型较少，多为草木和灌木。

（6）水质状况：水体较为浑浊，含沙量大，无异味。

（7）人类活动强度：受人类活动干扰大，附近有村庄、道路，河岸带周围有农田。

7. 大口河（图8.9）

（1）底质类型：底质以沙子为主。

（2）堤岸稳定性：典型河口，无水土流失现象和潜在因素。

（3）河道变化：河道比较宽阔、稳定。

（4）河水水量状况：水量中等，且流速较慢。

（5）河岸带植被多样性：河岸周围植被种类较少，多为草木。

（6）水质状况：水体较为浑浊，无异味。

（7）人类活动强度：受人类活动干扰大，附近有村庄、道路。

图8.9　大口河4月实拍图片

8.3.4　第二次调查各点位基本情况

8月21—25日完成了第二次水生态野外监测，调查各点位基本情况如下。

1. 田龙庄桥（图8.10）

（1）底质类型：底质以淤泥为主。

（2）堤岸稳定性：堤岸为土质，有水土流失潜在因素。

（3）河道变化：河道比较稳定。

（4）河水水量状况：水量中等，未没过河槽，且流速较慢。

（5）河岸带植被多样性：河岸周围植被种类较多，多为草木，少量树木。

（6）水质状况：水体较为清澈，有少许异味。

（7）人类活动强度：受人类活动干扰大，附近有农田、公路和桥梁，并正在建设穿越河道的煤气管道。

2. 袁桥闸（图8.11）

（1）底质类型：底质以淤泥为主。

（2）堤岸稳定性：堤岸土质，有水土流失潜在因素。

图 8.10　田龙庄桥 8 月实拍图片

图 8.11　袁桥闸 8 月实拍图片

（3）河道变化：河道比较宽阔、稳定。

（4）河水水量状况：水量中等，且流速较慢。

（5）河岸带植被多样性：河岸周围植被种类较多，多为草木和树木。

（6）水质状况：水体较为清澈，无异味。

（7）人类活动强度：受人类活动干扰大，附近有闸坝、村庄、桥梁，并有公园，河道有硬化现象，河堤内有餐馆。

3. 王营盘（图 8.12）

（1）底质类型：底质以淤泥为主。

（2）堤岸稳定性：堤岸土质，较为稳定，有少许地方发生侵蚀。

（3）河道变化：河道比较宽阔、稳定。

（4）河水水量状况：水量较小，且流速较快。

（5）河岸带植被多样性：河岸周围植被种类较多，且多为草木和灌木，河堤为乔木。

图 8.12　王营盘 8 月实拍图片

（6）水质状况：水体较清，无异味。

（7）人类活动强度：受人类活动干扰大，附近有闸坝、农田及拦河水利枢纽。

4. 庆云闸（图 8.13）

（1）底质类型：底质以淤泥为主。

（2）堤岸稳定性：堤岸土质，较为稳定，有少许地方发生侵蚀。

（3）河道变化：河道比较宽阔、稳定。

（4）河水水量状况：水量较小，且流速较慢。

（5）河岸带植被多样性：河岸周围植被种类较少，多为石块。

（6）水质状况：水体清澈，无异味。

（7）人类活动强度：受人类活动干扰大，附近有闸坝桥梁、公路、村庄及拦河水利枢纽，河道内有垃圾堆放，河岸带附近有农田。

图 8.13　庆云闸 8 月实拍图片

5. 辛集闸（图 8.14）

（1）底质类型：底质以淤泥为主。

图 8.14　辛集闸 8 月实拍图片

（2）堤岸稳定性：堤岸较为稳定，有少许地方发生侵蚀。

（3）河道变化：河道比较宽阔、稳定。

（4）河水水量状况：水量中等，且流速较慢。

（5）河岸带植被多样性：河岸周围植被种类较多，多为草木和灌木。

（6）水质状况：水体较为浑浊，无异味。

（7）人类活动强度：受人类活动干扰大，附近有村庄、公路及拦河水利枢纽。

6. 埕口镇（图 8.15）

（1）底质类型：底质以淤泥为主。

（2）堤岸稳定性：堤岸为土质，有少许地方发生侵蚀。

（3）河道变化：河道比较宽阔，河堤较低，易发生改变。

（4）河水水量状况：水量中等，且流速较为缓慢。

（5）河岸带植被多样性：河岸周围植被种类较少，多为草木和灌木。

（6）水质状况：水体较为浑浊，含大量泥沙，无异味。

（7）人类活动强度：受人类活动干扰大，附近有村庄、道路，河岸带周围有农田，大

图 8.15　埕口镇 8 月实拍图片

堤周边餐馆较多。

7. 大口河（图 8.16）

（1）底质类型：底质以沙子为主。

（2）堤岸稳定性：典型河口，无水土流失现象和潜在因素。

（3）河道变化：河道比较宽阔、稳定。

（4）河水水量状况：水量中等，且流速较慢。

（5）河岸带植被多样性：河岸周围植被种类较少，多为草木。

（6）水质状况：水体较为浑浊，无异味。

（7）人类活动强度：受人类活动干扰大，附近有村庄、道路。

图 8.16　大口河 8 月实拍图片

8.4　水文水资源

水文水资源准则层根据流量过程变异程度、生态流量保障程度两个指标进行计算。

8.4.1　流量过程变异程度

流量过程变异程度由评估年逐月实测径流量与天然月径流量的平均偏离程度表达。

根据评估标准，全国重点水文站 1956—2000 年天然径流量漳卫河代表站，根据《海河流域代表站径流系列延长报告》（中水北方勘测设计研究有限责任公司，2016），1956—2000 年已完成天然径流还原，并进行 2001—2012 年系列延长，漳卫南河系最下游径流系列延长代表站有观台、元村集水文站，而在卫运河、南运河和漳卫新河河段未有代表性站点的天然径流量还原计算。

根据 2016 年水资源公报进行计算，详见 7.4.1 小节。庆云闸站点数值代表漳卫新河年径流量，四女寺以下河系进行分支，天然径流量还原数值对漳卫新河及南运河意义不大（表 8.5）。因此，本研究对漳卫新河流量过程变异程度不加以详细阐述，且不纳入评估指数范围。

站 点	实 测	天 然
庆云闸	3.84	—

8.4.2 生态流量保障程度

生态流量保障程度是根据多年平均径流量进行推算，并不少于 30a 系列数据，根据《海河流域综合规划（2012—2030）》（国函〔2013〕36 号）成果，区分山区河段、平原河段、河口河段等的不同计算方法，进行计算评估和赋分。

1. 河流生态需水量

对于水体连通和生境维持功能的河段，要保障一定的生态基流，原则上采用 Tennant 法计算，取多年平均天然径流量的 10%～30% 作为生态水量，平原河流取 10%～20%；对于水质净化功能的河流，同于水体连通功能河段，不考虑增加对污染物稀释水量；对景观环境功能的河段，采用草被的灌水量或所维持的水面部分用槽蓄法计算蒸发渗漏量；有出境水量规划的河流，生态水量与出境水量方案相协调。

山区河流生态水量在漳河观台断面定为 10%，其他河段分别定为 15%～20%。

河口生态水量采用入海水量，不计算河口冲淤及近海生物需水量。在此基础上，以河系为单元进行整合，扣除河流上下段之间、山区河流与平原河流之间、河流与湿地及入海的重复量。2020 年和 2030 年河流生态水量采用同一标准。河流水质要达到水资源保护规划中确定的水质标准。

平原河流各河段规划生态水量见表 8.6。漳卫新河基本保持河流常年有水，有水面长度不少于 150km，生态水量 1.20 亿 m³。

序号	河系	河流名称	规划河段	最小生态水量	自然耗损量	入海水量
1	漳卫河	漳卫新河	四女寺—辛集闸	1.20	0.40	1.20
2	漳卫河	南运河	四女寺—第六堡	0.26	0.16	

2. 各站点年径流量

根据 2013—2016 年海河流域水文年鉴，2013—2016 年四女寺、庆云闸水文站点的实测径流量见表 8.7。

站点	实测年径流量/(亿 m³/a)			
	2013 年	2014 年	2015 年	2016 年
四女寺（减）（闸下游）	2.814	0.6926	0.1386	
四女寺（漳）（闸下游）	1.399	0	0	
庆云闸（闸上游）	6.195	0.3953	1.274	3.844

3. 生态流量保障程度

生态流量保障程度 EF 指标表达式为

$$EF = \min\left[\frac{q_d}{Q}\right]_{m=1}^{N}$$

式中：m 为评估年份；N 为评估年份数量；q_d 为评估年实测年径流量；$\overline{Q}$ 为规划生态需水量；EF 为评估年实测占规划生态需水量的最低百分比。

生态流量保障程度根据 2013—2016 年各水文站点的实测径流量及规划生态需水量进行计算，并根据鱼类产卵期标准进行赋分，取其中最小值年份为赋分结果。根据各水文站代表的河段，漳卫新河各站点生态流量保障程度赋分见表 8.8。

表 8.8 漳卫新河各水文站生态流量保障程度赋分

测　站	规划生态水量 /(亿 m³/a)	赋分指标计算值				指标取值	指标赋分
		2013 年	2014 年	2015 年	2016 年		
四女寺（减）（闸下游）	1.2	234.5	24.6	20.0		20.0	30.0
四女寺（漳）（闸下游）	1.2	116.6	0			0	0
庆云闸（闸上游）	1.2	516.3	6.4	322.3	301.7	6.4	0

漳卫新河生态流量保障程度较差，赋分值除减河赋分为 30 分外，其他河段赋分均为 0 分。

埕口镇和大口河点位属于漳卫新河河口区域，应用庆云闸流量数据为河口入海流量，2014 年入海流量严重不足，其他年份入海流量较充足，取其最小值赋分，赋分结果为 0 分。

根据各水文站代表的河段，流量过程变异程度见表 8.9。

表 8.9 漳卫新河各站点生态流量保障程度赋分

监测点位	生态流量保障程度赋分	监测点位	生态流量保障程度赋分
袁桥闸	0	辛集闸	0
田龙庄村	30.0	埕口镇	0
王营盘	0	大口河	0
庆云闸	0		

8.4.3　水文水资源准则层赋分

水文水资源准则层赋分计算见表 8.10。从表 8.10 可以看出评估河段的水文水资源准则层赋分为 6.13 分，综合评估为"病态"。

表 8.10 漳卫新河评估河段水文水资源准则层赋分计算表

监测点位	流量过程变异程度赋分	权重	流量过程变异程度赋分	权重	赋分	代表河长/km	河流赋分
袁桥闸	—	0	0	1.0	0	43.2	
田龙庄村	—	0	30.0	1.0	30.0	52.7	
王营盘	—	0	0	1.0	0	46.0	
庆云闸	—	0	0	1.0	0	42.5	6.13
辛集闸	—	0	0	1.0	0	34.8	
埕口镇	—	0	0	1.0	0	14.6	
大口河	—	0	0	1.0	0	24.3	

8.5 物理结构

本次漳卫新河健康评价物理结构准则层根据河岸带状况、河流阻隔状况两个指标进行评估计算。

8.5.1 河岸带状况

根据 2018 年 4 月现场调查数据进行河岸带状况评价。调查了监测点位左、右两岸岸坡稳定性、植被覆盖度和人工干扰程度。

1. 岸坡稳定性

根据以下公式进行计算，岸坡稳定性赋分见表 8.11。

$$BKS_r = \frac{SA_r + SC_r + SH_r + SM_r + ST_r}{5}$$

式中：BKS_r 为岸坡稳定性指标赋分；SA_r 为岸坡倾角赋分；SC_r 为岸坡覆盖度赋分；SH_r 为岸坡高度赋分；SM_r 为河岸基质赋分；ST_r 为坡脚冲刷强度赋分。

表 8.11 漳卫新河岸坡稳定性赋分

监测点位	岸坡倾角赋分	坡脚冲刷强度赋分	岸坡高度赋分	河岸基质赋分	岸坡覆盖度赋分	河岸稳定性指标赋分
袁桥闸	16.7	75.0	75.0	90.0	75.0	66.3
田龙庄村	75.0	75.0	75.0	25.0	75.0	65.0
王营盘	75.0	75.0	25.0	25.0	55.0	51.0
庆云闸	75.0	75.0	75.0	25.0	75.0	65.0
辛集闸	75.0	75.0	75.0	25.0	75.0	65.0
埕口镇	25.0	75.0	90.0	25.0	5.0	44.0
大口河	0	90.0	25.0	90.0	0	41.0

总体来说，漳卫新河调查点位岸坡倾角较低，岸坡覆盖度较好，河岸基质除个别为硬化河堤外，基本为黏土质，稳定性较差，岸坡高度较低，河流坡脚冲刷比较严重，赋分值普遍在 50 分左右。

2. 河岸带植被覆盖度

采用 2013 年 Landsat 8 TM 影像为数据源进行 NDVI 值计算，计算范围为河道两边 3km。

漳卫新河河段面积 1047km²，植被覆盖率为 87%。无植被覆盖面积为 140km²，植被低度覆盖面积为 66km²，植被中度覆盖面积为 90km²，植被高度覆盖面积为 751km²。漳卫新河河段植被主要为农田。

根据河岸带植被覆盖度指标直接评估赋分标准，漳卫新河河段植被覆盖率为 87%，赋分为 100.0 分，见表 8.12。

监测点位	植被覆盖度/%	赋分	监测点位	植被覆盖度/%	赋分
袁桥闸	87	100.0	辛集闸	87	100.0
田龙庄村	87	100.0	埕口镇	87	100.0
王营盘	87	100.0	大口河	87	100.0
庆云闸	87	100.0			

3. 人工干扰程度

重点调查评估在河岸带及其邻近陆域进行的几类人类活动，包括河岸硬性砌护、采砂、沿岸建筑物（房屋）、公路（或铁路）、垃圾填埋场或垃圾堆放、河滨公园、管道、采矿、农业耕种、畜牧养殖等，各站点赋分情况具体见表 8.13。

表 8.13   漳卫新河人工干扰程度赋分表

监测点位	人工干扰程度	人工干扰程度赋分	监测点位	人工干扰程度	人工干扰程度赋分
袁桥闸	−100	0	辛集闸	−100	0
田龙庄村	0	100.0	埕口镇	0	100
王营盘	−100	0	大口河	0	100
庆云闸	−100	0			

4. 河岸带状况赋分

汛期和非汛期分别调查了监测断面左、右两岸岸坡稳定性和人工干扰程度，植被覆盖度根据遥感解译赋分，通过以下公式计算了河岸带状况，结果详见表 8.14。

$$RS_r = BKS_r \cdot BKS_w + BVC_r \cdot BVC_w + RD_r \cdot RD_w$$

式中：RS_r 为河岸带状况赋分；BKS_r 和 BKS_w 分别为岸坡稳定性的赋分和权重；BVC_r 和 BVC_w 分别为河岸植被覆盖度的赋分和权重；RD_r 和 RD_w 分别为河岸带人工干扰程度的赋分和权重。权重主要参考《河流标准》，其中，$BKS_w = 0.25$、$BVC_w = 0.5$、$RD_w = 0.25$。

表 8.14   漳卫新河河岸带状况赋分表

监测点位	岸坡稳定性	权重	植被覆盖度	权重	人工干扰程度	权重	河岸带状况赋分
袁桥闸	66.3	0.25	100.0	0.5	0	0.25	66.6
田龙庄村	65.0	0.25	100.0	0.5	100.0	0.25	91.3
王营盘	51.0	0.25	100.0	0.5	0	0.25	62.8
庆云闸	65.0	0.25	100.0	0.5	0	0.25	66.3
辛集闸	65.0	0.25	100.0	0.5	0	0.25	66.3
埕口镇	44.0	0.25	100.0	0.5	100.0	0.25	86.0
大口河	41.0	0.25	100.0	0.5	100.0	0.25	85.3

8.5.2   河流阻隔状况

通过搜集资料和现场勘查，调查了卫运河及漳卫新河的闸坝情况，具体大型水利闸坝情况如下。

四女寺闸、辛集闸只在上游来水较大、泄洪或调水的时段打开,其他时间基本处于关闭状态,导致河流上、下游连通不畅,对下游阻隔严重,且无鱼道,鱼类正常的洄游、产卵被干扰,根据闸坝阻隔赋分标准,赋分为-100分。

综上,河流连通阻隔计算公式为

$$RC_r = 100 + \min[(DAM_r)_i, (DAM_r)_j]$$
$$= 100 + (-100)$$
$$= 0$$

式中:RC_r 为河流连通阻隔状况赋分;$(DAM_r)_i$ 为评估断面下游河段大坝阻隔赋分($i=1,2,\cdots,NDam$),$NDam$ 为下游大坝座数;$(DAM_r)_j$ 为评估断面下游河段水闸阻隔赋分($j=1,2,\cdots,NGate$),$NGate$ 为下游水闸座数。

根据调查结果,漳卫新河的大坝对河流造成的阻隔较严重,河流连通性差,辛集闸以上闸坝阻隔状况赋分为0分,辛集闸以下为100分。

8.5.3 物理结构准则层赋分

物理结构准则层赋分包括3个指标,其赋分采用下式计算,即

$$PR_r = RS_r \cdot RS_w + RC_r \cdot RC_w$$

式中:PR_r 为物理结构准则层赋分;RS_r 和 RS_w 分别为河岸带状况的赋分和权重;RC_r 和 RC_w 分别为河流连通阻隔状况的赋分和权重。

表 8.15   漳卫新河各监测站点物理结构准则层赋分表

监测点位	河岸带状况赋分	权重	河流阻隔状态赋分	权重	物理结构赋分	代表河长	河流赋分
袁桥闸	66.6	0.6	0	0.4	40.0	43.2	
田龙庄村	91.3	0.6	0	0.4	54.8	52.7	
王营盘	62.8	0.6	0	0.4	37.7	46	
庆云闸	66.3	0.6	0	0.4	39.8	42.5	50.2
辛集闸	66.3	0.6	0	0.4	39.8	34.8	
埕口镇	86.0	0.6	100.0	0.4	91.6	14.6	
大口河	85.3	0.6	100.0	0.4	91.2	24.3	

见表8.15,根据各个监测点位长度计算,漳卫新河物理结构准则层的得分为50.2分,处于"亚健康"状态。

8.6 水质

8.6.1 溶解氧状况

溶解氧为水中溶解氧浓度,其对水生动植物十分重要,过高或过低都会对水生物造成危害,适宜浓度为4~12mg/L。

首先将单站监测数据进行计算，参照溶解氧状况指标赋分标准进行赋分评估，根据各站溶解氧值，参照标准进行赋分，4月赋分情况见表8.16，结果表明漳卫新河调查水质站点的溶解氧状况都较好，赋分都达到100.0分。

表8.16 各点位4月溶解氧状况赋分表

点位名称	溶解氧/(mg/L)	溶解氧赋分	点位名称	溶解氧/(mg/L)	溶解氧赋分
袁桥闸	15.7	100.0	辛集闸	12.7	100.0
田龙庄村	10.2	100.0	埕口镇	8.8	100.0
王营盘	16.2	100.0	大口河	7.8	100.0
庆云闸	8.8	100.0			

8.6.2 耗氧有机污染状况

耗氧有机物系指导致水体中溶解氧大幅下降的有机污染物，取高锰酸盐指数、化学需氧量、五日生化需氧量、氨氮等四项，对河流耗氧污染状况进行评估。

首先分别计算各站汛期、非汛期高锰酸盐指数、化学需氧量、五日生化需氧量、氨氮的各项均值，参照《耗氧有机污染状况指标赋分标准》进行赋分评估，分别评估4个水质项目非汛期赋分；其次分别对其赋分，再取4个水质项目赋分的平均值作为耗氧有机污染物状况赋分，作为耗氧有机污染状况赋分（表8.17），采用下式计算，即

$$OCP_r = \frac{CODMn_r + COD_r + BOD_r + NH_3N_r}{4}$$

表8.17 漳卫新河4月各监测点位耗氧有机污染状况指标赋分

点位名称	时间	氨氮/(mg/L)	赋分	高锰酸盐指数/(mg/L)	赋分	五日生化需氧量/(mg/L)	赋分	化学需氧量/(mg/L)	赋分	耗氧有机污染赋分
袁桥闸	非汛期	0.12	100.0	4.4	76.0	<2.0	100.0	17.8	77.6	88.4
田龙庄村	非汛期	1.60	24.0	6.5	56.3	2.6	100.0	24.9	45.3	56.4
王营盘	非汛期	0.95	62.0	7.8	46.5	2.0	100.0	27.1	38.7	61.8
庆云闸	非汛期	0.10	100.0	5.1	69.0	2.9	100.0	20.2	59.4	82.1
辛集闸	非汛期	0.79	68.4	11.2	22.8	2.9	100.0	52.2	0	47.8
埕口镇	非汛期	<0.01	100.0	13.1	11.4	6.3	27.8	62.0	0	34.8
大口河	非汛期	0.27	93.1	23.4	0	4.1	58.5	195.0	0	37.9

漳卫新河耗氧有机污染指标总体上看中上游相对稍好，各监测点位赋分都在60分以上，中下游赋分稍低，说明下游地区的耗氧有机物污染较上游区域重。

8.6.3 重金属污染状况

重金属污染是指含有汞、镉、铬（6价）、铅及砷等生物毒性显著的重金属元素及其化合物对水的污染。

参照重金属状况指标赋分标准进行赋分评估，根据各站点重金属浓度值，参照标准对

漳卫新河非汛期中汞、镉、铬（6价）、铅及砷5个生物毒性显著的重金属元素进行赋分，4月赋分情况见表8.17。

表8.18　　　　漳卫新河4月各监测点位重金属状况指标赋分　　　　单位：mg/L

点位名称	时间	砷	赋分	汞	赋分	镉	赋分	铬（6价）	赋分	铅	赋分	重金属赋分
袁桥闸	非汛期	<0.0003	100.0	<0.00004	100.0	<0.00005	100.0	<0.004	100.0	<0.00009	100.0	100.0
田龙庄村	非汛期	0.0003	100.0	<0.00004	100.0	<0.00005	100.0	0.006	100.0	<0.00009	100.0	100.0
王营盘	非汛期	0.0014	100.0	<0.00004	100.0	<0.00005	100.0	0.008	100.0	<0.00009	100.0	100.0
庆云闸	非汛期	0.0004	100.0	<0.00004	100.0	<0.00005	100.0	<0.004	100.0	<0.00009	100.0	100.0
辛集闸	非汛期	0.0028	100.0	<0.00004	100.0	<0.00005	100.0	0.013	100.0	<0.00009	100.0	100.0
埕口镇	非汛期	0.0006	100.0	<0.00004	100.0	<0.00005	100.0	0.012	100.0	<0.00009	100.0	100.0
大口河	非汛期	<0.0003	100.0	<0.00004	100.0	<0.00005	100.0	<0.004	100.0	<0.00009	100.0	100.0

结果表明，漳卫新河调查7个站点的重金属状况都较好（除干涸站点外），赋分都达到100分。

8.6.4　水质准则层赋分

水质准则层包括3项赋分指标，根据相关规定，以3个评估指标中最小分值作为水质准则层赋分，另外，根据监测点位代表河长长度，计算河流水质准则层赋分值，计算结果见8.19。

$$WQ_r = \min(DO_r, OCP_r, HMP_r)$$

表8.19　　　　漳卫新河各监测点位水质准则层赋分表

点位名称	DO	OCP	HMP	水质准则层赋分	代表河长/km	河流赋分
袁桥闸	100.0	88.4	100.0	88.4	43.2	
田龙庄村	100.0	56.4	100.0	56.4	52.7	
王营盘	100.0	61.8	100.0	61.8	46.0	
庆云闸	100.0	82.1	100.0	82.1	42.5	62.8
辛集闸	100.0	47.8	97.0	47.8	34.8	
埕口镇	100.0	34.8	98.0	34.8	14.6	
大口河	100.0	37.9	100.0	37.9	24.3	

从表8.19可以看出，各监测点位水质准则层赋分为62.8分，为"健康"状态。

8.7　生物

8.7.1　浮游植物

1. 种类组成

在2018年4月对各监测点位进行浮游植物调查，各门数量见表8.20，经显微镜检查共检出浮游植物计 4 门 40 种，其中硅藻门种类最多，其次为绿藻门和蓝藻门，其他门类种数较少。

表 8.20　　　　　　　　漳卫新河 4 月浮游植物各门种类数量表

门　类	数量/种	门　类	数量/种
蓝藻门	6	硅藻门	17
隐藻门	0	裸藻门	3
甲藻门	0	绿藻门	14
金藻门	0	共计	40
黄藻门	0		

2. 细胞密度

4 月各监测点藻细胞密度见表 8.21，藻细胞密度范围为（0.00～947.76）×10^5 个/L。总体来看，上游藻细胞密度较低，下游藻细胞密度较高。

表 8.21　　　　　漳卫新河 4 月各监测点位浮游植物细胞密度　　　　　单位：10^5 个/L

站点	蓝藻门	硅藻门	裸藻门	绿藻门	共计
田龙庄桥	507.54	131.15	0.87	119.78	759.34
袁桥闸	160.87	16.17	1.75	40.66	219.45
王营盘	486.99	81.75	7.87	119.78	696.39
庆云闸	382.08	21.86	2.62	56.39	462.95
辛集闸	540.33	10.93	0	68.63	619.89
埕口镇	0	0	0	0	0
大口河	254.86	2.19	0	27.98	285.03

3. 浮游植物污生指数赋分

根据海河流域河湖健康评估指标赋分标准中的浮游植物赋分标准，对 4 月浮游植物调查结果进行赋分，赋分值（PHS）见表 8.22。

表 8.22　　　　　漳卫新河 4 月各监测点位浮游植物污生指数 S 及赋分

点位	污生指数 S	赋分	点位	污生指数 S	赋分
田龙庄桥	2.52	49.54	辛集闸	2.60	47.50
袁桥闸	2.79	42.86	埕口镇	—	—
王营盘	2.44	51.39	大口河	2.50	50.00
庆云闸	2.48	50.50			

8.7.2　底栖动物

1. 种类组成

本次调查选择漳卫新河 7 个样点于非汛期（4 月）进行采集工作，基本可以代表漳卫新河的整体特征。结果显示，漳卫新河底栖动物 10 种，种类组成见表 8.23。其中，水栖寡毛类 2 种，软体类 3 种，甲壳类 2 种，水生昆虫摇蚊类 3 种。结果显示，漳卫新河底栖生物多样性较低。7 个样点中，2 个样点（埕口镇和大口河）未采集到底栖动物样品。此外，对水质较为敏感的毛翅目、蜉蝣目等未曾采集到，可以认为该两类底栖动物在该区域没有分布。

表 8.23　　　　　　　　　　漳卫新河底栖动物采样种类组成表　　　　　　　单位：ind./m³

种类	袁桥闸	田龙庄村	王营盘闸	庆云闸	辛集闸
苏氏尾鳃蚓	3		80		
霍甫水丝蚓	3	113			
铜锈环棱螺				7	
纹沼螺	3				
椭圆萝卜螺	3			23	
中华新米虾					
中华小长臂虾	3	3		3	
日本新糠虾					7
日本沼虾					
林间环足摇蚊	3	20	13		3
红裸须摇蚊					
中华摇蚊		77	17	73	
步行多足摇蚊	3	20			
合计	21	233	110	106	10

从底栖动物种类数在 7 个样点的分布来看，漳卫新河水域整体底栖动物种类较少，多为耐污类群。

2. 结果及评价

本项目采集的底栖动物种类的耐污值见表 8.24。

表 8.24　　　　　　　　　　漳卫新河底栖动物耐污值表

序号	种类	耐污值	序号	种类	耐污值
1	霍甫水丝蚓	9.4	8	日本新糠虾	6.0
2	苏氏尾鳃蚓	8.5	9	日本沼虾	5.0
3	铜锈环棱螺	4.3	10	林间环足摇蚊	6.8
4	纹沼螺	5.0	11	红裸须摇蚊	8.0
5	椭圆萝卜螺	8.0	12	中华摇蚊	9.1
6	中华新米虾	3.0	13	步行多足摇蚊	9.6
7	中华小长臂虾	4.0			

经计算，得出漳河各站点的生物指数（BI）值。根据 BI 污染水平判断标准及各站点 BI 值计算结果，以 BI 值为 0 时赋分 100 分，BI 值为 10 时赋分为 0 分，采用内插法得出各站点分数，根据各站点代表河长，得出漳河底栖动物指标得分为 41.33 分，见表 8.25。

表 8.25 　　　　　　　　　　　　　　漳卫新河底栖动物赋分情况

站点	BI 值	赋 分	代表河长/km	整体得分
袁桥闸	7.33	26.71	26.71	
田龙庄村	9.03	9.75	9.75	
王营盘闸	8.39	16.08	16.08	
庆云闸	8.51	14.88	14.88	41.33
辛集闸	6.24	37.60	37.60	
埕口镇	0	0	0	
大口河	0	0	0	

8.7.3　鱼类

鱼类种类现状组成、历史种类、损失度指数参照 5.7.4 小节，采用漳河河系物种鱼类群落结构组成，漳河水系近似估算鱼类损失指数 FOE 为 0.506，指标赋分为 30.62 分。

8.7.4　生物准则层赋分

生物准则层评估调查包括 3 个指标，以 3 个评估指标的最小分值作为生物准则层赋分。

$$AL_r = \min(PHP_r, BI_r, FOE_r)$$

式中：AL_r 为生物准则层赋分；PHP_r 为浮游植物指标赋分；BI_r 为大型底栖动物完整性指标赋分；FOE_r 为鱼类生物损失指标赋分。

根据公式计算得知，各监测点位生物准则层赋分详细情况见表 8.26。各点位赋分为 0～26.87 分，准则层赋分值为 15.91 分。

表 8.26 　　　　　　　　　　　　　　生物准则层指标赋分表

样点	浮游植物	大型底栖动物	鱼类	赋分	代表河长 /km	河流赋分赋分
	PHP_r	BI_r	FOE_r	AL_r		
袁桥闸	49.54	26.71	30.62	26.71	43.2	
田龙庄村	42.86	9.75	30.62	9.75	52.7	
王营盘闸	51.39	16.08	30.62	16.08	46.0	
庆云闸	50.50	14.88	30.62	14.88	42.5	15.91
辛集闸	47.50	37.60	30.62	30.62	34.8	
埕口镇	0	0	30.62	0	14.6	
大口河	50.00	0	30.62	0	24.3	

8.8　社会服务功能

8.8.1　水功能区达标指标

漳卫新河流域列入《全国重要江河湖泊水功能区划（2011—2030 年）》目录的重要水

功能区有一个，具体见表 8.27。2018 年全年参加评价的一个水功能区为缓冲区。Ⅲ类的水功能区有一个（其中漳卫新河鲁冀缓冲区为一段河段），Ⅳ类的水功能区有一个，为漳卫新河鲁冀缓冲区为一段河段。

表 8.27　　　　　　　　　　　　漳卫新河水功能区达标情况表

行政区	水功能区名称	监测断面	水质目标	全指标评价					双指标评价					超标项目
				年度水质类别	年评价次数	年达标次数	年度达标率/%	达标评价结论	年度水质类别	年评价次数	年达标次数	年度达标率/%	达标评价结论	
鲁、冀	漳卫新河鲁冀缓冲区	①袁桥闸 ②田龙庄桥 ③玉泉庄桥 ④王营盘 ⑤辛集闸	王营盘以上Ⅳ类，王营盘以下Ⅲ类	劣Ⅴ	12	0	0	不达标	劣Ⅴ	12	0	0	不达标	总磷、化学需氧量、氨氮

其中水功能区全指标达标评估采用水质全指标评价，年度监测次数低于 6 次的水功能区采用均值法，年度监测次数不少于 6 次的水功能区采用频次法，没有水质目标的排污控制区不参加评价，评价指标采用全年实测资料的平均值进行评价，其中水温、总氮、粪大肠菌群不参评；双指标达标评估采用高锰酸盐指数（COD>30mg/L 时，采用 COD 评价）和氨氮进行双指标评价分析，年度监测次数低于 6 次的水功能区采用均值法，年度监测次数不少于 6 次的水功能区采用频次法，没有水质目标的排污控制区不参加评价。依据《地表水环境质量标准》（GB 3838—2002）进行水质评价。

从全指标及双指标评价结果来看，一个水功能区的水质状况均较差，水功能区水质达标率均为 0。因此，漳卫新河水功能区水质达标率指标赋分为 0 分。

8.8.2　水资源开发利用指标

漳卫新河采用 2016 年漳卫河平原分区水资源量统计结果，水资源开发利用率赋分为 0 分。

8.8.3　防洪指标

根据《海河流域防洪规划》（2007 年版）中《漳卫河系防洪规划》第五章"总体布局"中的要求，漳卫河防洪标准为 50 年一遇。

根据《海河流域综合规划》（2010 年）中的防洪规划，漳、卫两河至徐万仓合计下泄 4000m³/s，由卫运河承泄至四女寺枢纽。卫运河堤防级别为 2 级。南运河承泄 150m³/s。漳卫新河按设计流量 3650m³/s 扩大治理，当上游来洪大于 3800m³/s 时，漳卫新河强迫行洪，若发生险情，则向恩县洼分洪。漳卫新河堤防工程级别为 2 级。主要河道现状防洪标准见表 8.28。主要河道现状防洪赋值见表 8.29。

表 8.28 主要河道防洪标准现状（行洪能力）

河道名称	控 制 断 面	原设计流量/(m³/s)	现状行洪流量/(m³/s)
漳卫新河	岔河四女寺—大王铺	2000	1700
	老减河四女寺—大王铺	1500	1500
	大王铺—王营盘闸	3500	3400
	王营盘闸—罗寨闸	3500	3400
	罗寨闸—庆云闸	3500	3000
	庆云闸—辛集闸	3500	2600~2200
	辛集闸—孟家庄	3500	2000~1000

表 8.29　　　　　　　　　　　　　　　　　主要河道防洪赋值表

河系	序号	河系分段	代表站点	是否满足规划 $RIVB_n$	长度 /km	河段规划防洪标准 重现期/a $RIVWF_n$
漳卫南运河	1	漳卫新河	田龙庄桥	1	43.2	50
	2		袁桥闸	0	52.7	50
	3		王营盘	0	46.0	50
	4		庆云闸	0	42.5	50
	5		辛集闸	0	34.8	50
	6		埕口镇	0	14.6	50
	7		大口河	0	24.3	50

河流防洪工程完好率指标计算式为

$$FLD = \frac{\sum_{n=1}^{N_s}(RIVL_n \cdot RIVWF_n \cdot RIVB_n)}{\sum_{n=1}^{N_s}(RIVL_n \cdot RIVWF_n)}$$

$$= 0.167$$

式中：FLD 为河流防洪指标；$RIVL_n$ 为河段 n 的长度，评估河流根据防洪规划划分的河段数量；$RIVB_n$ 为根据河段防洪工程是否满足规划要求进行赋值，达标则 $RIVB_n=1$，不达标则 $RIVB_n=0$；$RIVWF_n$ 为河段规划防洪标准重现期。

经计算，河流防洪工程完好率为 16.7%，根据赋分标准小于 50%，赋分为 0 分。

8.8.4 公众满意度指标

1. 各站点调查及评估结果

（1）袁桥闸。河流对公众的生活很重要，水量还可以，水体清洁，河道景观美观，近水不容易，不适宜散步和娱乐活动，该地有保护且开放河滩地，树草还可以，无垃圾堆放。

（2）田龙庄村。河流对公众的生活较重要，水量还可以，河水一般，河岸两边植被状况还可以，没有垃圾堆放，河道景观优美，近水容易，安全，适宜散步和娱乐活动，该地没有保护，鱼类没有变化。

（3）王营盘。河流对公众的生活很重要，水量太少，河岸两边植被分布还可以，有垃圾堆放，河里有鱼，鱼类数量变少很多，大鱼相比以前重量小很多，当地鱼种类没有变化，河道景观一般，近水比较容易，安全，适合散步和娱乐活动，有与之相关的文物古迹，有保护且对外开放。

（4）庆云闸。河流对公众的生活影响一般，河水水质一般，水量还可以，河岸两边植被盖度还可以，有垃圾堆放，鱼类没有变化，近水容易，安全，适合散步和娱乐休闲活动，河道景观一般，该地没有保护。调查大部分公众，希望治理垃圾堆放问题。

（5）辛集闸。河流对公众的生活很重要，河流水量太少，河水比较脏，河岸两边植被盖度还可以，有垃圾堆放，鱼类数量变少一些，大鱼重量变小一些，鱼的种类有变少，近水比较容易，不适合散步和活动。调查大部分公众希望建设洄游通道，保护水资源。

（6）埕口镇。河流对公众的生活影响一般，河水水质太脏，水量太多，河岸两边植被盖度太少，无垃圾堆放，鱼类没有变化，河道景观丑陋，近水难或不安全，不适合散步和娱乐休闲活动。调查大部分公众希望改善水质，使其清澈。

（7）大口河。河流对公众的生活很重要，河流水量还可以，水质清洁，河滩地树草太少，无垃圾堆放，鱼类数量没有变化，大鱼体重没有变化，鱼种类没有变化，河道景观优美，近水容易，安全，适合散步和活动，该地有保护但不对外开放。

2. 计算赋分

本书采用公众满意度调查结果，公众满意度调查赋分值为 65.1 分。

8.8.5 社会服务功能准则层赋分

漳河社会服务功能准则层赋分包括 4 个指标，赋分计算公式为

$$SS_r = WFZ_r \cdot WFZ_w + WRU_r \cdot WRU_w + FLD_r \cdot FLD_w + PP_r \cdot PP_w$$

$$= 0 \times 0.25 + 0 \times 0.25 + 0 \times 0.25 + 65.1 \times 0.25$$

$$= 16.28$$

式中：SS_r、WFZ_r、WRU_r、FLD_r、PP_r 分别为社会服务功能准则层、水功能区达标指标、水资源开发利用指标、防洪指标和公众满意度赋分；WFZ_w、WRU_w、FLD_w、PP_w 分别为水功能区达标指标、水资源开发利用指标、防洪指标和公众满意度赋分权重，参考《河流标准》，4 个指标等权重设计均为 0.25。

经计算，漳卫新河社会服务功能准则层赋分为 16.28 分。

8.9 漳卫新河健康总体评估

漳卫新河健康评估包括 5 个准则层，基于水文水资源、物理结构、水质和生物准则层评价河流生态完整性，综合河流生态完整性和河流社会功能准则层得到河流健康评估赋分。

8.9.1 各监测断面所代表的河长生态完整性赋分

评价各段河长生态完整性赋分,按照以下公式计算各河段4个准则层的赋分,即

$$REI = HD_r \cdot HD_w + PH_r \cdot PH_w + WQ_r \cdot WQ_w + AF_r \cdot AF_w$$

式中: REI、HD_r、HD_w、PH_r、PH_w、WQ_r、WQ_w、AF_r、AF_w 分别为河段生态完整性状况赋分、水文水资源准则层赋分、水文水资源准则层权重、物理结构准则层赋分、物理结构准则层权重、水质准则层赋分、水质准则层权重、生物准则层赋分、生物准则层权重。参考《河流标准》,水文水资源、物理结构、水质和生物准则层的权重依次为0.2、0.2、0.2和0.4。

根据生态完整性4个准则层评价结果进行综合评价,河湖健康调查的生态完整性状况赋分计算结果见表8.30。

表8.30 漳卫新河各监测点位生态完整性状况赋分表

监测点位	水文水资源	权重	物理结构	权重	水质	权重	生物	权重	生态完整性状况赋分
袁桥闸	0	0.2	40.0	0.2	88.4	0.2	26.7	0.4	36.4
田龙庄村	30.0	0.2	54.8	0.2	56.4	0.2	9.8	0.4	32.1
王营盘	0	0.2	37.7	0.2	61.8	0.2	16.1	0.4	26.3
庆云闸	0	0.2	39.8	0.2	82.1	0.2	14.9	0.4	30.3
辛集闸	0	0.2	39.8	0.2	47.8	0.2	30.6	0.4	29.8
埕口镇	0	0.2	91.6	0.2	34.8	0.2	0	0.4	25.3
大口河	0	0.2	91.2	0.2	37.9	0.2	0	0.4	25.8

8.9.2 河流生态完整性评估赋分

各监测点位生态完整性状况赋分见表8.31,根据河段长度及漳河各监测点位生态完整性状况赋分,计算评估河流生态完整性总赋分为30.2分。

表8.31 漳卫新河生态完整性状况赋分表

监测点位	生态完整性状况赋分	长度/km	总得分
袁桥闸	36.4	43.2	
田龙庄村	32.1	52.7	
王营盘	26.3	46	
庆云闸	30.3	42.5	30.2
辛集闸	29.8	34.8	
埕口镇	25.3	14.6	
大口河	25.8	24.3	

8.9.3 河流健康评估赋分

根据以下公式,综合河流生态完整性评估指标赋分和社会服务功能指标评估赋分

214

结果。

$$RHI = REI \cdot RE_w + SSI \cdot SS_w$$
$$= 30.2 \times 0.7 + 16.28 \times 0.3$$
$$= 26.0$$

式中：RHI、REI、RE_w、SSI、SS_w 分别为河流健康目标处赋分、生态完整性状况赋分、生态完整性状况赋分权重、社会服务功能赋分、社会服务功能赋分权重。参考《河流标准》，生态完整性状况赋分和社会服务功能赋分权重分别为 0.7 和 0.3。经计算，河流健康评估赋分为 26.0 分，总体为"不健康"状态。

8.9.4 漳卫新河健康整体特征

通过对 7 个实际评估监测点位的 5 个准则层 13 个指标层调查评估结果进行逐级加权、综合评分，计算得到漳卫新河健康赋分为 26.0 分。根据河流健康分级原则，评估年健康状况结果处于"不健康"等级。从 5 个准则层的评估结果来看，水文水资源准则层赋分相对较低，处于"病态"等级，主要是生态流量保障程度赋分较低；物理结构准则层处于"亚健康"等级，主要是河流阻隔状况指标赋分较低所致；生物准则层健康状况也较差，处于"病态"等级，主要是由于鱼类损失指数较低且其他两个指标也赋分较低所致；社会服务准则层赋分最低，处于"病态"等级，详见表 8.32 和图 8.17。

表 8.32 各准则层健康赋分及等级

准则层及目标层	赋分	健康等级	准则层及目标层	赋分	健康等级
水文水资源	6.13	病态	生物	15.91	病态
物理结构	50.24	亚健康	社会服务功能	16.28	病态
水质	62.82	健康	漳河整体健康	26.02	不健康

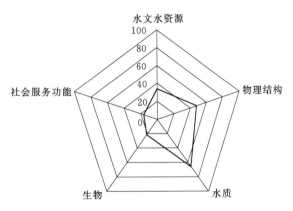

图 8.17 各准则层健康赋分雷达图

第9章

南 运 河 健 康 评 估

9.1 南运河流域概况

南运河是四女寺枢纽以下至天津市静海县十一堡一段河道，流经山东省德州市，河北省故城县、景县、阜城县、吴桥县、东光县、南皮县、泊头市、沧县、沧州市、青县等县（市），是一条蜿蜒型河道，河道全长 309km，两岸堤防总长 544km，如图 9.1 所示。南运河是一条古老的人工渠化航道，开凿于隋代大业元年至六年（公元 605—610 年），是隋代永济渠的一部分，元代时属京杭大运河，称御河，至清代才称为南运河，曾对南北漕运发挥过重要作用。历史上漳卫南运河"上大下小，尾闾不畅"，南运河是该河唯一入海通道，洪灾频繁。为宣泄上游来水，明清两代先后开挖了四女寺等 5 条减河。至清光绪年间，运河失修，"原有闸坝堤堰无一不坏，减河引河无一不塞"。中华人民共和国成立后，于 1954 年和 1958 年曾两次进行较大规模的治理，保证行洪流量提高到 400m³/s。1972 年，卫运河洪水主要改由漳卫新河承汇后，南运河控泄 300m³/s，使防洪安全有了充分保证。

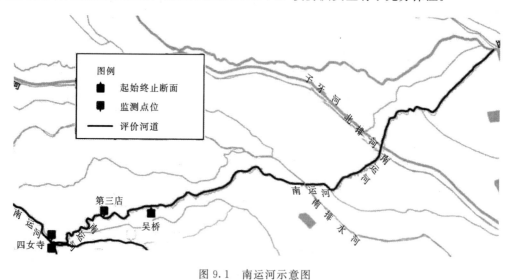

图 9.1 南运河示意图

9.2 南运河流域健康评估体系

根据海河流域河湖健康评估一期试点和二期试点工作情况，南运河水生态监测和健康评估指标体系设置按照《河流健康评估指标、标准与方法（试点工作用）》及海河流域重要河湖健康评估体系，包括1个目标层、2个目标亚层、5个准则层、13个评估指标，详见表9.1。

表9.1　　　　　　　　　　　　南运河健康评估指标体系

目标层	亚层	准则层	指　标　层	代码	权重
健康状况	生态完整性	水文水资源	生态流量保障程度	EF	1.0
		物理结构	河岸带状况	RS	0.6
			河流连通阻隔状况	RC	0.4
		水质	溶解氧水质状况	DO	最小值
			耗氧有机污染状况	HMP	
			重金属污染状况	PHP	
		生物	浮游植物污生指数	PSI	最小值
			底栖动物 BI 指数	BI	
			鱼类生物损失指数	FOE	
	社会服务	社会服务功能	水功能区达标指标	WFZ	0.25
			水资源开发利用指标	WRU	0.25
			防洪指标	FLD	0.25
			公众满意度	PP	0.25

9.3　南运河流域健康评估监测方案

9.3.1　评估指标获取方法

在数据获取方式上，将南运河健康评估指标数据获取可以分成两类：第一类指标为历史监测数据，数据获得以收集资料为主；第二类以现场调查实测为主，见表9.2。

表9.2　　　　　　　　　　　　南运河健康评估指标获取方法

目标层	准则层	指　标　层	获取方法/渠道
河流健康	水文水资源	生态流量保障程度	水文站
	物理结构	河岸带状况	现场实测
		河流连通阻隔状况	调查
	水质	耗氧有机污染状况	现场实测
		溶解氧水质状况	现场实测
		重金属污染状况	现场实测
	生物	浮游植物污生指数	现场实测
		底栖动物 BI 指数	现场实测
		鱼类生物损失指数	调查法与现场实测
	社会服务功能	水功能区达标率	水质站
		水资源开发利用指标	调查
		防洪指标	调查
		公众满意度指标	现场调查

9.3.2 调查点位布设

根据南运河的水功能区、省界水质监测点位布设，以及该河系水文站点分布状况，对南运河进行点位布设。

南运河共布设监测点位1个，监测点位所代表的水功能区见表9.3。

表9.3 南运河健康评估监测点位设置

河系分段	序号	监测点位	重要水功能区
南运河	1	第三店	南运河南水北调东线调水水源地保护区

各监测点位所代表的河长、详细经纬度、起止断面名称及经纬度详见表9.4和图9.2。

表9.4 南运河各监测点位经纬度及起止断面

河系分段	代表站点	水功能区	河长/km	代表站点坐标		起始断面			终止断面		
				东经	北纬	站点	东经	北纬	站点	东经	北纬
南运河	第三店	南运河南水北调东线调水水源地保护区	91.2	116°19′56.64″	37°34′18.84″	四女寺	116°14′02.40″	37°21′42.84″	吴桥	116°22′26.04″	37°37′36.12″

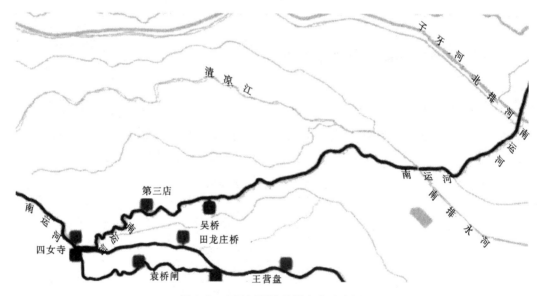

图9.2 南运河评估监测点位示意图

9.3.3 第一次调查各点位基本情况

4月17—21日完成了第一次水生态野外监测，调查点位基本情况如下。

(1) 底质类型：底质以淤泥为主。

(2) 堤岸稳定性：堤岸较为稳定，有少许地方发生侵蚀。

(3) 河道变化：河道比较宽阔、稳定。

(4) 河水水量状况：水量较小，流速缓慢。

（5）河岸带植被多样性：河岸周围植被种类较多，多为草木和乔木。

（6）水质状况：水体较为清澈，无异味。

（7）人类活动强度：受人类活动干扰大，附近有村庄、道路和农田（图9.3）。

图9.3　第三店4月实拍图片

9.3.4　第二次调查各点位基本情况

8月21—25日完成了第二次水生态野外监测，调查点位基本情况如下。

（1）底质类型：底质以淤泥为主。

（2）堤岸稳定性：堤岸较为稳定，有少许地方发生侵蚀。

（3）河道变化：河道比较宽阔、稳定。

（4）河水水量状况：水量较小，流速缓慢。

（5）河岸带植被多样性：河岸周围植被种类较多，多为草木和乔木。

（6）水质状况：水体较为清澈，无异味。

（7）人类活动强度：受人类活动干扰大，附近有村庄、道路和农田（图9.4）。

图9.4　第三店8月实拍图片

9.4 水文水资源

水文水资源准则层根据流量过程变异程度、生态流量保障程度两个指标进行计算。

9.4.1 流量过程变异程度

流量过程变异程度由评估年逐月实测径流量与天然月径流量的平均偏离程度表达。

根据评估标准，全国重点水文站 1956—2000 年天然径流量漳卫河代表站，根据《海河流域代表站径流系列延长报告》（中水北方勘测设计研究有限责任公司，2016），1956—2000 年已完成天然径流还原，并进行 2001—2012 年系列延长，漳卫南河系最下游径流系列延长代表站有观台、元村集水文站，而在卫运河、南运河河段未有代表性站点的天然径流量还原计算。

根据 2016 年水资源公报进行计算，详见 7.4.1 小节。九宣闸站点数值代表南运河年径流量，四女寺以下河系进行分支，天然径流量还原数值对南运河意义不大（表 9.5），因此本研究对南运河流量过程变异程度不加以详细阐述，且不纳入评估指数范围。

表 9.5　　　　　　　　　　2016 年九宣闸站点实测流量与天然流量统计　　　　单位：亿 m³

站　　点	实　　测	天　　然
九宣闸	0	—

9.4.2 生态流量保障程度

生态流量保障程度方面根据多年平均径流量进行推算，并不少于 30 年系列数据，根据《海河流域综合规划（2012—2030）》（国函〔2013〕36 号）成果，区分山区河段、平原河段、河口河段等的不同计算方法，进行计算评估和赋分。

1. 河流生态需水量

平原河流各河段规划生态水量见表 9.6。南运河基本保持河流常年有水，有水面长度不少于 150km，生态水量为 1.20 亿 m³。

表 9.6　　　　　　　　　　南运河流域平原河流规划生态水量　　　　单位：亿 m³/a

河系	河流名称	规划河段	最小生态水量	自然耗损量	入海水量
漳卫河	南运河	四女寺—第六堡	0.26	0.16	1.20

2. 各站点年径流量

根据 2013—2016 年海河流域水文年鉴，2013—2016 年四女寺（南）（闸下游）、安陵水文站点的实测径流量见表 9.7。

3. 生态流量保障程度

生态流量保障程度 EF 指标表达式为

$$EF = \min\left[\frac{q_d}{Q}\right]_{m=1}^{N}$$

式中：m 为评估年份；N 为评估年份数量；q_d 为评估年实测年径流量；$\overline{Q}$ 为规划生态需水量；EF 为评估年实测占规划生态需水量的最低百分比。

表 9.7　　　　　　　　南运河各水文站实测径流量

站　点	实测年径流量/(亿 m³/a)			
	2013 年	2014 年	2015 年	2016 年
四女寺（南）（闸下游）	0.0700	0.0298	0.0139	
安陵	2.165	2.609	1.373	

生态流量保障程度根据 2013—2016 年各水文站点的实测径流量及规划生态需水量进行计算，并根据鱼类产卵期标准进行赋分，取其中最小值年份为赋分结果，见表 9.8。

表 9.8　　　　　　　　南运河各水文站生态流量保障程度赋分

测站	规划生态水量/(亿 m³/a)	赋分指标计算值				指标取值	指标赋分
		2013 年	2014 年	2015 年	2016 年		
四女寺（南）（闸下游）	0.26	26.9	42.6	46.6		26.9	36.9
安陵	0.26	832.7	120.5	52.6		52.6	100.0

根据各水文站代表的河段，南运河第三店站点生态流量保障程度赋分见表 9.9。

表 9.9　　　　　　　　南运河第三店站点生态流量保障程度赋分

监测点位	生态流量保障程度赋分
第三店	36.9

南运河四女寺闸下生态流量保障程度较差，赋分为 36.9 分，而下游的安陵相对水量较大，赋分较高，本次取其最小值为本河段的赋分。

9.4.3　水文水资源准则层赋分

水文水资源准则层赋分计算见表 9.10，从表中可以看出，评估河段的水文水资源准则层赋分为 25.8 分。

表 9.10　　　　　　　南运河评估河段水文水资源准则层赋分计算表

监测点位	流量过程变异程度赋分	权重	流量过程变异程度赋分	权重	赋分	代表河长/km	河流赋分
第三店	0	0	36.9	1.0	25.8	91.2	25.8

水文水资源准则层赋分为 25.8 分，综合评估为"不健康"。

9.5　物理结构

本次南运河健康评价物理结构准则层根据河岸带状况、河流阻隔状况两个指标进行评估计算。

9.5.1 河岸带状况

根据 2018 年 4 月现场调查数据进行河岸带状况评价。调查了监测点位左、右两岸岸坡稳定性、植被覆盖度和人工干扰程度。

1. 岸坡稳定性

根据以下公式进行计算，岸坡稳定性赋分见表 9.11。

$$BKS_r = \frac{SA_r + SC_r + SH_r + SM_r + ST_r}{5}$$

式中：BKS_r 为岸坡稳定性指标赋分；SA_r 为岸坡倾角赋分；SC_r 为岸坡覆盖度赋分；SH_r 为岸坡高度赋分；SM_r 为河岸基质赋分；ST_r 为坡脚冲刷强度赋分。

表 9.11　　　　　　　　　　南运河岸坡稳定性赋分

监测点位	岸坡倾角赋分	坡脚冲刷强度赋分	岸坡高度赋分	河岸基质赋分	岸坡覆盖度赋分	岸坡稳定性指标赋分
第三店	0	25.0	25.0	25.0	25.0	20.0

总体来说，南运河调查点位岸坡倾角、坡脚冲刷强度、岸坡高度、河岸基质、岸坡覆盖度均赋分较低。

2. 河岸带植被覆盖度

根据河岸带植被覆盖度指标直接评估赋分标准，南运河河段植被覆盖率为 87％，赋分为 94.8 分，见表 9.12。

表 9.12　　　　　　　　　南运河河岸带植被覆盖度赋分表

监测点位	植被覆盖度/％	赋　　分
第三店	87	94.8

3. 人工干扰程度

重点调查评估在河岸带及其邻近陆域进行的几类人类活动，包括河岸硬性砌护、采砂、沿岸建筑物（房屋）、公路（或铁路）、垃圾填埋场或垃圾堆放、河滨公园、管道、采矿、农业耕种、畜牧养殖等，站点赋分情况具体见表 9.13。

表 9.13　　　　　　　　　南运河人工干扰程度赋分表

监测点位	人工干扰程度	人工干扰程度赋分
第三店	0	100.0

4. 河岸带状况赋分

汛期和非汛期分别调查了监测断面左、右两岸岸坡稳定性、人工干扰程度、植被覆盖度，根据以下公式计算了河岸带状况，结果详见表 9.14。

$$RS_r = BKS_r \cdot BKS_w + BVC_r \cdot BVC_w + RD_r \cdot RD_w$$

式中：RS_r 为河岸带状况赋分；BKS_r 和 BKS_w 分别为岸坡稳定性的赋分和权重；BVC_r 和 BVC_w 分别为河岸植被覆盖度的赋分和权重；RD_r 和 RD_w 分别为河岸带人工干扰程度的赋分和权重。权重主要参考《河流标准》。其中，$BKS_w = 0.25$、$BVC_w = 0.5$、$RD_w = 0.25$。

表 9.14　　　　　　　　　　　南运河河岸带状况赋分表

监测点位	岸坡稳定性	权重	植被覆盖度	权重	人工干扰程度	权重	河岸带状况赋分
第三店	20.0	0.25	94.8	0.5	100.0	0.25	77.4

9.5.2　河流阻隔状况

通过搜集资料和现场勘查，调查了南运河的闸坝情况，具体大型水利闸坝情况如下。

四女寺闸、独流减河进洪闸只在上游来水较大、泄洪或调水的时段打开，其他时间基本处于关闭状态，导致河流上、下游连通不畅，对下游阻隔严重，且无鱼道，鱼类正常的洄游、产卵被干扰，根据闸坝阻隔赋分标准，赋分为−100 分。

综上，河流连通阻隔计算公式为

$$RC_r = 100 + \min[(DAM_r)_i, (DAM_r)_j]$$
$$= 100 + (-100)$$
$$= 0$$

式中：RC_r 为河流连通阻隔状况赋分；$(DAM_r)_i$ 为评估断面下游河段大坝阻隔赋分（$i = 1, 2, \cdots, NDam$），$NDam$ 为下游大坝座数；$(DAM_r)_j$ 为评估断面下游河段水闸阻隔赋分（$j = 1, 2, \cdots, NGate$），$NGate$ 为下游水闸座数。

根据调查结果，南运河大坝对河流造成的阻隔较严重，河流连通性差，南运河闸坝阻隔状况赋分为 0 分。

9.5.3　物理结构准则层赋分

物理结构准则层赋分包括 3 个指标，其赋分采用下式计算，即

$$PR_r = RS_r \cdot RS_w + RC_r \cdot RC_w$$

式中：PR_r 为物理结构准则层赋分；RS_r 和 RS_w 分别为河岸带状况的赋分和权重；RC_r 和 RC_w 分别为河流连通阻隔状况的赋分和权重。

表 9.15　　　　　　　　　各监测站点位物理结构准则层赋分

监测点位	河岸带状况赋分	权重	河流阻隔状态赋分	权重	物理结构赋分	代表河长/km	河流赋分
第三店	77.4	0.6	0	0.4	46.4	91.2	46.4

根据监测点位长度计算，南运河物理结构准则层的得分为 46.4 分（表 9.15），处于"亚健康"状态。

9.6　水质

9.6.1　溶解氧状况

溶解氧为水中溶解氧浓度，其对水生动植物十分重要，过高或过低都会对水生物造成

223

危害，适宜浓度为 4～12mg/L。

首先将单站监测数据进行计算，参照溶解氧状况指标赋分标准进行赋分评估，根据各站溶解氧值，参照标准进行赋分，4 月赋分情况见表 9.16。结果表明，南运河调查水质站点的溶解氧状况都较好，赋分都达到 100.0 分。

表 9.16   各点位 4 月溶解氧状况赋分

点位名称	溶解氧/(mg/L)	溶解氧赋分
第三店	10.7	100.0

9.6.2   耗氧有机污染状况

耗氧有机物是指导致水体中溶解氧大幅下降的有机污染物，取高锰酸盐指数、化学需氧量、五日生化需氧量、氨氮等 4 项，对河流耗氧污染状况进行评估。

首先分别计算各站汛期、非汛期高锰酸盐指数、化学需氧量、五日生化需氧量、氨氮的各项均值，参照《耗氧有机污染状况指标赋分标准》进行赋分评估，分别评估 4 个水质项目非汛期赋分，分别对其赋分，再取 4 个水质项目赋分的平均值作为耗氧有机污染物状况赋分，采用下式计算，即

$$OCP_r = \frac{CODMn_r + COD_r + BOD_r + NH_3N_r}{4}$$

赋分见表 9.17，南运河耗氧有机污染指标总体上看，中上游相对稍好，监测点位赋分为 76.2 分。

表 9.17   南运河 4 月各监测点位耗氧有机污染状况指标赋分

点位名称	时间	氨氮/(mg/L)	赋分	高锰酸盐指数/(mg/L)	赋分	五日生化需氧量/(mg/L)	赋分	化学需氧量/(mg/L)	赋分	耗氧有机污染赋分
第三店	非汛期	<0.01	100.0	6.5	56.3	2.0	100.0	23.8	48.6	76.2

9.6.3   重金属污染状况

重金属污染是指含有汞、镉、铬（6 价）、铅及砷等生物毒性显著的重金属元素及其化合物对水的污染。

参照重金属状况指标赋分标准进行赋分评估，根据各站点重金属浓度值，参照标准对南运河非汛期中汞、镉、铬（6 价）、铅及砷 5 个生物毒性显著的重金属元素进行赋分，4 月赋分情况见表 9.18。

表 9.18   南运河 4 月各监测点位重金属状况指标赋分

点位名称	时间	砷/(mg/L)	赋分	汞/(mg/L)	赋分	镉/(mg/L)	赋分	铬(6 价)/(mg/L)	赋分	铅/(mg/L)	赋分	重金属赋分
第三店	非汛期	0.0004	100.0	<0.00004	100.0	<0.00005	100.0	0.009	100.0	<0.00009	100.0	100.0

结果表明，南运河调查各站点的重金属状况较好，赋分达到 100.0 分。

9.6.4 水质准则层赋分

水质准则层包括 3 项赋分指标，根据相关规定，以 3 个评估指标中最小分值作为水质准则层赋分，另外，根据监测点位代表河长长度，计算河流水质准则层赋分值，计算结果见 9.19。

$$WQ_r = \min(DO_r, OCP_r, HMP_r)$$

表 9.19　　　　　　　　　南运河各监测点位水质准则层赋分

点位名称	DO	OCP	HMP	水质准则层赋分	代表河长/km	河流赋分
第三店	100.0	76.2	100.0	76.2	91.2	76.2

从表 9.19 可以看出，各监测点位水质准则层赋分为 76.2 分，为"健康"状态。

9.7　生物

9.7.1　浮游植物

1. 种类组成

在 2018 年 4 月对各监测点位进行浮游植物调查，各门数量见表 9.20，经显微镜检查共检出浮游植物计 4 门 13 种，其中硅藻门种类最多。

表 9.20　　　　　　　　　南运河 4 月浮游植物各门种类数量

门　　类	数　　量/种	门　　类	数　　量/种
蓝藻门	2	硅藻门	7
隐藻门	0	裸藻门	1
甲藻门	0	绿藻门	3
金藻门	0	共计	13
黄藻门	0		

2. 细胞密度

4 月各监测点藻细胞密度见表 9.21，藻细胞密度范围为 $(0.00 \sim 947.76) \times 10^5$ 个/L。总体来看，上游藻细胞密度较低，下游藻细胞密度较高。

表 9.21　　　　　　南运河 4 月各监测点位浮游植物细胞密度　　　　　　单位：10^5 个/L

站点	蓝藻门	硅藻门	裸藻门	绿藻门	共计
第三店	375.52	74.32	0.44	16.17	466.45

3. 浮游植物污生指数赋分

根据浮游植物赋分标准，对 4 月浮游植物调查结果进行赋分，赋分值（PHS）见表 9.22。

表 9.22 　　　　　南运河 4 月各监测点位浮游植物污生指数 S 及赋分

点　　位	污生指数 S	赋　　分
第三店	2.33	54.17

9.7.2　底栖动物

1. 种类组成

本次调查选择南运河 1 个样点于非汛期（4 月）进行采集工作，代表南运河的整体特征。结果显示，南运河底栖动物 10 种，种类组成见表 9.23，其中水栖寡毛类 1 种、软体类 3 种、甲壳类 1 种、水生昆虫摇蚊类 2 种。结果显示，南运河底栖生物多样性较低。此外，对水质较为敏感的毛翅目、蜉蝣目等未曾采集到，可以认为该两类底栖动物在该区域没有分布。南运河水域整体底栖动物种类较少，多为耐污类群。

表 9.23 　　　　　　南运河第三店监测站点底栖动物采样种类数量

种　类	数量/种	种　类	数量/种
苏氏尾鳃蚓	40	日本新糠虾	
霍甫水丝蚓		日本沼虾	
铜锈环棱螺	7	林间环足摇蚊	3
纹沼螺	7	红裸须摇蚊	
椭圆萝卜螺	7	中华摇蚊	
中华新米虾	7	步行多足摇蚊	3
中华小长臂虾		合计	74

2. 结果及评价

本项目采集的底栖动物种类的耐污值见表 9.24。

表 9.24 　　　　　　　　　南运河底栖动物耐污值表

序号	种类	耐污值	序号	种类	耐污值
1	霍甫水丝蚓	9.4	8	日本新糠虾	6.0
2	苏氏尾鳃蚓	8.5	9	日本沼虾	5.0
3	铜锈环棱螺	4.3	10	林间环足摇蚊	6.8
4	纹沼螺	5.0	11	红裸须摇蚊	8.0
5	椭圆萝卜螺	8.0	12	中华摇蚊	9.1
6	中华新米虾	3.0	13	步行多足摇蚊	9.6
7	中华小长臂虾	4.0			

经计算，得出南运河各站点的生物指数（BI）值。根据 BI 污染水平判断标准及各站点 BI 值计算结果。以 BI 值为 0 时赋分 100 分，BI 值为 10 时赋分为 0 分，采用内插法计算各站点分数，得出南运河底栖动物指标得分为 26.59 分，见表 9.25。

表 9.25　　　　　　　　　　南运河底栖动物赋分情况

站　　点	BI 值	赋　　分
第三店	7.34	26.59

9.7.3　鱼类

鱼类种类现状组成、历史种类、损失度指数参照 5.7.4 小节，采用漳河水系物种鱼类群落结构组成，漳河水系近似估算鱼类损失指数 FOE 为 0.506，指标赋分为 30.62 分。

9.7.4　生物准则层赋分

生物准则层评估调查包括 3 个指标，以 3 个评估指标的最小分值作为生物准则层赋分。

$$AL_r = min(PHP_r, BI_r, FOE_r)$$

式中：AL_r 为生物准则层赋分；PHP_r 为浮游植物指标赋分；BI_r 为大型底栖动物完整性指标赋分；FOE_r 为鱼类生物损失指标赋分。

根据公式计算得知，各监测点位生物准则层赋分详细情况见表 9.26。南运河生物准则层赋分值为 26.59 分。

表 9.26　　　　　　　　　　生物准则层指标赋分表

样点	浮游植物	大型底栖动物	鱼类	赋分	代表河长 /km	河流赋分赋分
	PHP_r	BI_r	FOE_r	AL_r		
第三店	54.3	26.59	30.6	26.59	91.2	26.59

9.8　社会服务功能

9.8.1　水功能区达标指标

南运河流域列入《全国重要江河湖泊水功能区划（2011—2030 年）》目录的重要水功能区有一个，具体见表 9.27。2018 年全年参加评价的一个水功能区作为缓冲区是南运河南水北调东线调水水源地保护区。

表 9.27　　　　　　　　　　南运河水功能区达标情况表

序号	行政区	水功能区名称	监测断面	水质目标	全指标评价					双指标评价					超标项目
					年度水质类别	年评价次数	年达标次数	年度达标率/%	达标评价结论	年度水质类别	年评价次数	年达标次数	年度达标率/%	达标评价结论	
1	河北	南运河南水北调东线调水水源地保护区	①第三店②九宣闸	Ⅱ	劣Ⅴ	10	0	0	不达标	劣Ⅴ	10	0	0	不达标	石油类、化学需氧量

从全指标及双指标评价结果来看，一个水功能区的水质状况均较差，水功能区水质达

227

标率均为0。因此，南运河水功能区水质达标率指标赋分为0分。

9.8.2 水资源开发利用指标

南运河采用2016年漳卫河平原分区水资源量统计结果，水资源开发利用率赋分为0分。

9.8.3 防洪指标

根据《海河流域防洪规划》（2007年）中《漳卫河系防洪规划》第五章"总体布局"中的要求，漳卫河防洪标准为50年一遇。

根据《海河流域综合规划》（2010年）中的防洪规划，漳、卫两河至徐万仓合计下泄4000m³/s，由卫运河承泄至四女寺枢纽。卫运河堤防级别为2级。南运河承泄150m³/s。漳卫新河按设计流量3650m³/s扩大治理，当上游来洪大于3800m³/s时，漳卫新河强迫行洪，若发生险情，则向恩县洼分洪。漳卫新河堤防工程级别为2级。主要河道现状防洪标准见表9.28。主要河道现状防洪赋值见表9.29。

表9.28 主要河道防洪标准现状（行洪能力）

河道名称	控制断面	原设计流量/(m³/s)	现状行洪流量/(m³/s)
南运河	四女寺—南排河	300	300
	南排河—肖庄子	300	250
	肖庄子—捷地	300	150
	捷地—北陈屯	120	100
	北陈屯—九宣闸	120	120~80
	九宣闸以下	30	20~0

表9.29 主要河道防洪赋值表

河系	序号	河系分段	代表站点	是否满足规划 $RIVB_n$	长度 /km	河段规划防洪标准重现期/a $RIVWF_n$
漳卫南运河	1	南运河	第三店	1	91.2	50

河流防洪工程完好率指标计算式为

$$FLD = \frac{\sum\limits_{n=1}^{N_s} (RIVL_n \cdot RIVWF_n \cdot RIVB_n)}{\sum\limits_{n=1}^{N_s} (RIVL_n \cdot RIVWF_n)}$$
$$= 1$$

式中：FLD 为河流防洪指标；$RIVL_n$ 为河段 n 的长度，评估河流根据防洪规划划分的河段数量；$RIVB_n$ 根据河段防洪工程是否满足规划要求进行赋值，达标则 $RIVB_n=1$，不达标则 $RIVB_n=0$；$RIVWF_n$ 为河段规划防洪标准重现期。

本书针对河段主要为四女寺—南排河，经计算评估河段防洪工程完好率为100%，根据赋分标准赋分为 100 分。

9.8.4 公众满意度指标

1. 各站点调查及评估结果

第三店河流对公众的生活比较重要，河流水量太少，河水清洁，河岸两边植被覆盖度还可以，无垃圾堆放，鱼类没有变化，河道景观一般，近水容易，安全，不适合散步和娱乐休闲活动。该地没有保护。

2. 计算赋分

本书采用的公众满意度调查结果，公众满意度调查赋分值为 65.1 分。

9.8.5 社会服务功能准则层赋分

南运河社会服务功能准则层赋分包括 4 个指标，赋分计算公式为

$$SS_r = WFZ_r \cdot WFZ_w + WRU_r \cdot WRU_w + FLD_r \cdot FLD_w + PP_r \cdot PP_w$$
$$= 0 \times 0.25 + 0 \times 0.25 + 100 \times 0.25 + 65.1 \times 0.25$$
$$= 41.3$$

式中：SS_r、WFZ_r、WRU_r、FLD_r、PP_r 分别为社会服务功能准则层、水功能区达标指标、水资源开发利用指标、防洪指标和公众满意度赋分；WFZ_w、WRU_w、FLD_w、PP_w 分别为水功能区达标指标、水资源开发利用指标、防洪指标和公众满意度赋分权重，参考《河流标准》，4 个指标等权重设计均为 0.25。

经计算，南运河社会服务功能准则层赋分为 41.3 分。

9.9 南运河健康总体评估

南运河健康评估包括 5 个准则层，基于水文水资源、物理结构、水质和生物准则层评价河流生态完整性，综合河流生态完整性和河流社会功能准则层，得到河流健康评估赋分。

9.9.1 各监测断面所代表的河长生态完整性赋分

评价各段河长生态完整性赋分，按照以下公式计算各河段 4 个准则层的赋分，即

$$REI = HD_r \cdot HD_w + PH_r \cdot PH_w + WQ_r \cdot WQ_w + AF_r \cdot AF_w$$

式中：REI、HD_r、HD_w、PH_r、PH_w、WQ_r、WQ_w、AF_r、AF_w 分别为河段生态完整性状况赋分、水文水资源准则层赋分、水文水资源准则层权重、物理结构准则层赋分、物理结构准则层权重、水质准则层赋分、水质准则层权重、生物准则层赋分、生物准则层权重。参考《河流标准》，水文水资源、物理结构、水质和生物准则层的权重依次为 0.2、0.2、0.2 和 0.4。

根据生态完整性 4 个准则层评价结果进行综合评价，河湖健康调查的生态完整性状况赋分计算结果见表 9.30。

表 9.30   南运河各监测点位生态完整性状况赋分表

监测点位	水文水资源	权重	物理结构	权重	水质	权重	生物	权重	生态完整性状况赋分
第三店	25.8	0.2	46.4	0.2	76.2	0.2	26.59	0.4	40.32

9.9.2　河流生态完整性评估赋分

各监测点位生态完整性状况赋分见表 9.31，根据河段长度及南运河各监测点位生态完整性状况赋分计算评估河流生态完整性总赋分为 40.32 分。

表 9.31   南运河生态完整性状况赋分表

监测点位	生态完整性状况赋分	长度/km	总赋分
第三店	40.32	91.2	40.32

9.9.3　河流健康评估赋分

根据以下公式，综合河流生态完整性评估指标赋分和社会服务功能指标评估赋分结果。

$$RHI = REI \cdot RE_w + SSI \cdot SS_w$$
$$= 40.32 \times 0.7 + 41.3 \times 0.3$$
$$= 40.61$$

式中：RHI、REI、RE_w、SSI、SS_w 分别为河流健康目标处赋分、生态完整性状况赋分、生态完整性状况赋分权重、社会服务功能赋分、社会服务功能赋分权重。参考《河流标准》，生态完整性状况赋分和社会服务功能赋分权重分别为 0.7 和 0.3。经计算，河流健康评估赋分为 40.61 分，总体为"亚健康"状态。

9.9.4　南运河健康整体特征

通过对一个实际评估监测点位的 5 个准则层 13 个指标层调查评估结果进行逐级加权、综合评分，计算得到南运河健康赋分为 40.61 分。根据河流健康分级原则，评估年健康状况结果处于"亚健康"等级。从 5 个准则层的评估结果来看，水文水资源准则层赋分相对较低，处于"不健康"等级，主要是因为生态流量保障程度赋分较低；物理结构准则层处于"亚健康"等级，主要是河流阻隔状况指标赋分较低所致；生物准则层健康状况也较差，处于"不健康"等级，主要是由于鱼类损失指数较低且其他两个指标也赋分较低所致；社会服务准则层赋分也不高，处于"亚健康"等级，详见表 9.32 和图 9.5。

表 9.32   各准则层健康赋分及等级

准则层及目标层	赋　分	健康等级	准则层及目标层	赋　分	健康等级
水文水资源	25.80	不健康	生物	26.59	不健康
物理结构	46.40	亚健康	社会服务功能	41.30	亚健康
水质	76.20	健康	南运河整体健康	40.61	亚健康

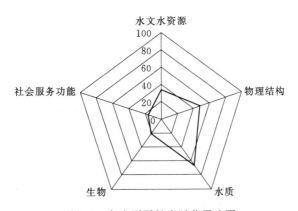

图 9.5　各准则层健康赋分雷达图

第 10 章

漳卫南运河健康总体评估

漳卫南运河总体评估包括漳河、卫河、卫运河、南运河和漳卫新河，因岳城水库属于湖泊，因此在整个河系评估中未将其纳入整个河系，仅涵盖所有的河系评估，健康评估包括 5 个准则层，基于水文水资源、物理结构、水质和生物准则层评价河流生态完整性，综合河流生态完整性和河流社会功能准则层得到河流健康评估赋分。

10.1 各监测点位所代表的河长生态完整性赋分

评价各段河长生态完整性赋分，按照以下公式计算各河段 4 个准则层的赋分，即

$$REI = HD_r \cdot HD_w + PH_r \cdot PH_w + WQ_r \cdot WQ_w + AF_r \cdot AF_w$$

式中：REI、HD_r、HD_w、PH_r、PH_w、WQ_r、WQ_w、AF_r、AF_w 分别为河段生态完整性状况赋分、水文水资源准则层赋分、水文水资源准则层权重、物理结构准则层赋分、物理结构准则层权重、水质准则层赋分、水质准则层权重、生物准则层赋分、生物准则层权重。参考《河流标准》，水文水资源、物理结构、水质和生物准则层的权重依次为 0.2、0.2、0.2 和 0.4。

根据生态完整性 4 个准则层评价结果进行综合评价，河湖健康调查的生态完整性状况赋分计算结果见表 10.1。

表 10.1　　　　　　　　　漳卫南运河各监测点位生态完整性状况赋分表

监测点位	水文水资源	权重	物理结构	权重	水质	权重	生物	权重	生态完整性状况赋分
双峰入库	85.1	0.2	55.7	0.2	96.3	0.2	30.6	0.4	59.6
襄垣	85.1	0.2	50.7	0.2	84.5	0.2	30.6	0.4	56.3
实会	85.9	0.2	49.2	0.2	96.5	0.2	30.6	0.4	58.6
三省桥	85.9	0.2	50.7	0.2	96.5	0.2	30.6	0.4	58.9
石匣入库	47.2	0.2	52.7	0.2	99.0	0.2	30.6	0.4	52.0
下交漳	47.2	0.2	42.4	0.2	100.0	0.2	30.6	0.4	50.2
麻田	47.2	0.2	42.0	0.2	99.0	0.2	30.6	0.4	49.9
匡门口	46.5	0.2	53.3	0.2	100.0	0.2	30.6	0.4	52.2

监测点位	水文水资源	权重	物理结构	权重	水质	权重	生物	权重	生态完整性状况赋分
合漳	84.5	0.2	49.2	0.2	100.0	0.2	30.6	0.4	59.0
观台	84.5	0.2	47.1	0.2	100.0	0.2	30.6	0.4	58.6
徐万仓（漳河）	19.7	0.2	48.9	0.2	0	0.2	0	0.4	13.7
大沙河	88.2	0.2	39.1	0.2	37.8	0.2	13.7	0.4	38.5
峪河	88.2	0.2	44.2	0.2	78.1	0.2	0	0.4	42.1
百泉河	88.2	0.2	54.5	0.2	65.4	0.2	0	0.4	41.6
淇河	78.6	0.2	51.5	0.2	67.8	0.2	0	0.4	39.6
安阳河	88.2	0.2	44.2	0.2	99.0	0.2	0	0.4	46.3
合河闸—淇门	88.2	0.2	49.2	0.2	18.4	0.2	5.3	0.4	33.3
淇门—元村	88.2	0.2	41.4	0.2	2.2	0.2	12.8	0.4	31.5
元村—徐万仓	88.2	0.2	48.5	0.2	53.0	0.2	18.8	0.4	45.4
徐万仓	82.1	0.2	48.8	0.2	0	0.2	11.1	0.4	30.6
临清大桥	82.1	0.2	50.3	0.2	0	0.2	28.5	0.4	37.9
祝官屯	82.1	0.2	37.2	0.2	0	0.2	30.6	0.4	36.1
西郑庄	82.1	0.2	51.8	0.2	0	0.2	0	0.4	26.8
四女寺	82.1	0.2	39.2	0.2	0	0.2	30.6	0.4	36.5
袁桥闸	0.0	0.2	40.0	0.2	88.4	0.2	26.7	0.4	36.4
田龙庄村	30.0	0.2	54.8	0.2	56.4	0.2	9.8	0.4	32.1
王营盘	0	0.2	37.7	0.2	61.8	0.2	16.1	0.4	26.3
庆云闸	0	0.2	39.8	0.2	82.1	0.2	14.9	0.4	30.3
辛集闸	0	0.2	39.8	0.2	47.8	0.2	30.6	0.4	29.8
埕口镇	0	0.2	91.6	0.2	34.8	0.2	0	0.4	25.3
大口河	0	0.2	91.2	0.2	37.9	0.2	0	0.4	25.8
第三店	25.8	0.2	46.4	0.2	76.2	0.2	26.6	0.4	40.3

10.2 河流生态完整性评估赋分

各监测点位生态完整性状况赋分见表 10.2，根据河段长度及各监测点位生态完整性状况赋分计算评估河流生态完整性总赋分为 41.86 分。

表 10.2 漳卫南运河生态完整性状况赋分表

监测点位	生态完整性状况赋分	长度/km	总得分
双峰入库	59.6	137.8	
襄垣	56.3	121.7	
实会	58.6	50.3	
三省桥	58.9	42.0	
石匣入库	52.0	43.0	
下交漳	50.2	60.6	
麻田	49.9	50.0	
匡门口	52.2	45.0	
合漳	59.0	29.3	
观台	58.6	75.0	
徐万仓（漳河）	13.7	114.0	
大沙河	38.5	94.0	
峪河	42.1	83.2	
百泉河	41.6	17.0	
淇河	39.6	172.0	
安阳河	46.3	145.0	
合河闸—淇门	33.3	70.7	41.86
淇门—元村	31.5	139.3	
元村—徐万仓	45.4	62.0	
徐万仓	30.6	7.2	
临清大桥	37.9	58.7	
祝官屯	36.1	59.0	
西郑庄	26.8	23.9	
四女寺	36.5	10.7	
袁桥闸	36.4	43.2	
田龙庄村	32.1	52.7	
王营盘	26.3	46.0	
庆云闸	30.3	42.5	
辛集闸	29.8	34.8	
埕口镇	25.3	14.6	
大口河	25.8	24.3	
第三店	40.3	91.2	

10.3 河流健康评估赋分

根据以下公式，综合河流生态完整性评估指标赋分和社会服务功能指标评估赋分结果。

234

$$RHI = REI \cdot RE_w + SSI \cdot SS_w$$
$$= 41.86 \times 0.7 + 34.75 \times 0.3$$
$$= 39.73$$

式中：RHI、REI、RE_w、SSI、SS_w 分别为河流健康目标处赋分、生态完整性状况赋分、生态完整性状况赋分权重、社会服务功能赋分、社会服务功能赋分权重。参考《河流标准》，生态完整性状况赋分和社会服务功能赋分权重分别为 0.7 和 0.3。经计算河流健康评估赋分为 39.73 分，总体为"不健康"状态。

10.4 漳卫南运河健康整体特征

漳卫南运河健康评估通过对实际评估监测点位的 5 个准则层调查评估结果进行逐级加权、综合评分，计算得到漳卫南运河健康赋分 39.73 分。根据河流健康分级原则，评估年健康状况结果处于"不健康"等级。从 5 个准则层的评估结果来看，水文水资源准则层处于"健康"等级，赋分相对较高；物理结构准则层处于"亚健康"等级，主要是河流阻隔状况指标赋分较低所致；生物准则层健康状况很差，处于"病态"等级，主要是由于鱼类损失度较大及底栖动物赋分较低造成，浮游植物污生指数也赋分较低；社会服务准则层赋分最低，处于"不健康"等级，主要原因是水功能区达标率较低、水资源开发利用率较高所致，详见表 10.3 和图 10.1。

表 10.3　　　　　　　　　各准则层健康赋分及等级

准则层及目标层	赋　分	健康等级	准则层及目标层	赋　分	健康等级
水文水资源	65.46	健康	生物	17.01	病态
物理结构	47.78	亚健康	社会服务功能	34.75	不健康
水质	62.06	健康	整体健康	39.73	不健康

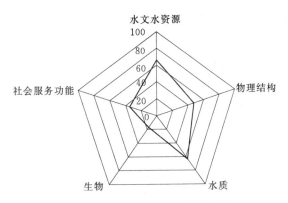

图 10.1　各准则层健康赋分雷达图

第 11 章

主 要 结 论 与 建 议

11.1 不健康的主要表征

分别对漳卫南运河各河流健康状况的 5 个准则层开展监测调查，健康评估结果表明，漳卫南运河健康状态的主要表征有以下几点。

（1）社会服务功能较差，水功能区达标率赋分较低，水资源开发利用程度过高，赋分也较低，防洪在整个河段均不达标，公众满意程度也较差。

（2）生物准则层赋分较低，多呈"不健康"或"病态"状态，生物多样性遭受破坏。

（3）水文水资源准则层主要影响因素为流量变异程度赋分较低；其次为水资源量减少，实际生态流量满足程度较差，尤其在下游地区。

（4）物理结构准则层赋分较低主要原因是闸坝阻隔严重。

11.2 不健康的主要压力

通过漳卫南运河系健康调查评估结果分析，河系不健康的重要表征主要来源于以下几个压力。

（1）河流作为人们生活中的重要组成部分，而同时受人类影响较大，人类生产活动索取了过量的水资源，水资源利用率过高，同时人类的生产生活产生的排污现象导致水功能区达标率较低，同时由于水资源的短缺，也忽视了河流的防洪功能，导致河流防洪指标不达标。

（2）本次调查评估中，生物准则层各监测点位状况普遍不够理想，尤其中游各监测点位浮游植物污生指数较低、底栖动物 *BI* 值较低、鱼类种类损失度较高，生物多样性受到比较严重的影响。

（3）河流生态流量不能满足实际需求。近年来，由于天然降水减少，工农业发展较快，用水量增加，导致漳卫南运河本身资源性缺水严重。另外，河系的闸坝和引水工程为该地区人民的供水做出了巨大贡献，但是无疑也破坏河系的连通性和河流本身特性，对中下游径流影响非常大。

（4）大型水利枢纽虽使人们生活便利，但也严重阻碍了河系水体连通性，导致阻隔状况指标赋分较低。

11.3　健康保护及修复目标

漳卫南流域上游山区生态条件脆弱，加之人类多年垦殖，植被较差，致使该地区生态环境日趋恶化。生物多样性减少、上游来水水资源量锐减、闸坝阻隔状况都是漳卫南运河健康面临的重大问题。漳卫南运河健康保护尤为迫切，通过本次调查结果，提出以下几点目标。

（1）恢复生物多样性。

（2）统筹水资源分配、协调与调度，生产生活中节水。

（3）改善河湖连通性。

（4）下游河道维持生态基流。

11.4　健康管理对策

通过对漳卫南运河健康调查结果的分析，提出以下几点漳卫南运河健康管理对策。

（1）恢复水生生物栖息地。漳卫南运河河道鱼类和底栖动物种类稀少，鸟类和鱼类栖息地状况遭到破坏。应该采取措施，维持河道生态流量，恢复河道栖息地生境，使漳卫南运河的水生物多样性得到恢复。

（2）优化水源调度工程，增加生态流量，为漳卫南运河河道水生态系统提供水量保障。在调水、引水的基础上，做好河流水量的调度，合理对中下游进行补水，满足生态流量要求。

（3）恢复河流连通性，建立鱼类产卵、索饵等洄游通道。

（4）建设节水型社会，适时调整经济布局和产业结构，实行总量控制、定额管理，促进水资源的节约和保护。

（5）加大跨流域调水，调节本区域的水资源紧缺矛盾，缓解生产生活用水与生态用水的矛盾。

参 考 文 献

[1] Bain M B, Harig A L, Loucks D P, et al. Aquatic ecosystem protection and restoration: advances in methods for assessment and evaluation [J]. Environmental Science & Policy, 2000, 3 (00): 89 - 98.

[2] Barbour D, Alvin F, Sarah C, et al. The West and Beyond: New Perspectives on an Imagined Region [J]. Archives of Natural History, 1999, 26 (1): 151 - 152.

[3] Boulton A J. An overview of river health assessment: philosophies, practice, problems and prognosis [J]. Freshwater Biology, 1999, 41: 469 - 479.

[4] Fairweather P G. State of environment indicators of "river health": exploring the metaphor [J]. Freshwater Biology, 1999, 41: 211 - 220.

[5] Hughes R M, Paulsen S G, Stoddard J L. EMAP - Surface Waters: a multiassemblage, probability survey of ecological integrity in the U. S. A. [J]. Hydrobiologia, 2000, 422 (4): 429 - 443.

[6] John D, Robert G. Freshwater Algae of North America: Ecology and Classification [M]. Boston: Academic Press, 2003.

[7] Ladson A R, White L J. An index of stream condition: Reference Manual [R]. Victoria: Water Ways Unit, Department of Natural Resources and Environment, 1999.

[8] Ma H Q, Liu L, Chen T. Water security assessment in Haihe River Basin using principal component analysis based on Kendall τ [J]. Environ Monit Assess, 2009, 10 (4): 1 - 6.

[9] Meyer J L. Stream health: incorporating the human dimension to advance stream ecology [J]. Journal of the North American Benthological Society, 1997, 16 (2): 439 - 447.

[10] Parsons M, Thoms M C, Norris R H. Australian River Assessment System: Review of Physical River Assessment Methods - A Biological Perspective, Monitoring River Health Inintiative Technical Report [M]. Canberra: Commonwealth of Austria and University of Canberra, 2002.

[11] Parsons M, Thoms M C, Norris R H. Development of a Standardised Approach to River Habitat Assessment in Australia [J]. Environmental Monitoring & Assessment, 2004, 98 (1 - 3): 109 - 30.

[12] Rapport D J, Bohm G, Buckingham D, et al. Econsystem health: the concept, the ISTH, and the important tasks ahead [J]. Ecosystem Health, 1999 (5): 82 - 90.

[13] Raven P J, Holmes N T H, Dawson F H, et al. Quality assessment using fiver habitat survey data [J]. Aquat Conserv, 1998, 8: 477 - 499.

[14] Schofield N J, Davies P E. Measuring the health of our rivers [J]. Water, 1996, 5 (6): 39 - 43.

[15] Townsend C R, Riley R H. Assessment of river health: accounting for perturbation pathways in physical and ecological space [J]. Freshwater Biology, 1999, 41 (2): 393 - 405.

[16] Wright J F, Sutcliffe D W, Furse M T. Assessing the biological quality of fresh waters: RIVPACS, and other techniques [J]. Blood, 2000, 99 (10): 3493 - 3499.

[17] Vugteveen P, Leuven R S E W, Huijbregts M A J, et al. Redefinition and elaboration of river ecosystem health: perspective for river management [J]. Hydrobiologia, 2006, 565: 289 - 308.

[18] 蔡庆华, 唐涛, 邓红兵. 淡水生态系统服务及其评价指标体系的探讨 [J]. 应用生态学报, 2003, 14 (1): 135 - 138.

[19] 陈雪梅. 淡水桡足类生物量的测算 [J]. 水生生物学集刊，1981，7（3）：397-408.

[20] 程军明，张曼，王良炎，等. 三种浮游植物指示法在景观性河流水体营养状态评价中的应用 [J]. 生态科学，2015，（3）：37-43.

[21] 大连水产学院. 淡水生物学（上册）[M]. 北京：农业出版社，1982.

[22] 董哲仁. 河流健康评估的原则和方法 [J]. 中国水利，2005，10：17-19.

[23] 董哲仁. 国外河流健康评估技术 [J]. 水利水电技术，2005，36（11）：15-19.

[24] 姜海萍，陈春梅，朱远生. 珠江流域主要河湖水生态状况评价 [J]. 人民珠江，2012，33（S2）：33-38.

[25] 蒋燮治，堵南山. 中国动物志 [M]. 北京：科学出版社，1979.

[26] 耿雷华，刘恒，钟华平，等. 健康河流的评价指标和评价标准 [J]. 水利学报，2006，37（3）：253-258.

[27] 国家环保局. 水生生物监测手册 [M]. 南京：东南大学出版社，1993.

[28] 黄祥飞，胡春英. 淡水常见枝角类体长体重回归方程式. 中国甲壳动物文集 [M]. 北京：科学出版社，1986.

[29] 黄祥飞. 湖泊生态调查观测与分析 [M]. 北京，中国标准出版社，2000.

[30] 胡春宏，陈建国，孙雪岚，等. 黄河下游河道健康状况评价与治理对策 [J]. 水利学报，2008，39（10）：1189-1196.

[31] 胡鸿钧，魏印心. 中国淡水藻类——系统、分类及生态 [M]. 北京：科学出版社，2006.

[32] 户作亮. 加强团结合作建立海河流域水资源保护与水污染防治协作机制 [J]. 海河水利，2004（5）：1-3.

[33] 钱正英，陈家琦，冯杰. 人与河流和谐发展 [J]. 河海大学学报（自然科学版），2006，34（1）：1-5.

[34] 李佳，李思悦，谭香，等. 南水北调中线工程总干渠沿线经过河流水质评价 [J]. 长江流域资源与环境，2008，17（5）：693-693.

[35] 黎洁. 海河流域浮游动物多样性调查 [D]. 武汉：华中农业大学，2011.

[36] 李俊. 漳卫南运河流域浮游生物和底栖动物群落多样性调查 [D]. 武汉：华中农业大学，2013.

[37] 李俊，张云，刘晓光，等. 漳卫南运河流域浮游植物群落结构的特征 [J]. 淡水渔业，2016，322（02）：31-34，41.

[38] 李明德. 鱼类分类学 [M]. 北京：海洋出版社，2011

[39] 李增强，尹璞. 从岳城水库调度运用浅议河道生态调度 [J]. 海河水利，2014（6）：1-3.

[40] 刘月英，张文珍. 中国经济动物志 [M]. 北京：科学出版社，1979：50-65.

[41] 沈嘉瑞. 中国动物志 [M]. 北京：科学出版社，1979.

[42] 沈韫芬，章宗涉，龚循矩，等. 微型生物监测新技术 [M]. 北京：中国建筑工业出版社，1990.

[43] 盛萧，黄小追，徐海升，等. B-IBI在东江河流健康评估中的应用研究 [J]. 华南师范大学学报（自然科学版），2016，48（02）：52-60.

[44] 宋芬. 海河流域浮游植物生物多样性研究 [D]. 武汉：华中农业大学，2011.

[45] 孙雪岚，胡春宏. 河流健康的内涵及表征 [J]. 水电能源科学，2007，25（6）：26-28.

[46] 孙雅菊，朱志强，王磊. 岳城水库旱限水位的确定 [J]. 海河水利，2012（5）：32-34.

[47] 唐涛，蔡庆华，刘建康. 河流生态系统健康及其评价 [J]. 应用生态学报，2002，13（9）：1191-1194.

[48] 王长普. 卫河干流污染特性及水质趋势分析 [J]. 中国水利，2013（9）：66-67.

[49] 王洪铸. 中国小蚓类研究 [M]. 北京：高等教育出版社，2002.

[50] 王勤花，尉永平，张志强，等. 干旱半干旱地区河流健康评价指标研究分析 [J]. 生态科学，2015，34（6）：56-63.

[51] 王蔚，徐昕，董壮，等. 基于投影寻踪-可拓集合理论的河流健康评价 [J]. 水资源与水工程学报，

2016，27 (2)：122-127.

[52] 吴计生，梁团豪，霍堂斌，等. 嫩江下游尼尔基——三岔河口段河流健康评价 [J]. 水资源保护，2015 (1)：86-90，105.

[53] 殷守敬，吴传庆，王晨，等. 淮河干流岸边带生态健康遥感评估 [J]. 中国环境科学，2016 (01)：299-306.

[54] 于伟东，王立卿. 漳卫南运河中下游生物现状调查及初步分析 [C] //北京：2009 年 GEF 海河流域水资源与水环境综合管理项目国际研讨会论文集，2009.

[55] 于志慧，许有鹏，张媛，等. 基于熵权物元模型的城市化地区河流健康评价分析——以湖州市区不同城市化水平下的河流为例 [J]. 环境科学学报，2014，34 (12)：3188-3193.

[56] 张方方，张萌，刘足根，等. 基于底栖生物完整性指数的赣江流域河流健康评价 [J]. 水生生物学报，2011，35 (6)：963-971.

[57] 张晶，董哲仁，孙东亚，等. 基于主导生态功能分区的河流健康评价全指标体系 [J]. 水利学报，2010，41 (8)：883-892.

[58] 张楠，孟伟，张远，等. 辽河流域河流生态系统健康的多指标评价方法 [J]. 环境科学研究，2009，22 (2)：162-170.

[59] 张觉民，何志辉. 内陆水域渔业自然资源调查手册 [M]. 北京：农业出版社，1991.

[60] 郑江丽，邵东国，王龙，等. 健康长江指标体系与综合评价研究 [J]. 南水北调与水利科技，2007，5 (4)：61-63.

[61] 周长发. 中国大陆蜉蝣目分类研究 [D]. 天津：南开大学，2002.

[62] 周绪申，张世禄，许维，等. 水环境中微囊藻毒素的检测现状概述 [J]. 海河水利，2011 (4)：39-40.

附录 水生生物图片

1. 浮游植物

蓝藻门

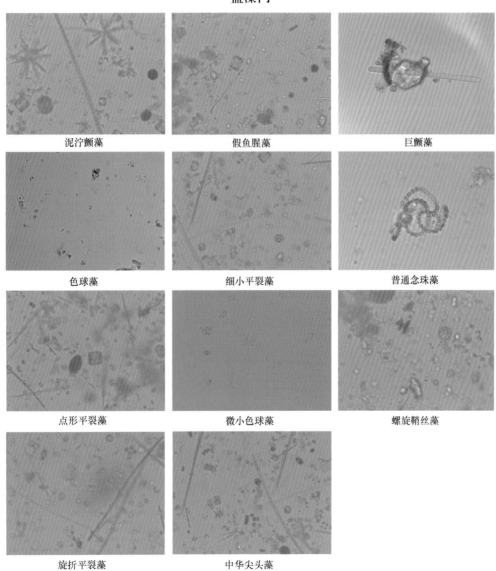

泥泞颤藻　　　　　　假鱼腥藻　　　　　　巨颤藻

色球藻　　　　　　细小平裂藻　　　　　普通念珠藻

点形平裂藻　　　　微小色球藻　　　　螺旋鞘丝藻

旋折平裂藻　　　　中华尖头藻

隐藻门

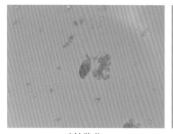
啮蚀隐藻

具尾蓝隐藻

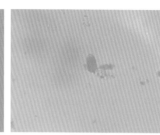
卵形隐藻

甲藻门

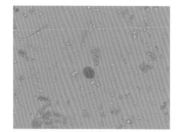
裸甲藻

黄藻门

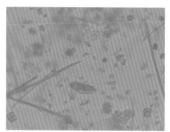
具针刺棘藻

金藻门

圆筒锥囊藻

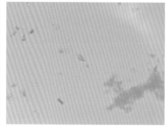
群集锥囊藻

群集锥囊藻

辐射金变形藻

242

硅藻门

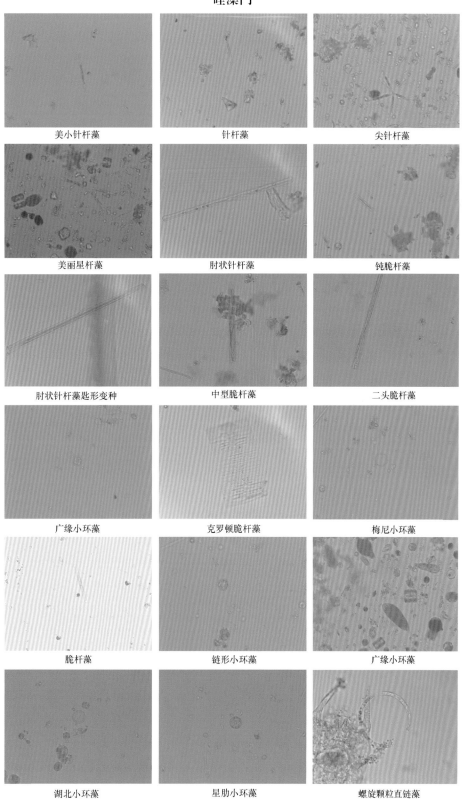

美小针杆藻	针杆藻	尖针杆藻
美丽星杆藻	肘状针杆藻	钝脆杆藻
肘状针杆藻匙形变种	中型脆杆藻	二头脆杆藻
广缘小环藻	克罗顿脆杆藻	梅尼小环藻
脆杆藻	链形小环藻	广缘小环藻
湖北小环藻	星肋小环藻	螺旋颗粒直链藻

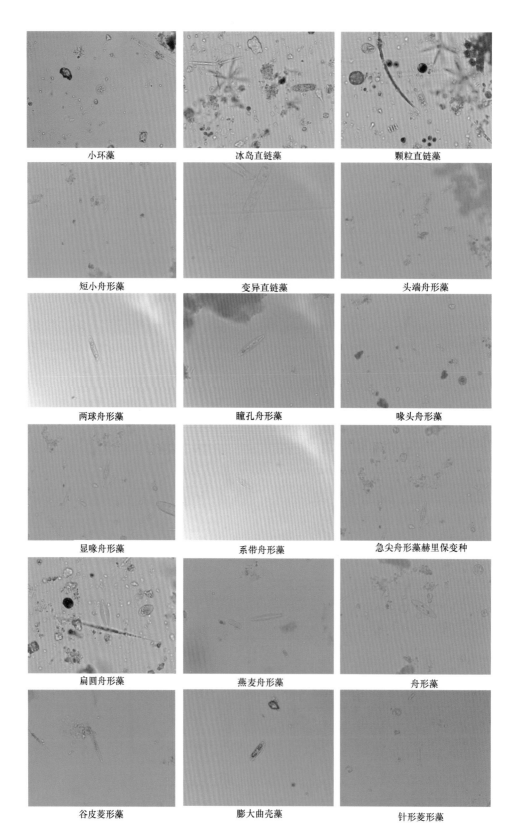

小环藻	冰岛直链藻	颗粒直链藻
短小舟形藻	变异直链藻	头端舟形藻
两球舟形藻	瞳孔舟形藻	喙头舟形藻
显喙舟形藻	系带舟形藻	急尖舟形藻赫里保变种
扁圆舟形藻	燕麦舟形藻	舟形藻
谷皮菱形藻	膨大曲壳藻	针形菱形藻

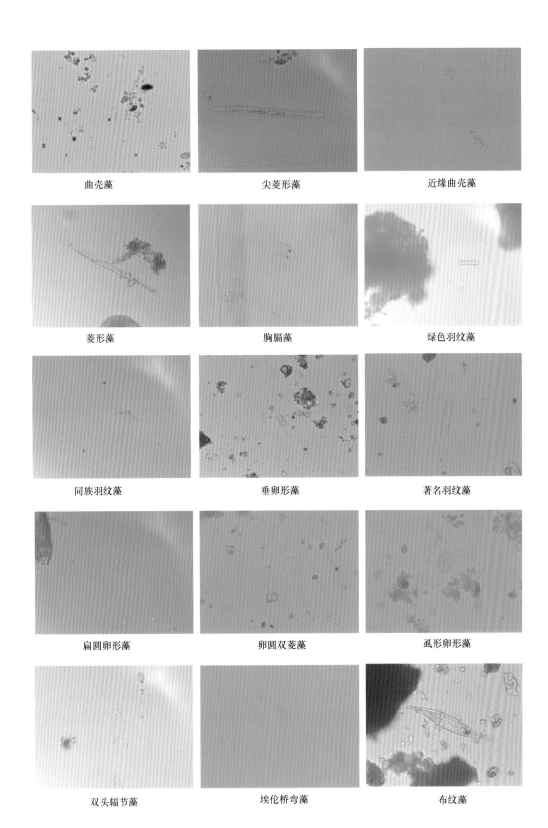

曲壳藻	尖菱形藻	近缘曲壳藻
菱形藻	胸膈藻	绿色羽纹藻
同族羽纹藻	垂卵形藻	著名羽纹藻
扁圆卵形藻	卵圆双菱藻	虱形卵形藻
双头辐节藻	埃伦桥弯藻	布纹藻

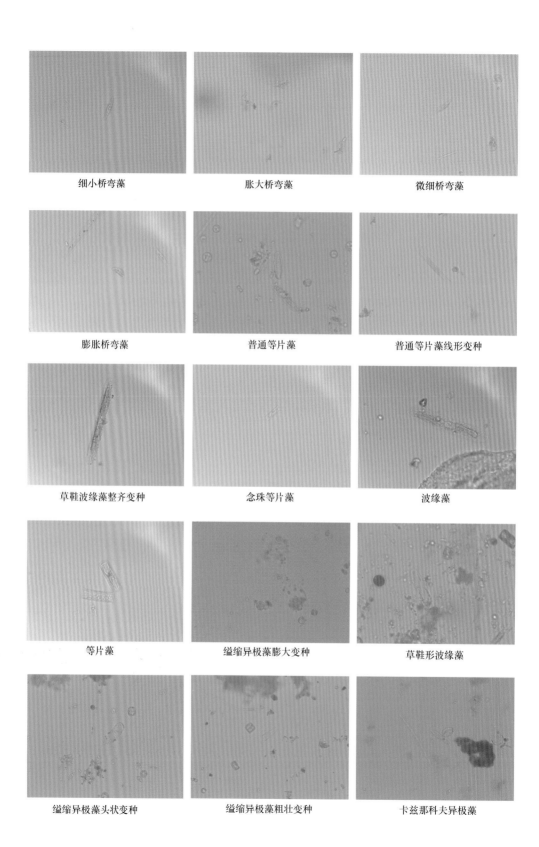

细小桥弯藻

胀大桥弯藻

微细桥弯藻

膨胀桥弯藻

普通等片藻

普通等片藻线形变种

草鞋波缘藻整齐变种

念珠等片藻

波缘藻

等片藻

缢缩异极藻膨大变种

草鞋形波缘藻

缢缩异极藻头状变种

缢缩异极藻粗壮变种

卡兹那科夫异极藻

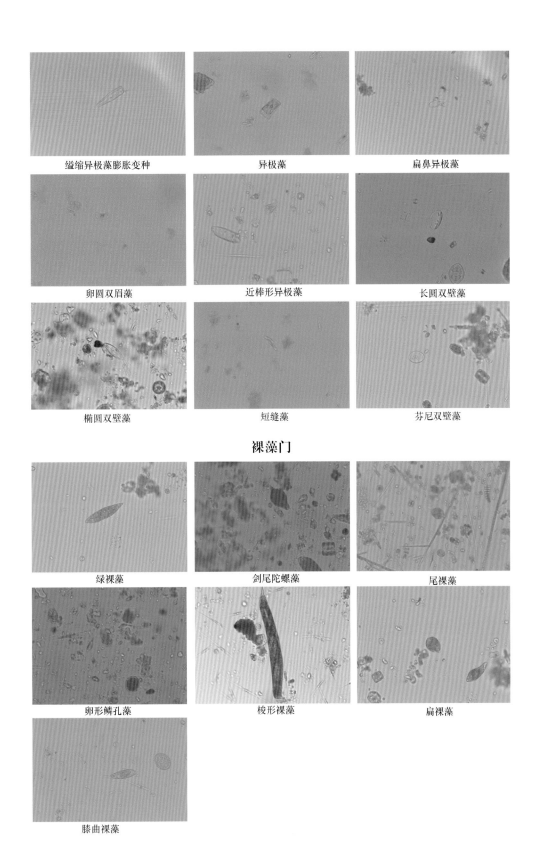

缢缩异极藻膨胀变种　　　　　　异极藻　　　　　　　　　扁鼻异极藻

卵圆双眉藻　　　　　　　近棒形异极藻　　　　　　　长圆双壁藻

椭圆双壁藻　　　　　　　　短缝藻　　　　　　　　芬尼双壁藻

裸藻门

绿裸藻　　　　　　　　　剑尾陀螺藻　　　　　　　　尾裸藻

卵形鳞孔藻　　　　　　　梭形裸藻　　　　　　　　　扁裸藻

膝曲裸藻

绿藻门

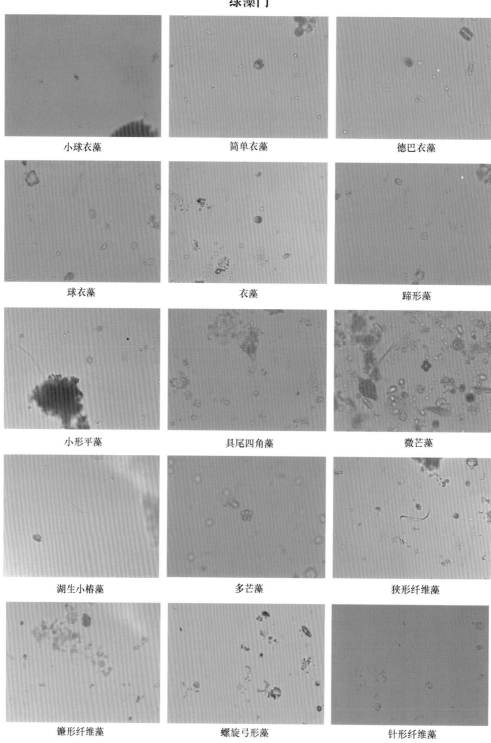

小球衣藻   简单衣藻   德巴衣藻

球衣藻   衣藻   蹄形藻

小形平藻   具尾四角藻   微芒藻

湖生小椿藻   多芒藻   狭形纤维藻

镰形纤维藻   螺旋弓形藻   针形纤维藻

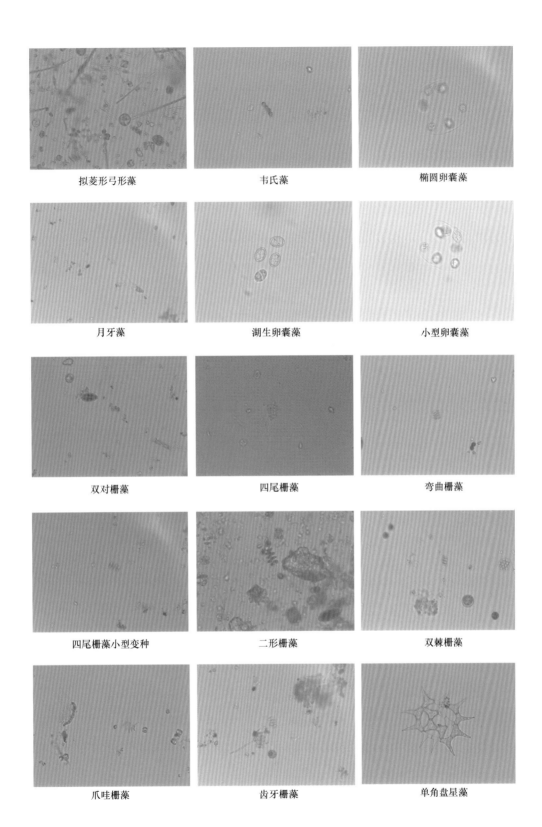

拟菱形弓形藻	韦氏藻	椭圆卵囊藻
月牙藻	湖生卵囊藻	小型卵囊藻
双对栅藻	四尾栅藻	弯曲栅藻
四尾栅藻小型变种	二形栅藻	双棘栅藻
爪哇栅藻	齿牙栅藻	单角盘星藻

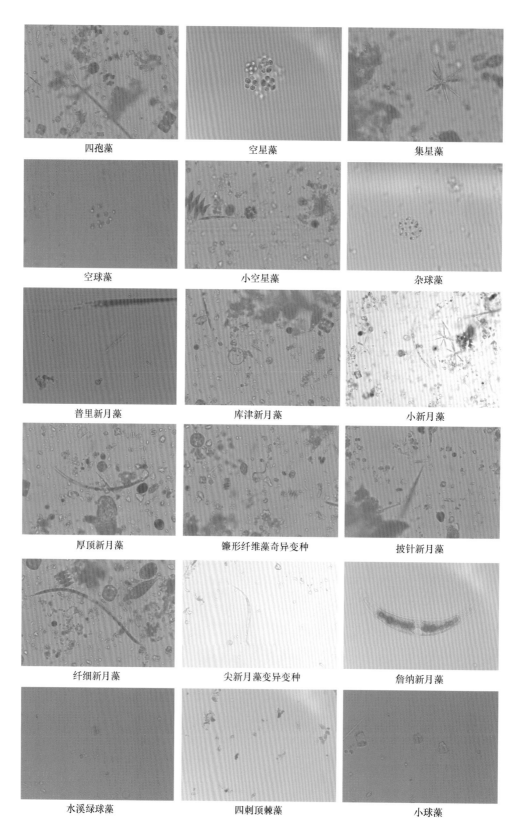

四孢藻　　　　　　　　空星藻　　　　　　　　集星藻

空球藻　　　　　　　　小空星藻　　　　　　　杂球藻

普里新月藻　　　　　　库津新月藻　　　　　　小新月藻

厚顶新月藻　　　　　镰形纤维藻奇异变种　　　披针新月藻

纤细新月藻　　　　　尖新月藻变异变种　　　　詹纳新月藻

水溪绿球藻　　　　　　四刺顶棘藻　　　　　　小球藻

2. 浮游动物

原生动物

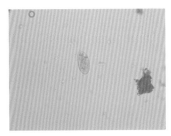

锥瓶口虫

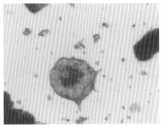

盘状匣壳虫

轮虫类

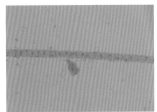

方块鬼轮虫

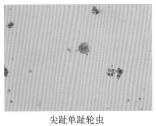

萼花臂尾轮虫

矩形龟甲轮虫

尖趾单趾轮虫

可变臂尾轮虫

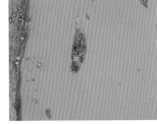

大肚须足轮虫

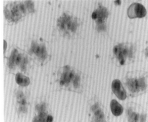

剪形臂尾轮虫

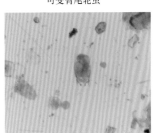

前节晶囊轮虫

曲腿龟甲轮虫

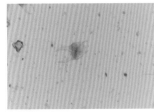

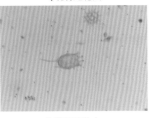

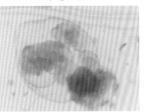

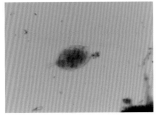

透明囊足轮虫

枝角类

小栉溞

长肢秀体溞

长额象鼻溞

桡足类

无节幼体

草绿刺剑水蚤

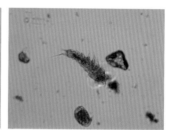

模式又爪猛水蚤

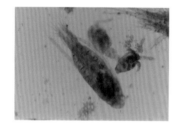

右突新镖水蚤

汤匙华哲水蚤

英勇剑水蚤

252

3. 底栖动物

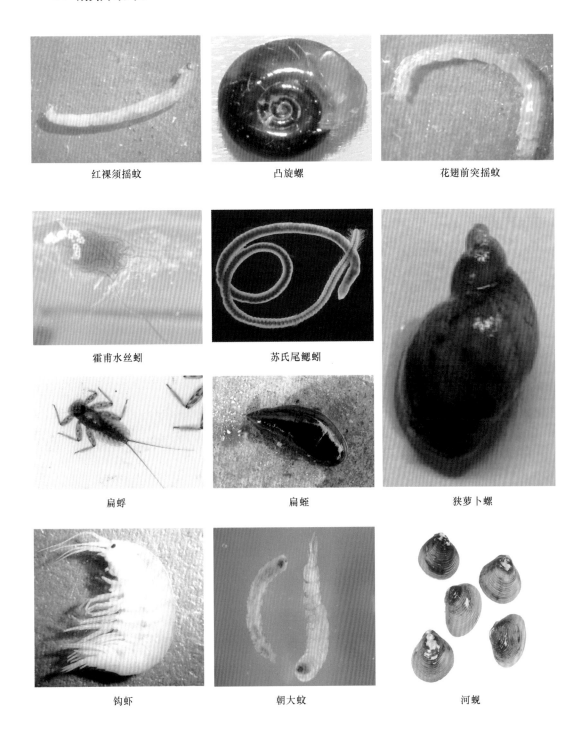

红裸须摇蚊

凸旋螺

花翅前突摇蚊

霍甫水丝蚓

苏氏尾鳃蚓

扁蜉

扁蛭

狭萝卜螺

钩虾

朝大蚊

河蚬

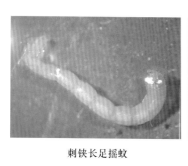

刺铗长足摇蚊

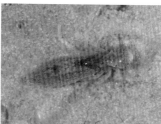

混合蜓

大蚊科幼虫

蜉蝣稚虫

铜锈环棱螺

凸旋螺

纹石蛾

小划蝽

中华米虾

4. 鱼类

洛氏鱥　　　　　　　　　马口鱼　　　　　　　　　麦穗鱼

黄黝鱼　　　　　　　　　鲤鱼　　　　　　　　　　泥鳅

中华鳑鲏　　　　　　　　黑鳍鰁　　　　　　　　　鰕虎鱼

鳙鱼　　　　　　　　　　鲫鱼　　　　　　　　　　黄颡鱼

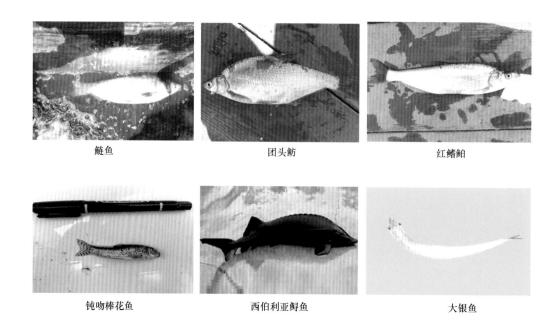

鲢鱼　　　　　　　团头鲂　　　　　　　红鳍鲌

钝吻棒花鱼　　　　西伯利亚鲟鱼　　　　大银鱼